"十四五"职业教育国家规划教材

"十三五"应用型人才培养O2O创新规划教材

混凝土结构平法规则与三维识图

（附混凝土结构施工图实训图册）

第二版

杨晓光　谷洪雁　主编

杜慧慧　刘　芳　杜思聪　副主编

化学工业出版社

·北　京·

内容简介

本书为"十四五"职业教育国家规划教材，本书的再版将党的二十大报告中体现的新思想、新理念及科学方法论与专业知识和技能有机融合，贯彻落实立德树人根本任务，力求适应行业发展的新趋势、职业教育的新模式和教学改革的新思路。

本书以新修订的《混凝土结构施工图平面整体表示方法制图规则和构造详图》（22G101系列图集）以及我国最新颁布的相关规范和标准为依据，以混凝土结构工程施工图为载体，全面细致地讲解了现浇混凝土柱、梁、板、剪力墙、板式楼梯及基础等构件的平法识图规则与钢筋构造详图。全书共分为课程导入及六个学习项目，每个项目均设置了各构件平法施工图识图与绘图的实战任务，紧密对接"1+X"建筑工程识图（结构）职业技能的考核要求。随书还附一套完整的施工图实训图册，课后布置专项实训任务，巩固学习效果。

本书配套有丰富的数字教学资源，包括三维模型彩图、动画、微课及视频等，在关键知识点和技能点旁边插入二维码标志，学生随扫随学，将纸质教材与数字资源有机整合。

本书可作为高等职业院校土木建筑类相关专业的教学用书，也可作为施工现场相关人员的岗位培训教材或土木工程技术人员的实用参考书。

图书在版编目（CIP）数据

混凝土结构平法规则与三维识图：附混凝土结构施工图实训图册 / 杨晓光，谷洪雁主编 . —2版 . —北京：化学工业出版社，2023.7（2025.1重印）
"十四五"职业教育国家规划教材
ISBN 978-7-122-40736-8

Ⅰ．①混… Ⅱ．①杨… ②谷… Ⅲ．①混凝土结构-建筑构图-识别-职业教育-教材 Ⅳ．
①TU37

中国版本图书馆CIP数据核字（2022）第019297号

责任编辑：李仙华 提 岩 装帧设计：王晓宇
责任校对：田睿涵

出版发行：化学工业出版社（北京市东城区青年湖南街13号 邮政编码100011）
印　　刷：三河市航远印刷有限公司
装　　订：三河市宇新装订厂
880mm×1230mm　1/16　印张17　字数462千字　2025年1月北京第2版第4次印刷

购书咨询：010-64518888　　　售后服务：010-64518899
网　　址：http://www.cip.com.cn
凡购买本书，如有缺损质量问题，本社销售中心负责调换。

定　　价：49.80元

编审委员会名单

序

　　教育部在《高等职业教育创新发展行动计划（2015—2018 年）》中指出"要顺应'互联网＋'的发展趋势，应用信息技术改造传统教学，促进泛在、移动、个性化学习方式的形成。针对教学中难以理解的复杂结构、复杂运动等，开发仿真教学软件"。党的十九大报告中指出，要深化教育改革，加快教育现代化。为落实十九大报告精神，推动创新发展行动计划——工程造价骨干专业建设，河北工业职业技术大学联合河北工程技术学院、河北劳动关系职业学院、张家口职业技术学院、新疆交通职业技术学院等院校与化学工业出版社，利用云平台、二维码及 BIM 技术，开发了本系列 O2O 创新教材。

　　该丛书的编者多年从事工程管理类专业的教学研究和实践工作，重视培养学生的实际技能。他们在总结现有文献的基础上，坚持"理论够用，应用为主"的原则，为工程管理类专业人员提供了清晰的思路和方法，书中二维码嵌入了大量的学习资源，融入了教育信息化和建筑信息化技术，包含了最新的建筑业规范、规程、图集、标准等参考文件，丰富的施工现场图片，虚拟三维建筑模型，知识讲解、软件操作、施工现场施工工艺操作等视频音频文件，以大量的实际案例举一反三、触类旁通，并且数字资源会随着国家政策调整和新规范的出台实时进行调整与更新。不仅为初学人员的业务实践提供了参考依据，也为工程管理人员学习建筑业新技术提供了良好的平台，因此，本丛书可作为应用技术型院校工程管理类及相关专业的教材和指导用书，也可作为工程技术人员的参考资料。

　　"十三五"时期，我国经济发展进入新常态，增速放缓，结构优化升级，驱动力由投资驱动转向创新驱动。我国建筑业大范围运用新技术、新工艺、新方法、新模式，建设工程管理也逐步从粗犷型管理转变为精细化管理，进一步推动了我国工程管理理论研究和实践应用的创新与跨越式发展。这一切都向建筑工程管理人员提出了更为艰巨的挑战，从而使得工程管理模式"百花齐放、百家争鸣"，这就需要我们工程管理专业人员更好地去探索和研究。衷心希望各位专家和同行在阅读此丛书时提出宝贵的意见和建议，共同把建筑行业的工作推向新的高度，为实现建筑业产业转型升级作出更大的贡献。

河北省建设人才与教育协会会长

2017 年 10 月

党的二十大报告提出：加快构建新发展格局，着力推动高质量发展。随着建筑业信息化、产业化、智能化的发展，建筑企业对工程技术人员的专业技能和可持续发展能力要求越来越高。施工图识读与审核能力是土木建筑类专业毕业生适应新形势下建筑业转型升级和智能建造快速发展的行业需求所必备的岗位核心能力。本书的再版力求适应行业发展的新趋势、职业教育的新模式和教学改革的新思路。

本教材是"十四五"职业教育国家规划教材，本次修订主要依据国务院印发的《国家职业教育改革实施方案》、教育部印发的《高等学校课程思政建设指导纲要》等文件精神，贯彻落实党的二十大精神，全面贯彻党的教育方针，落实立德树人根本任务。坚持以学生为中心，深入挖掘提炼课程蕴含的思想价值和精神内涵，实现职业技能和职业精神培养高度融合；紧密对接"1+X"建筑工程识图职业技能等级标准，旨在体现课程内容与职业标准对接、教学过程与生产过程对接；适应"互联网＋职业教育"发展需求，运用建筑信息模型（BIM）、虚拟仿真等现代信息技术改进教学手段，推进网络学习平台建设和广泛应用。

本教材在第一版的基础上，统筹教材内容，优化层次设计，紧跟工程建设领域新技术和新标准，全面更新行业规范与标准。本书再版依据新版《混凝土结构施工图平面整体表示方法制图规则和构造详图》（22G101系列图集）以及我国最新颁布的相关设计规范和标准进行教材内容修订。全书包含了现浇混凝土柱、梁、板、剪力墙、板式楼梯及基础等构件的平法识图规则与钢筋构造详解，共分为课程导入及六个学习项目，随书还附一套完整的施工图实训图册。本次修订在每个项目前都增加了"素质拓展"单元，将思政育人贯穿于课程学习全过程，并在各项目学习目标中合理设计与建筑工程识图"X"证书技能等级标准对接的知识目标和能力目标。在每个项目后面重点增加了项目真操实练环节，以工程图纸为实例，用任务工单布置各类构件平法施工图识图与绘图的实战任务，紧密对接"1+X"建筑工程识图（结构）职业技能的考核要求；课后还布置了专项实训任务，"讲一练一"巩固学习效果。此外，修订版教材还扩充了教学微课视频、虚拟仿真等配套数字资源。本教材的再版形成如下特色：

（1）"岗课赛证"融通构建教材内容

土建工程识图能力是从事建筑施工、工程造价、工程监理等典型工作岗位的专业核心技能，教材编写将岗位技能要求、职业技能竞赛、职业技能等级证书标准等相关内容要求有机融通。以行业发展新技术与新标准为依据，以真实工程图纸为载体，以"建筑工程识图"全国职业院校技能大赛技能考核点为导引，紧密对接"1+X"建筑工程识图（结构）职业技能的考核要求，并以任务工单的形式引导学生反复进行识图与绘图训练，实现"任务驱动，学做合一"，着重提高学生理论联系实际的综合职业能力。

（2）多维度融入课程思政元素

育人的根本在于立德，本教材在讲授专业知识的同时，对课程思政进行了顶层设计，分层次、讲方法、求实效地开展课程思政教学。在素质拓展单元以叙事说理、讲职业情感与素质发展相结合的形式将思政教育融入育人全过程，使学生了解行业发展需求、感知建筑业新技术、自觉遵守职业道德，提高学生的学习积极性、辩证思维和创新能力，培养爱岗敬业、踏实奋进、团结协作的工匠精神。引导青年学子立志做有理想、敢担当、能吃苦、肯奋斗的新时代好青年。

本书由杨晓光、谷洪雁担任主编，杜慧慧、刘芳、杜思聪担任副主编，石家庄职业技术学院赵占军教授担任主审。参加本书编写工作的有：河北工业职业技术大学杨晓光（项目1、项目6）、河北工业职业技术大学谷洪雁（项目2、项目4）、河北工程技术学院杜慧慧（实训图册）、河北工业职业技术大学刘芳（项目5）、河北工业职业技术大学杜思聪（项目3）、河北轨道运输职业技术学院张涛（课程导入）。全书由杨晓光负责统稿。本教材配套二维码扫描的三维模型图、动画与视频等数字化教学资源由杨晓光与北京晶奥科技有限公司乔晓盼、刘伟组成的技术团队联合制作完成。

本书第一版自2018年出版以来，受到广大读者及全国众多兄弟职业院校师生的广泛认可与厚爱，对此我们深表感谢！本书在修订编写过程中，参阅了一些公开出版和发表的文献，并得到了编者所在院校以及化学工业出版社等单位的大力支持，在此一并表示衷心的感谢！

本书在教材内容和组织形式等方面进行了新的尝试与探索，难免存在不足之处，欢迎广大读者和同行专家批评指正。

编　者

2023 年 1 月

目前混凝土结构施工图全面采用"建筑结构施工图平面整体设计方法"（简称"平法"），对于土建类相关专业学生而言，从事建筑施工、工程造价、工程监理等关键岗位工作时必须看懂"平法"结构施工图。因此，施工图识读与审核技能是建筑工程领域按图施工、按图算量、按图验收等职业岗位的核心能力。本教材是按照高等职业教育"土建类相关专业"适应新形势下建筑业施工管理和信息化建设等行业发展的需求，以及探索教学改革对新型教学资源建设的需求而组织编写的系列教材之一。本书为"十三五"职业教育国家规划教材。

本书以《混凝土结构施工图平面整体表示方法制图规则和构造详图》（16G101系列图集）以及我国最新颁布的建筑结构设计相关规范和标准为依据，以混凝土结构工程施工图实例为载体，全面细致地讲解了现浇混凝土柱、剪力墙、梁、板、板式楼梯及基础构件的平法识图规则与钢筋构造相关知识。"平法"结构施工图较抽象、钢筋布置较复杂，对于刚入行的初学者和学生来说难以理解，不易掌握；即使是教师授课，有时也很难用语言清楚地描述复杂的钢筋构造，从而造成"学生难学，老师难教"的两难局面。基于这种情况，本书紧跟行业发展和技术进步的新趋势，开发出与教材配套的信息化教学资源，探索编制"纸质教材与数字资源有机整合"的三维识图智慧教材。与一般建筑结构平法识图教材相比，本书有以下两个显著特点：

1. 构建以项目为导向的教材体系，突出能力培养目标

本书突破传统学科式教材体系的章节结构，构建以能力培养为主线的项目化教材体系，以真实工程图纸为载体，以各类结构构件的平法识图为独立项目组织教材内容，以任务驱动为导向进行识图训练，实现"教、学、做"一体化。本书在编写过程中，针对高等职业教育的特点，结合编者长期的教学改革和实践经验，以"够用、适用"为度，突出教材的工程实用性和技能性。

全书共分六个学习项目及课程导入部分，为方便教师的启发式教学和学生的自主性学习，以案例引导、任务驱动为手段，每个项目都精心设计了三大"互动板块"：第一个板块是在项目开始前设置"项目概述""教学目标""看一看""想一想"等专栏进行课前预习，增加对图纸的感性认识；第二个板块是每个项目学习过程中穿插"练一练"进行各类构件平法规则的随讲随练，同时每个项目均设置了平法施工图识图与绘图实例进行平法规则与构造详图的三维详解；第三个板块是项目结束后附有"技能训练"，包括知识问答和实训项目两部分内容，并随书另附一套完整的工程图纸，旨在加强实操训练，巩固学习效果。本书充分展示了"项目导向、任务驱动、工学结合"的教材特色，学生经过循序渐进的深入学习，反复进行识图与绘图训练，逐步提高理论联系实际的综合应用能力。

2. 开发以信息化技术为支撑的教学资源，打造三维识图智慧教材

为了适应当前信息化技术广泛应用于教育教学改革的新形势，开辟创新教学资源与教学手段的新途径，我们开发出与教材配套的数字教学资源。在本教材中关键知识点和技能点旁边插入了二维码资源标志，移动终端扫描的数字资源主要包括三维模型图片、动画、视频及微课等，将纸质教材与数字资源有机整合，学生随扫随学，方便师生线上与线下教学互动，有利于学生自主性学习。

为了使学生更加直观地理解平法施工图规则并且认清构件内部的钢筋构造，本书以"16G101系列

图集"为依据，精心制作了大量彩色三维钢筋详图、三维模型示意图以及实体或模型动画，通过扫描二维码呈现出来，采用二维平面图样与三维立体模型相互对照的方式解析识图规则和构造详图，实现了钢筋构造的三维可视化，不仅有效解决了"平法"识图难题，而且还大大激发了学生的学习兴趣，提高了教学效果，使学生在学习中体验乐趣，在乐趣中收获知识。

本书由杨晓光担任主编，谷洪雁、杜慧慧、刘芳担任副主编。编写分工为：河北工业职业技术学院杨晓光编写项目1、项目6；河北工业职业技术学院谷洪雁编写项目2、项目4；河北工程技术学院杜慧慧编写项目3；河北工业职业技术学院刘芳编写项目5；河北轨道运输职业技术学院张涛编写课程导入。全书由杨晓光负责统稿及审核工作。本教材配套的数字教学资源由杨晓光与北京晶奥科技有限公司乔晓盼、刘伟组成的技术团队联合制作完成。

在本书的编写过程中，我们参阅了一些公开出版和发表的文献，并得到了编者所在院校以及化学工业出版社等单位的大力支持，在此一并表示衷心的感谢！

本书在结构、内容和形式等方面进行了大胆探索和尝试，难免存在不足之处，欢迎广大读者提出改进意见和建议。

编　者

2018 年 5 月

目录

项目2　梁构件平法识图　/041

二维码资源目录

课程导入 结构施工图基本知识

学习目标

通过本课程导入的学习，学生需了解建筑工程施工图的作用及分类，正确领会我国建筑抗震设计规范的有关规定，掌握混凝土结构中钢筋的基本构造与图示方法。对照"1+X"建筑工程识图（结构）职业技能考核要求，完成结构施工图基本知识技能训练，为后续学习"平法"识图项目打下基础。

"1+X"建筑工程识图（结构）技能考核要求	知识目标	能力目标
• 能结合建筑施工图，掌握工程概况、设计依据等； • 能掌握建筑结构安全等级、建筑抗震设防类别、抗震设防标准等； • 能掌握结构类型、结构抗震等级、主要荷载取值、结构材料、钢筋基本构造等	• 了解建筑施工图、结构施工图的作用及图纸组成； • 掌握我国建筑抗震设计规范的有关规定及抗震设防标准； • 掌握混凝土结构中钢筋的基本构造与图示方法； • 理解混凝土结构施工图平法制图基础知识和学习方法	• 能结合建筑施工图，读懂工程概况和设计依据； • 能根据结构设计说明查找我国现行设计规范及标准图集； • 能读懂结构设计说明所表达的工程概况、设计依据、结构材料、结构构造、工程做法等重要识图信息； • 能正确理解抗震设计一般原则，准确查询钢筋锚固长度、搭接长度及钢筋弯钩做法等

素质拓展

抗震设防 居安思危

中国是世界上多发地震国家之一，国内外历次地震灾害表明，房屋建筑的倒塌破坏是地震造成人员伤亡和经济损失的主要原因。为了最大限度减轻地震灾害，搞好工程的抗震设计与施工是一项根本性的减灾措施。《中华人民共和国防震减灾法》中明确规定：建设工程必须按照抗震设防要求和抗震设计规范进行抗震设计，并按抗震设计进行施工。

抗震防灾事关人民生命财产的安全和公共利益，提高抗震设防的工程建设质量是抵御地震灾害的有效途径和关键环节。高度重视抗震设防质量管理工作，让参与工程建设的相关技术人员，严格贯彻执行国家相关法律、法规和技术标准，建设工程各相关责任方必须明确责任，坚守原则底线，确保工程质量不出现问题。

建筑物抗震设防，要从国家层面的法律法规落实到具体的项目设计图纸，然后从图纸落实到实际工程施工当中。因此，土建施工类相关专业学生要具有强烈的社会责任感和正确的技术观，加强执法观念和安全意识，在工程建设过程中，养成对工程质量认真负责的态度，把好工程质量关，自觉维护国家和社会公共利益。

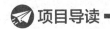

在现代建筑工程中钢筋混凝土结构应用最为广泛，本书主要讲解的是钢筋混凝土房屋的结构施工图识读。结构施工图是设计人员根据国家及省市有关现行规范和规程，以经济合理、技术先进、确保安全为原则而形成的结构专业设计图纸。相对其它专业而言，结构施工图表达的内容较复杂，在整个施工过程中占有举足轻重的作用。所涉及的材料选用、钢筋布置、节点连接、抗震设计原则等相关内容及图示方法，是识读结构施工图的重要依据。本课程导入主要介绍建筑工程施工图概述、建筑结构抗震设计原则、混凝土结构一般构造以及混凝土结构施工图平法制图基础知识等，是全面学习和识读"平法"施工图的必备基础知识。

0.1 建筑工程施工图概述

0.1.1 建筑工程概述

《中华人民共和国建筑法》明确指出，"建筑活动"是指各类房屋建筑及其附属设施的建造和与其配套的线路、管道、设备的安装活动，即兴建房屋的规划、勘察、设计（建筑、结构和设备）、施工的总称。

"房屋建筑"是供人们进行生产、生活或其他活动的房屋或场所，包括民用住宅、商场、办公楼、工业厂房、仓库、影剧院、体育馆等各类建筑。一幢建筑物一般是由基础、墙或柱、楼地层、楼梯、屋顶、门窗等六大部分组成。

"配套的线路、管道、设备的安装活动"是指与建筑配套的电气、通信、煤气、给水、排水、空气调节、电梯、消防等线路、管道和设备的安装活动。

0.1.2 施工图的作用与分类

0.1.2.1 施工图的作用

工程图纸是"工程界的语言"，是工程设计人员与施工人员传递工程信息的载体。设计人员通过绘制工程图纸，来表达设计构思和设计意图；而施工人员通过正确地识读图纸，理解设计意图，并按图施工，使蓝图变成工程实物。

由于工程图纸是指导施工的重要依据，因此又称为施工图。建筑工程施工图是具有法律效力的正式文件，它不仅是表达、交流技术思想的重要工具，也是指导生产及进行施工管理等必不可少的技术资料。

0.1.2.2 施工图的设计程序

一个建筑工程项目的建设一般都要经过立项、设计、施工和竣工验收等阶段。建筑工程施工图的设计是建筑工程从立项到建成整个建设过程中的一个重要环节。在建设项目和可行性报告获得批准后，施工图的设计一般是由建设单位（或业主）通过招标的方式择优选择具有相应资质的设计单位。中标的设计单位根据业主提供的设计任务书、有关设计资料、计算数据及建筑艺术等多方面因素编制设计文件。

建设项目的设计程序一般按初步设计和施工图设计两个阶段进行。对于技术上复杂而又缺乏设计经验的工程项目，经主管部门指定或由设计部门自行确定，可增加技术设计（又称扩大初步设计）阶段。技术简单的小型建设项目，经主管部门同意，以方案设计代替初步设计。大型的和重要的民用建筑工程，在初步设计前应进行设计方案的优选。

（1）初步设计阶段

设计人员首先根据设计任务书、有关的政策文件、场地环境、地质与气候条件、建设规模、文化背景等，明确设计意图，提出设计方案。经过多个方案的比较，在论证技术可行性和经济合理性的基础上，最后确定综合方案。初步设计阶段主要是根据选定的方案，提出设计标准，细化方案设计，基本确定建筑、结构、水、暖、电等各专业的初步设计方案，以及各专业间配合等问题，满足下一步编制施工图的需求。这个阶段提交的设计文件包括各专业的设计说明书、设计图纸（少量方案设计图）、主要设备材料表及工程概算书。初步设计文件的深度应满足建设单位办理相关的报批手续、控制工程投资、对特殊大型设备提出订货条件等要求。

（2）施工图设计阶段

施工图设计是根据已批准的初步设计文件进行编制的，它是在初步设计的基础上进行详细的、具体的设计，提供一切准确可靠的施工依据，满足工程施工中的各项技术要求。因此，必须把建筑结构和设备各组成部分的尺寸、布置和主要施工做法等，绘制成详细的、正确的、完整的工程图样，以及编制必要的文字说明和工程预算书等。施工图纸一般要经过专门的施工图审图机构的审核才允许施工。

0.1.2.3 施工图的分类

建筑工程施工图是以投影原理为基础，按照国家制图标准，把所设计房屋的尺寸大小、外部形状、内部布置和室内外装修，以及各组成部分的结构、设备等材料和构造做法等内容，详尽、准确地表达成工程图样，并注写尺寸，同时用文字说明建筑工程所用材料以及生产、安装等的技术要求。整套施工图纸既是设计人员的最终成果，也是参与建设工程项目的各方用以指导工程施工、组织施工管理、进行成本核算、实施工程监理等工作的重要技术资料。

建筑工程施工图按其设计内容和专业分工的不同，可分为如下专业图纸：总图、建筑施工图、结构施工图、给水排水施工图、采暖通风施工图和电气施工图等。有时还会有空调施工图、燃气管道施工图及弱电施工图等。

（1）建筑施工图（简称建施） 建筑施工图是表示建筑物的总体布局、外部造型、内部布置、细部构造、内外装饰等施工要求的图样。主要包括建筑设计总说明（含建筑节能设计）、总平面图、平面图、立面图、剖面图和详图等。一般建筑设计作为龙头专业，建筑施工图也是进行结构、水、暖、电各专业施工图设计的依据。

（2）结构施工图（简称结施） 结构施工图主要表达建筑物各承重构件（梁、板、柱、墙等）的布置、所用材料、截面尺寸、配筋以及构件间的连接、构造做法等内容。主要包括结构设计总说明、基础平面图、基础详图、上部结构平面布置图、钢筋混凝土构件详图、节点构造详图等。

（3）设备施工图（简称设施） 设备施工图是表达建筑工程各专业设备、管道及埋线的布置和安装要求的图样。主要包括给水排水施工图（简称水施）、采暖通风施工图（简称暖施）、电气施工图（简称电施）等。一般各专业图纸是由首页（设计说明）、平面图、系统图、详图等组成。

整套建筑工程施工图应按专业顺序编排。各专业的图纸，应该按图纸内容的主次关系、逻辑关系，有序排列。一般是全局性图纸在前，局部性图纸在后；先施工的在前，后施工的在后；重要图纸在前，次要图纸在后。

0.1.3 结构施工图的组成与识读方法

0.1.3.1 结构施工图的组成

结构施工图是设计人员综合考虑建筑的规模、使用功能、业主的要求、当地材料的供应情况、场地周边的现状、抗震设防要求等因素，根据国家及省市有关现行规范和规程，以经济合理、技术先进、确保安全为原则而形成的结构专业设计文件。

结构施工图是施工放线、挖槽、支模板、绑扎钢筋、浇筑混凝土、安装梁板柱等构件、编制预决算和施工组织设计的依据，是监理单位工程质量检查与验收的依据。

结构施工图的组成一般有结构设计总说明、结构布置图和构件详图三种图样：

（1）结构设计总说明 它是结构施工图的纲领性文件，根据现行规范的要求并结合工程实际情况，以文字叙述为主，主要说明工程概况、结构设计的依据、主要材料要求、构造要求、标准图或通用图的使用及施工注意事项等。

（2）结构布置图　它是房屋承重结构的整体布置图，主要表示承重结构构件的位置、数量、型号及相互关系，包括基础施工图和上部结构施工图。常用的结构平面布置图有：基础平面图、框架柱结构平面图、剪力墙结构平面图、楼层结构平面图（梁、板）、屋面结构平面图（梁、板）等。

（3）构件详图　一般包括基础、局部楼屋面、悬挑构件、楼梯、预埋件等构件及节点详图。

结构施工图一般按施工顺序排序，依次为图纸目录、结构设计总说明、基础平面图、基础详图、柱（剪力墙）平面布置图（自下而上按层排列）、梁平面布置图（自下而上按层排列）、楼（屋）面结构平面图（自下而上按层排列）、楼梯及构件详图等。

0.1.3.2　结构施工图的识读方法

结构施工图是结构工程师在看懂建筑施工图、理解建筑工程师设计意图的基础上，以建筑施工图为条件图，对建筑物的基础、柱（墙）、梁、板等结构构件进行设计后绘制的图纸。

结构施工图表达的内容较多，尤其是要表达构件的配筋构造，因此图示内容更复杂。结构施工图的识读应在了解结构施工图的内容、制图规则和表达方法、常用的结构构造做法以及相关结构规范的基础上，结合建筑施工图按照由浅入深、先粗后细、先大后小、相互对照的方法进行识读，这样才能迅速全面地读懂结构施工图，理解结构施工图的设计意图。

正确识读结构施工图的重要性不言而喻，结构施工图的识读一般宜遵循以下原则：

（1）先建筑，后结构

一般先看建筑施工图，了解建筑概况、使用功能及要求、内部空间的布置、层数与层高、墙柱布置、门窗尺寸、内外装修、节点构造及施工要求等基本情况；在理解建筑设计意图的基础上，再看结构施工图，根据正确的识读方法，按照图纸编排顺序进行逐张识读。

（2）由浅入深，先粗后细，先大后小

先粗看，了解工程的概况、结构方案、施工总体要求等，然后再逐步细化，仔细阅读每一个工种的每一张图纸，熟悉柱网尺寸、平面布置、构件布置等，最后详细看每一个构件、每一个节点详图，熟悉结构构件的材料要求、截面尺寸、配筋以及构件间的连接、构造做法等具体内容。

由先到后看，指根据施工先后顺序，比如看结构施工图，从基础、墙、柱、楼面到屋面依次看，如此顺序基本上也是结施图编排的先后顺序。

识读每张图纸时，应遵循从下往上、从左往右、从大到小的看图顺序，比较符合看图的习惯，同时也是施工图绘制的先后次序。

（3）结施与建施对照看，其他设施图参照看

在阅读结构施工图的同时，还需要对照相应的建筑施工图，应特别注意各层梁柱的平面布置与建筑施工图有无矛盾，梁的截面尺寸与相应门窗尺寸、结构标高与建筑标高及面层做法等是否统一，结构详图与建筑详图有无矛盾。最后阅读设备施工图，应特别注意设备的布置与建筑施工图的平面布置、设备的预留孔位置及尺寸与结构构件的布置有无矛盾，结构预留孔的数量及位置是否正确，各设备工种之间有无矛盾。只有把三者结合起来看，才能正确全面地了解建筑工程施工图的全貌，并发现存在的矛盾和问题。

0.2　建筑结构抗震基本知识

👁 看一看

　　图0-1是某框架结构工程的结构设计总说明示例，请找出图中有关工程抗震设计的文字说明，如建筑抗震设防类别、抗震等级、抗震设防烈度等，这些工程概况及抗震设计专业术语都涉及建筑结构抗震设计的基本知识，对识读结构施工图至关重要。

结构设计总说明（一）

一、工程概况

（1）本工程为综合楼，地上4层。采用现浇钢筋混凝土框架结构。

（2）建筑物室内地面标高±0.000相当于绝对标高，详见建施。

（3）本工程混凝土结构环境类别：地下部分为二b类，卫生间同二a类，其余为一类。

二、建筑结构的安全等级及设计使用年限

（1）建筑结构的安全等级：二级。

（2）设计使用年限：50年。

（3）地基基础设计等级：丙级。

（4）建筑抗震设防类别：标准设防类（丙类）。

（5）框架抗震等级：三级。

三、自然条件

（1）基本风压：$W_0=0.50 kN/m^2$，地面粗糙度类别：A类。

（2）基本雪压：$S_0=0.50 kN/m^2$。

（3）场地地震基本烈度：7度，设计基本地震加速度值为0.10g，设计地震分组为第三组，建筑场地地类别为：Ⅲ类。

（4）抗震设防烈度：7度。

四、建筑结构设计遵循的主要规范、规程、图集

《建筑结构可靠性设计统一标准》（GB 50068—2018）

《建筑与市政工程抗震通用规范》（GB 55002—2021）

《建筑结构荷载规范》（GB 50009—2012）

《建筑抗震设计规范》（2016年版）（GB 50011—2010）

《建筑地基基础设计规范》（GB 50007—2011）

《混凝土结构设计规范》（2015年版）（GB 50010—2010）

《混凝土结构施工图平面整体表示方法制图规则和构造详图》（22G101-1～3）

五、设计采用的均布活荷载标准值

部位	活荷载/(kN/m²)	部位	活荷载/(kN/m²)
办公室、卫生间	2.0	楼梯间	3.5
资料室、走廊	2.5	电梯机房	7.0
上人屋面	2.0	不上人屋面	0.5

六、基础

（1）本工程采用柱下条基。

（2）基础选用@砂土作为持力层，$f_{ak}=150kPa$。

（3）开挖基槽时，不应扰动土的原状结构，如已经扰动，应挖除扰动部分。基础开挖后应进行基槽检验。基槽检验可用触探加其他方法。当发现与勘察报告不一致，或遇到异常情况时，应立即通知勘察单位及设计院进行研究处理，结合地质资料作出处理意见。

（4）基坑混凝土搅拌完成后及时回填土至设计标高。

（5）基础墙体采用MU15混凝土实心砖，M10水泥砂浆砌筑。双面粉20mm厚1：2水泥砂浆。基础墙体在-0.060处做60mm厚细石面层混凝土防潮层（内配3 Φ6）。

七、主要结构材料

1. 混凝土

（1）强度等级见下表。

所有项目	
基础垫层	C20
基础	C30
梁、板、楼梯、柱	C25

注：柱混凝土强度等级二层以下为C30。

（2）混凝土外掺剂要求：外掺剂的品种和掺量应经试验确定。关规范要求，外掺剂的质量及应用技术应符合国家有关规范的要求。

2. 钢筋

（1）钢筋的技术指标应符合《混凝土结构设计规范》（2015年版）的要求。钢筋的强度标准值应具有不小于95%的保证率。

（2）抗震等级为一、二、三级的框架和斜撑构件（含梯段），其纵向受力普通钢筋时，尚应满足的抗拉强度实测值与屈服强度实测值的比值不应小于1.25；纵向受力钢筋的屈服强度实测值与强度标准值的比值不应大于1.3；钢筋在最大拉力下的总伸长率实测值不应小于9%。

（3）本工程选用钢筋种类：
HPB300（Φ），HRB400（Φ）。

3. 焊条

钢筋级别	HPB300	HRB400
搭接焊、帮条焊等	E4303	E5003
坡口焊	E4303	E5503

4. 填充墙

砌体类型	砌块强度等级	砌体容重限值	砂浆强度等级
加气混凝土砌块	A5	5.5kN/m³	M5

八、钢筋混凝土结构构造

本工程采用国家标准《混凝土结构施工图平面整体表示方法制图规则和构造详图》（22G101-1～3）（以下简称《混凝土结构平面整体表示图集》）的表示方法。施工图中未注明的构造要求应按照国标标准图的有关要求施行。

1. 混凝土最小保护层厚度（mm）见下表。

环境类别	板、墙、壳	梁、柱、杆
一	15	20
二 a	20	25
二 b	25	35

注：1. 混凝土强度等级不大于C25时，表中保护层厚度数值应相应增加5mm。
2. 基础底面钢筋的保护层厚度从垫层顶面算起不应小于40mm。

2. 受拉钢筋的锚固长度

（1）受拉钢筋的锚固长度见下表。

钢筋种类	抗震等级	混凝土强度等级 C25	C30
HPB300	三级（l_{abE}）	36d	32d
	四级（l_{abE}）	34d	30d
	非抗震（l_{ab}）	32d	
HRB400	三级（l_{abE}）	42d	37d
	四级（l_{abE}）	40d	35d
	非抗震（l_{ab}）		

注：$l_{aE}=\zeta_{aE} l_a$；$l_{abE}=\zeta_{aE} l_{ab}$。
ζ_a取1.0。
ζ_{aE}：三级抗震取1.05；
四级抗震取1.0。
d为受拉钢筋直径。

（2）受拉钢筋的搭接长度详见平法图集。

3. 钢筋接头形式及要求

（1）梁主筋采用直螺纹机械连接接头或焊接接头，其余构件当受力钢筋直径≥22mm时，应采用直螺纹机械连接接头或焊接接头；当受力钢筋直径<22mm时，可采用绑扎连接接头。

（2）接头宜设置在受力较小处。在同一根钢筋上宜少设置接头。

（3）受力钢筋的接头位置严格按照平法图集要求进行操作。

（4）受拉钢筋接长的位置严格按照平法图集集中布置。

4. 现浇钢筋混凝土板

除具体施工图中有特别规定者外，现浇混凝土板的施工应符合以下要求：

（1）板的底部钢筋伸入墙或梁支座内的锚固长度应伸入至墙支座或梁中心线且不小于5d，d为受力钢筋直径。负筋在梁支座或墙内的锚固应满足受拉钢筋最小锚固长度。

（2）板的边支座和中间支座顶标高不同时，当受力板顶标高较高时，短跨钢筋置于上排，长跨钢筋置于下排；双向板的底部钢筋，短跨钢筋置于下排，长跨钢筋置于上排。

（3）双向板的支座负筋，短跨钢筋置于上排，长跨钢筋置于下排。

（4）当板底与梁底平时，板的下部钢筋伸入梁内须弯折后置于梁的下部纵筋上。

（5）施工时各类钢筋混凝土板须根据专业布置须预留孔洞，结构平面图中只表示出洞口尺寸＞300mm的孔洞。板上孔洞应预留，不得后凿。

工程名称	综合楼	图名	结构设计总说明（一）	图纸编号	结施-1

图 0-1 某框架结构工程结构设计总说明示例

0.2.1 工程抗震基本术语

地震是一种危害性极大的自然现象。它是地壳运动的一种表现，与地质构造有密切的关系。强烈地震造成惨重的人员伤亡和巨大的财产损失，主要是由于建筑物的破坏所引起。我国是世界上多地震国家之一，地震活动分布范围广，经常发生造成严重破坏的强烈地震，因此，也是世界上地震灾害严重的国家之一。为了最大限度地减轻地震灾害，搞好工程的抗震设计是一项重要的根本性的减灾措施。

0.2.1.1 地震类型与成因

地震按其产生的原因可以划分为诱发地震和天然地震两大类。诱发地震主要是由于人工爆破、矿山开采及工程活动（如兴建水库）等所引发的地震。天然地震主要有构造地震和火山地震。后者由火山爆发所引起，前者由地壳构造运动所产生。相对而言，构造地震发生频率高（占地震发生总数约90%）、破坏性大、影响范围广，是工程抗震的主要研究对象。

构造地震产生的根本原因主要源于地壳板块的构造运动。地球在运动过程中，构造运动使地壳积累了巨大的变形能，在地壳岩层中产生着很大的复杂内应力，地壳板块之间的相互作用力会使地壳中的岩层发生变形，当这些应力超过某处岩层的强度极限时，将使该处岩层产生突然的断裂或强烈错动，从而引起振动，并以波的形式传到地面，形成地震。

0.2.1.2 常用地震术语

（1）震源和震中

如图0-2所示，地球内部岩层发生断裂或错动的部位称为震源；震源至地面的垂直距离称为震源深度；震源在地表的垂直投影点（即震源正上方的地面位置）称为震中；地面某处到震中的水平距离称为震中距。震中附近地面振动最强烈的，也就是建筑物破坏最严重的地区称为震中区。

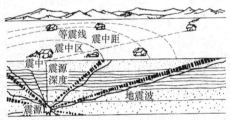

0.1 视频
地震震害现象　　图0-2　常用地震术语示意图

地震按震源的深浅分为：浅源地震（震源深度小于60km）、中源地震（震源深度在60～300km以内）、深源地震（震源深度大于300km）。我国发生的绝大部分地震都属于浅源地震。一般来讲，浅源地震破坏性大，深源地震破坏性小。

（2）地震波

地震时，岩层中积累的能量以波的形式从震源向外传播至地面，这就是地震波。其中，在地球内部传播的波称为体波，沿地球表面传播的波称为面波。地震时一般先出现由体波引起的上下颠簸及水平方向摇晃，而后出现面波造成的房屋左右摇晃和扭动。由于面波的能量比体波要大，所以造成建筑物和地表破坏，以面波为主。

（3）震级

震级是衡量一次地震本身强弱程度的指标。它是以地震时震源处释放能量的多少而引起地面产生最大水平地动位移的大小来确定的，用符号 M 表示。

1935年里希特首先提出了震级的定义：利用标准地震仪（指固定周期为0.8s，阻尼系数为0.8，放大倍数为2800的地震仪），在距震中100km处的坚硬地面上，记录到的以微米（$1\mu m=10^{-6}m$）为单位的最大水平地面位移 A 的常用对数值，即 $M=\lg A$，一般 M 称为里氏震级。

震级与震源释放能量的大小有关，震级每增加一级，地面振幅增大约10倍，而地震释放的能量就相差32倍。一个6级地震所释放出的能量相当于一个2万吨的原子弹释放的能量。

一般认为，$M<2$ 的地震，人们是感觉不到的，因此称为微震；M 为 2~4 的地震，在震中附近地区的人就有感觉，称为有感地震；$M>5$ 的地震，会对地面上的建筑物造成不同程度的破坏，称为破坏性地震；M 为 7~8 的地震称为强烈地震或大地震；$M>8$ 的地震称为特大地震。

（4）地震烈度

地震烈度是指在一次地震时对某一地区的地表和建筑物影响的强弱程度。地震烈度的大小不仅取决于每次地震发生时所释放出的能量大小，同时还受到震源深度、受震区距震中的距离、地震波传播的介质性质和受震地区的表土性质及其他地质条件等的影响。

对于一次地震，只能有一个地震震级，然而同一次地震对不同地区的影响却不同，随着距离震中远近的不同会出现多种不同的地震烈度。一般来说，距震中越近，地震影响越大，地震烈度越高。

为了评定地震烈度就需要建立一个标准，目前，我国采用由国家地震局颁布的最新版《中国地震烈度表》（GB/T 17742—2020）。它是以宏观的地震灾情调查并结合地震动参数的仪器测定结果进行判定，划分成 12 烈度。宏观灾情调查包括地震时人的感觉、器物反应、房屋损坏程度和地貌变化特征等调查信息。

0.2.2 建筑抗震设防分类和设防标准

0.2.2.1 抗震设防依据

（1）基本烈度

抗震设防的首要问题是明确要设计的建筑物能抵抗多大的地震。因此，采用概率方法预测某地区在未来一定时间内可能发生的最大烈度是具有实际意义的。一个地区的基本烈度是指该地区在今后 50 年期限内，在一般场地条件下可能遭遇超越概率为 10% 的地震烈度值。

国家地震局颁布的《中国地震烈度区划图》（1990 年）给出了全国各地地震基本烈度的分布，可供国家经济建设和国土利用规划、一般工业与民用建筑的抗震设防及制订减轻和防御地震灾害对策之用。

（2）抗震设防烈度

抗震设防烈度是作为一个地区建筑抗震设防依据的地震烈度，必须按国家规定的权限审批、颁发的文件（图件）确定。一般情况下，抗震设防烈度可采用《中国地震烈度区划图》中规定的基本烈度，对已编制抗震设防区划的城市，也可采用经国家有关主管部门规定的权限批准的抗震设防烈度。《建筑抗震设计规范》（2016 年版）（GB 50011—2010）（以下简称《抗震设计规范》）中的附录 A 规定了我国主要城镇抗震设防烈度。

0.2.2.2 抗震设防目标

抗震设防是指对建筑物进行抗震设计，包括计算地震作用、验算抗震承载力和采取抗震措施，以达到在地震发生时减轻地震灾害的目的。

抗震设防是以现有的科学水平和经济条件为前提。目前，国际上抗震设防目标的总趋势是：在建筑物使用寿命期间，对不同频度和强度的地震，要求建筑具有不同的抵抗能力。即对一般小震级的地震，由于其发生的可能性大，因此要求遭遇到这种多遇地震时，结构不受损坏，这在技术上和经济上都是可行的；对于罕遇的强烈地震，由于其发生的可能性小，当遭遇到这种强烈地震时，要求做到结构完全不损坏，这在经济上是不合算的。比较合理的做法是，允许损坏但不应导致建筑物倒塌。

在现阶段，我国新颁布的《建筑与市政工程抗震通用规范》（GB 55002—2021）（以下简称《抗震通用规范》）明确提出了"小震不坏、中震可修、大震不倒"的"三水准"抗震设防目标，即：

第一水准　当遭遇低于本地区设防烈度的多遇地震（简称"小震"）影响时，建筑物的主体结构一般不受损坏或不需修理可继续使用。

第二水准　当遭遇相当于本地区设防烈度的设防地震影响时，建筑物可能发生损伤，但经一般性修理仍可继续使用。

第三水准　当遭遇高于本地区设防烈度的罕遇地震（简称"大震"）影响时，建筑物不致倒塌或发生危及生命安全的严重破坏。

《抗震通用规范》规定，抗震设防烈度为 6 度及以上地区的建筑必须进行抗震设计。一般来说，建筑抗震设计包括三个层次的内容与要求，即概念设计、抗震计算和构造措施。概念设计在总体上把握抗震设计的基本原则，抗震计算为建筑抗震设计提供定量手段，构造措施则可以在保证结构整体性、加强局部薄弱环节等方面体现抗震计算结果的有效性。抗震设计上述三个层次内容是一个不可分割的整体，忽略任何一部分，都可能造成抗震设计的失败。

0.2.2.3　建筑抗震设防分类与设防标准

由于建筑物的使用性质不同，地震破坏所造成后果的严重性是不一样的。对于不同用途的建筑物，其抗震设防目标是一致的，抗震设计方法也相同，但不宜采用相同的抗震设防标准，而应根据其破坏后果加以区别对待。为此，按照国家标准《抗震通用规范》将建筑工程按其使用功能的重要性分为以下四个抗震设防类别：

（1）特殊设防类（简称甲类）　指使用上有特殊设施，涉及国家公共安全的重大建筑工程和地震时可能发生严重次生灾害等特别重大灾害后果，需要进行特殊设防的建筑。此类建筑的确定须经国家规定的批准权限批准。

（2）重点设防类（简称乙类）　指地震时使用功能不能中断或需尽快恢复的生命线相关建筑，以及地震时可能导致大量人员伤亡等重大灾害后果，需要提高设防标准的建筑。例如，城市中生命线工程的核心建筑，一般包括供水、供电、交通、消防、通信、救护、供气、供热等系统，以及中小学教学楼等。

（3）标准设防类（简称丙类）　指大量的除甲、乙、丁类建筑以外按标准要求进行设防的一般工业与民用建筑。

（4）适度设防类（简称丁类）　指使用上人员稀少且震损不致产生次生灾害，允许在一定条件下适度降低要求的建筑。例如，一般的仓库、人员稀少的辅助建筑物等。

各抗震设防类别建筑的抗震设防标准，应符合下列要求：

① 甲类建筑，应按本地区抗震设防烈度提高一度的要求加强其抗震措施；但抗震设防烈度为9度时应按比9度更高的要求采取抗震措施。同时，应按批准的地震安全性评价的结果且高于本地区抗震设防烈度的要求确定其地震作用。

② 乙类建筑，应按本地区抗震设防烈度提高一度的要求加强其抗震措施；但抗震设防烈度为9度时应按比9度更高的要求采取抗震措施。地基基础的抗震措施，应符合有关规定。同时，应按本地区抗震设防烈度确定其地震作用。

③ 丙类建筑，应按本地区抗震设防烈度确定其抗震措施和地震作用，达到在遭遇高于当地抗震设防烈度的预估罕遇地震影响时不致倒塌或发生危及生命安全的严重破坏的抗震设防目标。

④ 丁类建筑，抗震措施允许比本地区抗震设防烈度的要求适当降低，但抗震设防烈度为6度时不应降低。一般情况下，仍按本地区抗震设防烈度确定其地震作用。

0.2.2.4　抗震等级

抗震等级的划分，是为了体现对不同抗震设防类别、不同结构类型、不同场地条件、不同烈度或同一烈度但不同高度的钢筋混凝土房屋结构采取不同的延性设计要求以及采取不同的抗震构造措施，以利于做到经济而有效的设计。

《抗震设计规范》根据设防类别、设防烈度、结构类型和房屋高度等因素，将钢筋混凝土结构房屋划分为四个抗震等级，它是确定结构和构件抗震计算与采取抗震措施的标准。丙类混凝土结构房屋的抗震等级应按表0-1确定。甲、乙、丁类建筑，应按设防类别与设防标准，对抗震设防烈度进行相应调整后再确定抗震等级。

表 0-1　丙类混凝土结构房屋的抗震等级

结构类型		设防烈度						
		6 度		7 度		8 度		9 度
	高度 /m	≤ 24	> 24	≤ 24	> 24	≤ 24	> 24	≤ 24
框架结构	框架	四	三	三	二	二	一	一
	大跨度框架	三		二		一		一

结构类型		设防烈度									
		6 度		7 度			8 度			9 度	
框架–抗震墙结构	高度 /m	≤ 60	> 60	≤ 24	25 ~ 60	> 60	≤ 24	25 ~ 60	> 60	≤ 24	25 ~ 50
	框架	四	三	四	三	二	三	二	一	二	一
	抗震墙	三		三		二	二		一	一	
抗震墙结构	高度 /m	≤ 80	> 80	≤ 24	25 ~ 80	> 80	≤ 24	25 ~ 80	> 80	≤ 24	25 ~ 60
	抗震墙	四	三	四	三	二	三	二	一	二	一
部分框支抗震墙结构	高度 /m	≤ 80	> 80	≤ 24	25 ~ 80	> 80	≤ 24	25 ~ 80			
	抗震墙 一般部位	四	三	四	三	二	三	二			
	抗震墙 加强部位	三	二	三	二	二	二				
	框支层框架	二		二			二				

注：大跨度框架指跨度不小于 18m 的框架。

💡 特别提示

为使钢筋混凝土结构抗震设计更加细致和合理化，《抗震设计规范》不仅对不同设防烈度采取不同的抗震措施要求，而且在同一烈度下，不同设防类别、不同结构类型、不同场地条件或同一结构体系中不同高度的钢筋混凝土房屋，都采取不同的抗震措施要求。为此，引入了抗震（措施）等级的概念，它是确定结构抗震计算与采取抗震措施的重要依据。如框架杆件截面设计时，应按抗震等级进行内力调整和验算；在确定构件尺寸、钢筋布置及锚固等构造要求时，也按抗震等级选择相应的抗震措施。

0.3 混凝土结构一般构造

0.3.1 钢筋符号与标注

0.3.1.1 钢筋符号

最新版《混凝土结构通用规范》（GB 55008—2021）中将普通钢筋种类分为 HPB300、HRB400（HRBF400、RRB400）、HRB500（HRBF500）三种级别。在结构施工图中，为了区别每一种钢筋的级别，每一个等级用一种符号来表示，如：HPB300 级用代号 Φ 表示，HRB400 级用代号 Φ 表示，HRB500 级用代号 Φ 表示。

0.3.1.2 钢筋标注

在结构施工图中，结构构件的钢筋表达一般有以下三种标注方法：

（1）标注钢筋的根数、直径和等级　如 4Φ25：4 表示钢筋的根数，25 表示钢筋的直径，Φ 表示钢筋等级为 HRB400 钢筋。

（2）标注钢筋的等级、直径和相邻钢筋中心距　如 Φ10@100：10 表示钢筋直径，@ 为相等中心距符号，100 表示相邻钢筋中心的距离，Φ 表示钢筋等级为 HPB300 钢筋。

（3）标注钢筋的根数、直径、等级和中心距　如 9Φ10@100：就是把（1）、（2）两种标注方式同时应用。

上述三种标注方式中，方式（1）主要用于梁、柱构件；方式（2）用于板、墙配筋和梁、柱箍筋；至于方式（3）应用较少，一般用于钢筋根数不多、分布尺寸又不便于标注的位置。

0.3.2 混凝土保护层厚度

为了使钢筋不发生锈蚀，保证钢筋与混凝土间有足够的黏结强度，钢筋混凝土构件表面必须有足够的混凝土保护层。最外层钢筋的外边缘至构件表面混凝土外边缘的距离，称作混凝土保护层厚度。

影响保护层厚度的主要因素是环境类别、构件类型、混凝土强度等级、设计使用年限。混凝土结构的环境类别见表 0-2。设计使用年限为 50 年的混凝土结构，最外层钢筋的保护层厚度不应小于表 0-3 中的规定。

表 0-2　混凝土结构的环境类别

环境类别		条　件
一		室内干燥环境；无侵蚀性静水浸没环境
二	a	室内潮湿环境；非严寒和非寒冷地区的露天环境；非严寒和非寒冷地区与无侵蚀性的水或土壤直接接触的环境；严寒和寒冷地区的冰冻线以下与无侵蚀性的水或土壤直接接触的环境
	b	干湿交替环境；水位频繁变动环境；严寒和寒冷地区的露天环境；严寒和寒冷地区冰冻线以上与无侵蚀性的水或土壤直接接触的环境
三	a	严寒和寒冷地区冬季水位变动区环境；受除冰盐影响环境；海风环境
	b	盐渍土环境；受除冰盐作用环境；海岸环境
四		海水环境
五		受人为或自然的侵蚀性物质影响的环境

表 0-3　混凝土保护层的最小厚度　　　　　　　　　　　　　　　　　　单位：mm

环境类别		板、墙、壳	梁、柱、杆
一		15	20
二	a	20	25
	b	25	35
三	a	30	40
	b	40	50

对于受力钢筋，其混凝土保护层最小厚度的确定要特别注意以下几点：
① 纵向受力钢筋的混凝土保护层最小厚度应不小于受力钢筋的直径。
② 混凝土强度等级为 C25 时，表 0-3 中保护层厚度数值应增加 5mm。
③ 钢筋混凝土基础宜设置混凝土垫层，基础底面钢筋的保护层厚度应从垫层顶面算起且不应小于 40mm。

0.3.3　钢筋的锚固长度

为了避免纵向钢筋在受力过程中产生滑移，甚至从混凝土中拔出而造成锚固破坏，纵向受力钢筋必须伸过其受力截面一定长度，这个长度称为锚固长度。受拉钢筋的锚固长度规范称为基本锚固长度，以 l_{ab} 表示。

22G101-1 国标图集给出了受拉钢筋基本锚固长度 l_{ab} 的取值，参见表 0-4。在抗震设计时，纵向受拉钢筋的抗震基本锚固长度 l_{abE} 的取值参见表 0-5。

表 0-4　受拉钢筋基本锚固长度 l_{ab}

钢筋种类	混凝土强度等级							
	C25	C30	C35	C40	C45	C50	C55	≥ C60
HPB300	34d	30d	28d	25d	24d	23d	22d	21d
HRB400、HRBF400、RRB400	40d	35d	32d	29d	28d	27d	26d	25d
HRB500、HRBF500	48d	43d	39d	36d	34d	32d	31d	30d

表 0-5　抗震设计时受拉钢筋基本锚固长度 l_{abE}

钢筋种类		混凝土强度等级							
		C25	C30	C35	C40	C45	C50	C55	≥ C60
HPB300	一、二级	39d	35d	32d	29d	28d	26d	25d	24d
	三级	36d	32d	29d	26d	25d	24d	23d	22d

钢筋种类		混凝土强度等级							
		C25	C30	C35	C40	C45	C50	C55	≥ C60
HRB400	一、二级	46d	40d	37d	33d	32d	31d	30d	29d
HRBF400	三级	42d	37d	34d	30d	29d	28d	27d	26d
HRB500	一、二级	55d	49d	45d	41d	39d	37d	36d	35d
HRBF500	三级	50d	45d	41d	38d	36d	34d	33d	32d

一般情况下，受拉钢筋的锚固长度 l_a、抗震锚固长度 l_{aE} 应根据锚固条件按下列公式进行调整计算（修正系数说明参见表 0-6）：

$$受拉钢筋锚固长度 \, l_a = 锚固长度修正系数 \, \zeta_a \times 基本锚固长度 \, l_{ab}$$

$$受拉钢筋抗震锚固长度 \, l_{aE} = 抗震锚固长度修正系数 \, \zeta_{aE} \times 锚固长度 \, l_a$$

表 0-6　受拉钢筋锚固长度 l_a、抗震锚固长度 l_{aE} 和受拉钢筋锚固长度修正系数 ζ_a

受拉钢筋锚固长度 l_a、抗震锚固长度 l_{aE}			受拉钢筋锚固长度修正系数 ζ_a	
非抗震	抗震		锚固条件	ζ_a
$l_a = \zeta_a l_{ab}$	$l_{aE} = \zeta_{aE} \times l_a$	1. l_a 不应该小于 200mm 2. 锚固长度修正系数 ζ_a 按本表取用，当多于一项时，可按连乘计算，但不应该小于 0.6 3. ζ_{aE} 为抗震锚固长度修正系数，对一、二级抗震等级取 1.15，对三级抗震等级取 1.05，对四级抗震等级取 1.00。	带肋钢筋的公称直径大于 25mm	1.10
			环氧树脂涂层带肋钢筋	1.25
			施工过程中易受扰动的钢筋	1.10
			锚固区保护层厚度　3d	0.80
			锚固区保护层厚度　5d	0.70

💡 **特别提示**

1. l_{abE} 可以从表 0-5 中直接查取，l_{aE} 是从表 0-5 和表 0-6 中查取 l_{abE} 和 ζ_a 后，由 $l_{aE} = \zeta_a \times l_{abE}$，即可得出 l_{aE}。当没有特殊锚固条件时，一般情况 $\zeta_a = 1.0$，即 $l_{aE} = l_{abE}$。

2. 当抗震等级为四级时，$\zeta_{aE} = 1.0$，即 $l_{abE} = l_{ab}$。

0.3.4　钢筋的连接构造

在施工过程中，钢筋在构件中往往因长度不够（钢筋出厂长度一般为 9m）需要在受力较小处对钢筋进行连接。钢筋的连接方式主要有三种：绑扎搭接、机械连接和焊接，如图 0-3 所示。

为了保证钢筋受力可靠，22G101 系列图集对钢筋连接接头有如下规定：

① 当受拉钢筋直径 > 25mm 及受压钢筋直径 > 28mm 时，不宜采用绑扎搭接。

② 轴心受拉及小偏心受拉构件中纵向受力钢筋不应采用绑扎搭接。

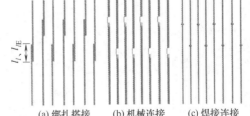

(a) 绑扎搭接　(b) 机械连接　(c) 焊接连接

图 0-3　钢筋的连接方式示意图

0.2 视频
钢筋的连接方式

③ 纵向受力钢筋连接位置宜避开梁端、柱端箍筋加密区。如必须在此连接时，应采用机械连接或焊接。

绑扎搭接是指两根钢筋相互有一定的重叠长度，用铁丝绑扎并通过钢筋与混凝土之间黏结传力的连接方法 [图 0-3（a）]，适用于较小直径的钢筋连接。对于绑扎搭接接头，应满足下列构造要求：同一构件中相邻纵向受力钢筋的绑扎搭接接头宜相互错开。位于同一连接区段内的受拉钢筋搭接接头面积百分率（即该区段内有搭接接头的纵向受力钢筋截面面积与全部纵向受力钢筋截面面积之比）：对梁类、板类及墙类构件，不宜大于 25%；对于柱类构件，不宜大于 50%。

绑扎搭接是通过钢筋与混凝土的锚固传力，所以绑扎搭接长度 l_l 与钢筋的锚固长度 l_a 直接相关，对受拉钢筋搭接长度的规定参见表 0-7，也可以在 22G101-1 图集中直接查取受拉钢筋搭接长度 l_l、抗震搭接长度 l_{lE} 的取值。

表 0-7　纵向受拉钢筋绑扎搭接长度 l_l、抗震搭接长度 l_{lE}

纵向受拉钢筋绑扎搭接长度 l_l、抗震搭接长度 l_{lE}			注:
抗震	非抗震		1. 当直径不同的钢筋搭接时，l_l、l_{lE} 按直径较小的钢筋计算
$l_{lE}=\zeta_l l_{aE}$	$l_l=\zeta_l l_a$		2. 任何情况下不应小于 300mm
纵向受拉钢筋搭接长度修正系数 ζ_l			3. 式中 ζ_l 为纵向受拉钢筋搭接长度修正系数。当纵向钢筋搭接接头面积百分率为表的中间值时，可按内插取值
纵向钢筋搭接接头面积百分率 /%	≤ 25	50	100
ζ_l	1.2	1.4	1.6

0.3.5　钢筋一般构造

0.3.5.1　钢筋最小净距要求

为保证钢筋与混凝土之间的黏结力，以及避免因钢筋过密而妨碍混凝土的捣实，梁、柱、板的纵向受力钢筋之间必须留有足够的净间距，如图 0-4 所示。

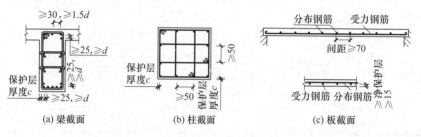

图 0-4　梁、柱、板纵向钢筋的间距（单位：mm）

（1）梁纵向钢筋间距要求　当排布梁的纵向钢筋时，必须考虑钢筋根数和间距。梁上部纵向钢筋水平方向的净间距（钢筋外边缘之间的最小距离）不应小于 30mm 和 1.5d（d 为钢筋的最大直径）；下部纵向钢筋水平方向的净间距不应小于 25mm 和 d，如图 0-4（a）所示。

（2）柱纵向钢筋间距要求　柱内纵向受力钢筋的净间距不应小于 50mm，中心距不宜大于 300mm，抗震设计时截面尺寸大于 400mm 的柱，纵向钢筋中心距不宜大于 200mm，如图 0-4（b）所示。

（3）板纵向钢筋间距要求　板中受力钢筋的中心间距一般不宜小于 70mm，当板厚 h≤150mm 时，钢筋间距不宜大于 200mm；当板厚 h>150mm 时，钢筋间距不宜大于 250mm，且不宜大于板厚的 1.5 倍，如图 0-4（c）所示。

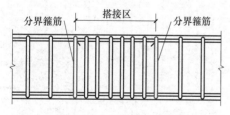

图 0-5　纵向受力钢筋搭接区箍筋构造

0.3.5.3　封闭箍筋及拉筋弯钩构造

封闭箍筋及拉筋弯钩构造详见图 0-6。除焊接封闭环式箍筋外，箍筋的末端均应做弯钩，弯钩形式应符合下列规定：

① 箍筋弯钩的弯弧内直径不应小于钢筋直径的 4 倍，且不应小于纵向受力钢筋直径。

② 箍筋弯钩的弯折角度为 135°。

③ 箍筋弯钩后的平直段长度，当构件抗震或受扭时，不应小于 10d 和 75mm 中的较大值；当构件非抗震时，不应小于 5d。

④ 拉筋弯钩构造与箍筋相同。

0.3.5.2　纵向受力钢筋搭接区的箍筋构造

如图 0-5 所示，梁、柱的纵向受力钢筋在搭接接头范围内的箍筋应满足如下构造要求：

① 搭接区内箍筋直径不小于 d/4（d 为搭接钢筋最大直径），间距不应大于 100mm 及 5d（d 为搭接钢筋最小直径）。

② 当受压钢筋直径大于 25mm 时，还应在搭接接头两个端面外 100mm 的范围内各设置两道箍筋。

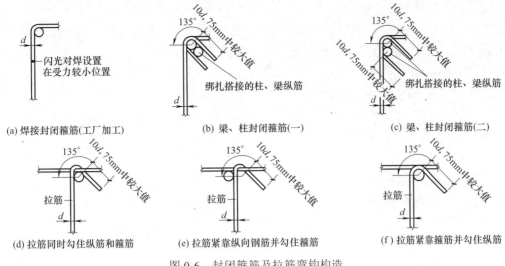

(a) 焊接封闭箍筋(工厂加工)   (b) 梁、柱封闭箍筋(一)   (c) 梁、柱封闭箍筋(二)

(d) 拉筋同时勾住纵向钢筋和箍筋   (e) 拉筋紧靠纵向钢筋并勾住箍筋   (f) 拉筋紧靠箍筋并勾住纵筋

图 0-6　封闭箍筋及拉筋弯钩构造

0.3.5.4　纵向钢筋弯钩与机械锚固形式

在工程中，当钢筋由于受限制而不能满足锚固长度要求时，可以采用纵向钢筋弯钩或机械锚固措施，22G101—1 图集给出了四种锚固形式，如图 0-7 所示。当纵向受拉普通钢筋末端采用弯钩或机械锚固措施时，包括弯钩或锚固端头在内的锚固长度（投影长度）可取基本锚固长度的 60%。

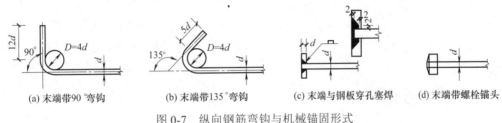

(a) 末端带90°弯钩   (b) 末端带135°弯钩   (c) 末端与钢板穿孔塞焊   (d) 末端带螺栓锚头

图 0-7　纵向钢筋弯钩与机械锚固形式

0.4　混凝土结构施工图平法制图基础知识

0.4.1　平法的基本概念

"平法"是混凝土结构施工图平面整体表示方法的简称。平法的表达形式概括来讲，就是把结构构件的尺寸和配筋等，按照平面整体表示方法制图规则，整体直接表达在各类构件的结构平面布置图上，再与标准构造详图相配合，构成一套完整的结构设计施工图纸。平法是我国结构施工图设计方法的重大创新，它改变了传统的将构件从结构平面布置图中索引出来，再逐个绘制配筋详图的繁琐方法。

1995 年，由山东大学陈青来教授首先提出并创编了混凝土结构施工图平面整体表示方法，而且通过了原建设部科技成果鉴定，被原国家科委列为"九五"国家级科技成果重点推广计划项目，也是国家重点推广的科技成果。自 2003 年开始，平法系列标准图集全面出版发行并在全国推广应用。目前，由中国建筑标准设计研究院编制的《混凝土结构施工图平面整体表示方法制图规则和构造详图》（22G101-1、2、3）系列图集是国家建筑标准设计图集，广泛应用于建筑结构设计、施工、监理等各个领域。

0.4.2　平法的基本原理

0.4.2.1　平法的系统构成

平法的系统构成原理为：视全部设计过程与施工过程为一个完整的主系统，主系统由多个子系统构成，包括基础及地下结构、柱墙结构、梁结构、板结构及楼梯结构。平法各子系统具有明确的层次性、关联性和相对完整性，其特征为：

（1）层次性　基础（底部支承体系）、柱墙（竖向支承体系）、梁（水平支承体系）、板（平面支承体系）、楼梯（斜面支承体系），均为完整的独立子系统。

（2）关联性　柱、墙以基础为支座——柱、墙与基础相关联；梁以柱为支座——梁与柱相关联；板或楼梯以梁为支座——板或楼梯与梁相关联。

（3）相对完整性　指在平法施工图中，各构件自成体系，可单独表达设计内容。基础自成体系，仅有自身的设计内容而无柱或墙的设计内容；柱、墙自成体系，仅有自身的设计内容（包括在支座内的锚固纵筋）而无梁的设计内容；梁自成体系，仅有自身的设计内容（包括在支座内的锚固纵筋）而无板的设计内容；板和楼梯自成体系，仅有自身的设计内容（包括在支座内的锚固纵筋）。

0.4.2.2　平法施工图的构成

平法施工图以结构设计师的知识产权归属为依据，将结构施工图设计分为结构设计内容和构造设计内容两大部分。图0-8为平法施工图的构成示意图。

图0-8　平法施工图的构成示意图

平法施工图中，结构设计内容是由结构设计师采用数字化、符号化的平面整体表示方法制图规则完成的创造性设计内容部分，而构造设计内容是以编制成国家标准图集的标准构造详图为依据进行的重复性（非创造性）设计内容部分，这两部分为对应互补关系，合并构成完整的结构设计图纸。

0.4.3　平法的实用效果

1）结构设计实现标准化。绘制平法施工图时，采用标准化的设计制图规则，使结构施工图表达数字化、符号化，单张图纸的信息量大而且集中。构件分类明确，层次清晰，表达准确，设计速度快，效率成倍提高。平法使设计者易掌握全局，易进行平衡调整，易修改，易校审，改图可不牵连其他构件，易控制设计质量。平法分结构层设计的图纸与水平逐层施工的顺序完全一致，对标准层可实现单张图纸施工，更有利于施工质量管理。

2）构造设计实现标准化。平法采用标准化的构造设计，形象、直观，施工易懂、易操作。标准构造详图可集国内较成熟、可靠的常规节点构造做法，集中分类归纳后编制成国家建筑标准设计图集供设计选用，可避免构造做法反复引用以及由此伴生的设计失误，保证节点构造在设计与施工两个方面均达到高质量。

3）平法大幅度降低设计成本，节约自然资源。平法施工图是有序化、定量化的设计图纸，与其配套使用的标准设计图集可以重复使用，与传统方法相比图纸量减少70%以上，综合设计工日减少三分之二以上，大大降低了设计成本，在节约人力资源的同时又节约了自然资源。

4）平法大幅度提高设计效率，推动人才分布格局的改变。平法大幅度提高设计效率可立竿见影，实质性地影响了全国建筑结构领域的人才分布状况。设计单位对土建类专业大学毕业生的需求量已经显著减少，大量土建类专业毕业生到施工部门择业已成普遍现象。人才分布趋向合理，大批土建类高级技术人才必将对施工建设领域的科技进步发挥积极作用。

0.4.4　如何学好平法

用平法表示的结构施工图是工程设计、施工、监理、招投标、审计等项目建设各环节的最重要依据，正确识读结构施工图是土建类专业技术人员的必备技能之一。因此，平法知识也是建筑工程技术、工程造价、工程监理等相关专业学生学习的重点专业知识。

平法结构施工图比较抽象、难以理解，其中又涉及很多设计规范，对于初学者来说有一定的困难。

现将平法的学习方法总结如下。

（1）系统梳理平法知识

平法知识是一个系统体系，这个体系由基础、柱墙、梁、板和楼梯等基本构件组成，它们之间既相互关联又相对独立。基础是柱或墙的支座，柱或墙是梁的支座，梁或墙是板的支座。因此，柱钢筋贯通，梁在柱内锚固；梁钢筋贯通，板在梁内锚固。同时这些构件又相对独立而自成体系，都有各自的标准构造详图。

（2）规则与详图对照

平法图集包括"制图规则"和"构造详图"两部分。制图规则是设计人员绘制结构施工图的制图依据，也是施工、造价、监理、审计人员阅读结构施工图的技术语言；构造详图是结构构件标准化的构造做法，也是钢筋施工下料与算量计价的依据。

在各类构件的结构平面布置图上按制图规则标注的尺寸及配筋等信息，必须与标准构造详图相配合，才能构成完整的结构设计内容。在22G101图集里，比较难以理解的是节点构造详图，虽然节点构造繁多，但是它们之间是有规律可循的。如：柱的中间节点和梁的中间节点构造就有类似之处，即能通则通（条件相似）、不通则断（直锚优先）；柱、梁、板构件主筋采用弯锚时的弯钩长度，除顶层柱中为12d之外，其余均为15d等。

（3）加强要点记忆

平法学习过程中，有些基本的要点知识是需要着重记忆的，如l_{ab}（受拉钢筋基本锚固长度）、l_{abE}（受拉钢筋抗震基本锚固长度），混凝土保护层最小厚度，钢筋的弯锚与直锚等。同时要明白一些基本表达式的意思，如：max{35d、500}表示取35d和500mm两者的最大值。还有关于结构施工图中构件编号的含义，每一个编号代表一种类型的构件，比如：KZ代表框架柱，KL代表框架梁，Q代表剪力墙等，这些是平法识图的基本要点。

（4）反复训练与实践

学习平法需要一个过程，要把理论知识与工程实践紧密联系，以工程实例图纸为载体，结合本书给出的大量三维立体模型图，化抽象为形象，化死记硬背为理解记忆，循序渐进地深入学习。并通过识图案例和实操项目，反复进行识图与绘图训练，有效解决"平法"识图难题。

⏵ 技能训练

知识自测

一、单项选择题

1.《抗震通用规范》规定，抗震设防烈度为（　　　）地区的建筑必须进行抗震设计。

A. 大于6度　　　　B. 6度及以上　　　　C. 大于7度　　　　D. 7度及以上

2. 根据建筑抗震设防分类标准，一般的工业与民用建筑属于（　　　）。

A. 甲类建筑　　　　B. 乙类建筑　　　　C. 丙类建筑　　　　D. 丁类建筑

3. 以下哪项不属于选择钢筋锚固长度l_{aE}大小的影响因素（　　　）。

A. 抗震等级　　　　B. 混凝土强度　　　　C. 钢筋种类及直径　　　　D. 保护层厚度

4. 纵向钢筋搭接接头面积百分率为25%，其搭接长度修正系数ζ_l为（　　　）。

A. 1.1　　　　B. 1.2　　　　C. 1.4　　　　D. 1.6

5. 抗震箍筋的弯钩构造要求采用135°弯钩，弯钩的平直段取值为（　　　）。

A. 10d和85mm中取大值　　　　B. 10d和75mm中取大值

C. 12d和85mm中取大值　　　　D. 12d和75mm中取大值

二、简答题

1. 施工图的作用是什么？建筑工程施工图按专业工种是如何分类的？

2. 结构施工图由哪些图样组成？在阅读结构施工图的过程中应该注意哪些问题？

3. 什么是基本烈度和抗震设防烈度？它们是怎样确定的？

4. 根据建筑物的重要性不同，建筑抗震设防分为哪几类？分类的作用是什么？

5. 现浇钢筋混凝土房屋结构抗震等级划分的依据是什么？有何意义？

6. 钢筋混凝土延性框架梁、柱塑性铰设计应遵循的原则是什么？

7. 什么是平法？平法施工图是如何构成的？

三、应用实例

1. 某一框架工程为三级抗震等级，框架梁采用混凝土强度等级为 C30，纵向受力钢筋为 4 Φ 22，不考虑其他因素，请查表计算其受拉钢筋抗震锚固长度 l_{aE}。若其他条件不变，仅纵向受力钢筋改为 4 Φ 28，再重新计算受拉钢筋抗震锚固长度 l_{aE}。

2. 某框架工程为非抗震设计，框架柱混凝土采用 C35，纵向受力钢筋为 12 Φ 18，采用绑扎搭接，同一截面内钢筋接头"隔一接一"，不考虑其他因素，求纵向受拉钢筋的搭接长度 l_l。

项目1 柱构件平法识图

学习目标

通过本项目的学习，学生需掌握柱平法施工图制图规则和识图方法，能看懂柱的钢筋布置及节点连接构造做法。通过项目实战案例，学生能够对接"1+X"建筑工程识图（结构）职业技能考核要求，完成框架柱平法施工图识图与绘图的实训任务，具备土建施工图识读与审核的岗位核心能力。

"1+X"建筑工程识图（结构）技能考核要求	知识目标	能力目标
• 能识读框架柱（梁上起柱、剪力墙上起柱）的截面尺寸、标高范围及配筋表达； • 能识读框架柱（梁上起柱、剪力墙上起柱）纵筋、箍筋的连接构造要求与做法； • 能根据任务要求，应用CAD绘图软件绘制中型建筑工程柱施工图的指定内容	• 了解柱在建筑结构中的作用及受力性能； • 掌握柱平法施工图制图规则和识图方法； • 掌握柱的基础插筋、中间层纵筋与箍筋、柱顶节点等钢筋标准详图的构造要求与做法	• 能对一般建筑结构的柱构件进行分类与选型； • 能正确执行国家设计规范及标准图集的相关规则与规定； • 能读懂柱平法施工图的标注信息及图示内容，完成综合识图任务； • 能完成柱钢筋布置详图及标注构造尺寸的绘图任务（课后应用CAD软件练习并完善绘图任务）

素质拓展

"平法"诞生　改革创新

我国建筑结构施工图设计经历了三个时期：一是新中国成立初期至20世纪90年代末的配筋详图法，二是20世纪80年代初期至90年代初在我国东南沿海开放城市应用的梁表法；三是20世纪90年代至今普及的"平法"。随着我国基本建设的飞速发展，结构CAD软件在工程设计中广泛运用，但由于计算机绘图仍按传统设计方法，表达繁琐，图纸量比手工绘制量还多，设计成本反而更高。山东大学陈青来教授在实际工作中敏锐地发现传统设计方法的弊病，结构施工图中存在大量重复性问题，使得传统设计效率低，设计中的"错""漏""碰""缺"不易消除，质量难以控制。

陈青来教授形成了新型的结构标准化思路，将传统的"构件标准化"改变为"构造标准化"，并将理论与实践较成熟的构造做法编制成建筑结构标准设计图集。1995年"平法"通过了建设部科技成果鉴定，1996年建设部批准《混凝土结构施工图平面整体表示方法制图规则和构造详图》（96G101）向全国出版发行。"平法"使结构与构造设计实现标准化，大幅度提高设计效率，降低设计成本，节约自然资源，推动人才分布格局的改变。随着"平法"图集版本的升级，技术越来越成熟，有效解决了建筑工程设计、施工、预算、监理等各方应用的实际问题。

"平法"的诞生是设计领域的一次重大变革，对建筑业产生深刻的影响，具有划时代意义。在当代中国，社会发展离不开改革创新，工程技术领域专家们的创新精神更值得学习和发扬。作为当代大学生，在学习和工作中要培育创新文化，弘扬科学家精神，养成科学严谨、勇于创新的职业素养，善于从实践中发现问题并运用新技术去解决问题，不断在改革创新中服务社会，实现人生价值。

🚀 **项目导读**

钢筋混凝土柱常用在框架结构、框架-剪力墙结构、框支剪力墙结构等建筑结构中，柱构件是混凝土结构房屋中重要的竖向承重构件，它支撑梁的同时又将荷载向下传递。现浇混凝土框架结构的柱与梁节点连接处为刚性连接，框架柱根部与基础通常也为刚性连接。柱构件的钢筋骨架主要由纵向钢筋和箍筋组成。为方便施工，柱与基础连接处应设置插筋，柱的纵筋与箍筋沿楼层高度方向布置时要满足抗震设计的构造要求，在框架顶层柱钢筋与梁钢筋还应有可靠的连接方式。

👁 **看一看**

图 1-1 是现浇混凝土框架结构的实物照片，可以扫一扫二维码 1.1 观看框架结构施工过程的动画，请仔细观察框架柱与梁的连接方式以及柱从基础开始沿各楼层高度方向的钢筋布置特点。

1.1 动画
框架结构施工
过程

图 1-1　现浇混凝土框架结构

❓ **想一想**

◆ 框架柱从基础到顶层如何分段？

◆ 框架柱根部的嵌固部位在哪？柱在楼层及顶层节点处与梁的连接关系是怎样的？

◆ 柱的纵向钢筋及箍筋沿楼层高度方向如何连接？柱的横截面钢筋如何正确布置？

1.1 ▶ 柱平法识图规则

1.1.1　柱构件及柱钢筋分类

1.1.1.1　柱构件分类

柱是混凝土结构房屋中重要的竖向承重构件，它既是梁的支座起支承作用，同时又向下层传递荷载。柱由于位置不同，所起的作用不同，其配筋构造也不同。柱构件及柱内钢筋的分类如图 1-2 所示，框架柱的钢筋构造分类见表 1-1。

1.1.1.2　柱编号规定

按平法设计绘制结构施工图时，应将所有柱构件按照表 1-2 的规定进行编号，编号中含有类型代号和序号。其中，类型代号的主要作用是指明构件所选用的标准构造详图，同时其相应的标准构造详图上也应标注编号中的相同代号，以明确该详图与柱平法施工图中该类型构件的互补关系，使两者结合构成完整的柱结构设计图。

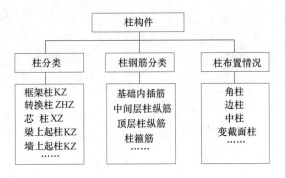

图 1-2　柱构件及柱内钢筋分类

表 1-1　框架柱的钢筋构造分类

钢筋种类	钢筋位置	构造名称	钢筋种类	钢筋位置	构造名称
纵筋	基础内	柱插筋	箍筋	基础内	插筋范围箍筋
	中间层	柱身纵筋		每层柱上下端	加密区箍筋
	顶层	柱顶层纵筋		柱中间范围	非加密区箍筋

表 1-2　柱分类及编号

柱类型	代号	序号	特　征
框架柱	KZ	××	柱根部嵌固在基础或地下结构上，并与框架梁（KL）刚性连接构成框架结构，此外，个别部位柱根部支承在框架梁上或支承在剪力墙顶部
转换柱	ZHZ	××	柱根部嵌固在基础或地下结构上，并与框支梁（KZL）刚性连接构成框支结构，框支结构以上转换为剪力墙结构
芯柱	XZ	××	设置在框架柱、框支柱、剪力墙核心部位的暗柱

1.1.2　柱平法施工图的表示方法

柱平法施工图是指在柱平面布置图上采用截面注写方式或列表注写方式表达的柱结构施工图，一般包含如下内容：

1）柱平面布置图，可采用适当比例单独绘制；当主体结构为框架 - 剪力墙结构时，柱平面布置图也可与剪力墙平面布置图合并绘制。

2）在柱平法施工图中，应注明各结构层的楼面标高、结构层高及相应的结构层号，一般以表格形式表达，便于将注写的柱段标高与该表对照，明确各柱在整个结构中的竖向定位。此外，还应注明上部结构嵌固部位位置。

3）注写上部结构嵌固部位，当框架柱嵌固部位在基础顶面时，无需注明；当框架柱嵌固部位不在基础顶面时，在层高表嵌固部位标高下使用双细线注明，并在层高表下注明上部结构嵌固部位标高，参见图 1-3 中层高及标高列表所示。

1.1.3　柱平法施工图制图规则

1.1.3.1　截面注写方式

截面注写方式是柱平法施工图中较常见的一种表示方法，即在柱平面布置图的柱截面上，分别在同一编号的柱中选择一个截面，以直接注写截面尺寸和配筋具体数值的方式来表达柱平法施工图，如图 1-3 所示。

在柱平面布置图中，柱轴网布置采用一种比例绘制，而需要在相同编号的柱中选择一根，将其在原位采用另一种比例放大绘制柱截面配筋详图，并在其上直接引注几何尺寸和配筋，对于其他相同编号的柱仅需标注编号和偏心尺寸。

当采用截面注写方式时，在柱截面配筋图上直接注写的主要内容有：柱编号、截面尺寸、纵向钢筋、箍筋以及柱截面与轴线关系的具体数值，此外，图中还应标注各段柱分段的起止标高。

如图 1-3 所示，柱截面配筋图上直接引出注写（即集中标注）的设计内容一般规定如下：

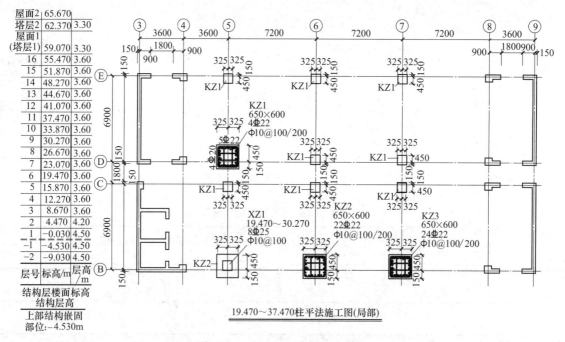

图 1-3 柱平法施工图截面注写方式示例

（1）注写柱编号 柱编号由类型代号和序号组成，应符合表 1-2 的规定，如图 1-3 中 KZ1、XZ1 等。

（2）注写各段柱的起止标高 因柱高通常与柱标准层竖向各层的总高度相同，一般当柱高与该页施工图所表达的柱标准层的竖向总高度不同时才注写，此项属于选注内容。注写各段柱的起止标高时，自柱根部往上以变截面位置或截面未变但配筋改变处为界分段注写。以基础起的柱根部标高是指基础顶面标高；芯柱的根部标高是指根据结构实际需要而定的起始位置标高；梁上起框架柱的根部标高是指梁顶面标高；剪力墙上起框架柱的根部标高为墙顶面标高。

（3）注写柱截面尺寸 对于矩形柱，注写柱截面尺寸 $b \times h$ 以及与轴线关系的几何参数 b_1、b_2 和 h_1、h_2 的具体数值。"平法"规定：截面的横边为 b 边（与 X 向平行），竖边为 h 边（与 Y 向平行），其中 $b = b_1 + b_2$，$h = h_1 + h_2$。例如：650×600，表示柱截面的横边 b 为 650mm，竖边 h 为 600mm。对于圆柱，柱截面尺寸 $b \times h$ 改用以 D 打头注写圆柱截面直径，例如：$D = 600$。

（4）注写柱纵筋 当柱纵筋直径相同，各边根数也相同时（包括矩形柱、圆柱和芯柱），直接注写全部纵筋。当矩形截面的角筋与各边中部筋直径不同时，在直接引注中仅注写角筋，然后在柱截面配筋图上原位注写各边中部筋。框架柱通常采用对称配筋，所以可仅注写一侧中部筋，另一侧对称边省略不注。

（5）注写柱箍筋 注写柱箍筋应包括钢筋种类、直径与间距，箍筋的肢数及复合方式应在柱截面配筋图上表示清楚。当圆柱采用螺旋箍筋时，需在箍筋前加"L"。

当为抗震设计时，用斜线"/"区分柱端箍筋加密区与柱身非加密区长度范围内箍筋的不同间距。当框架节点核心区内箍筋与柱端箍筋设置不同时，应在括号中注明核心区箍筋直径及间距。

【例 1-1】 Φ10@100/200，表示箍筋为 HPB300 级钢筋，直径为 10mm，加密区间距为 100mm，非加密区间距为 200mm。

当箍筋沿柱全高为一种间距时（如柱全高加密的情况），则不使用"/"线。

【例 1-2】 Φ10@100，表示沿柱全高范围内箍筋为 HPB300 级钢筋，直径为 10mm，间距为 100mm。

1.1.3.2 列表注写方式

当采用列表注写方式设计柱平法施工图时，一般只需要采用适当比例绘制一张柱平面布置图（包括框架柱、转换柱、芯柱等），分别在同一编号的柱中选择一个（有时需要选择几个）截面标注几何参数代号；同时在柱平面布置图上增设柱表，在柱表中详细注写柱的截面尺寸与配筋的具体数值，并配以各种柱截面形状及其箍筋类型的方式来表达。单项工程中的列表法柱平法施工图通常仅需要一张图纸，即可将柱平面布置图中所有柱从基础顶面（或基础结构顶面）到柱顶层的设计内容集中表达清楚。图 1-4 为采用列表注写方式的柱平法施工图示例。

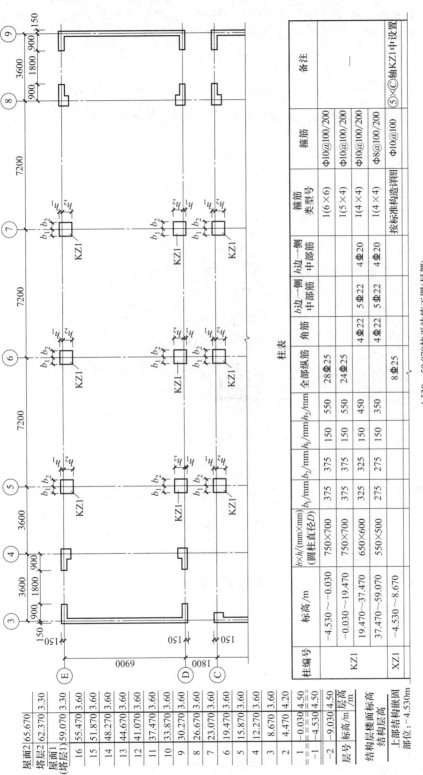

柱表

柱编号	标高/m	$b×h$/(mm×mm)(圆柱直径D)	b_1/mm	b_2/mm	h_1/mm	h_2/mm	全部纵筋	角筋	b边一侧中部筋	h边一侧中部筋	箍筋类型号	箍筋	备注
KZ1	-4.530~-0.030	750×700	375	375	150	550	28Φ25				1(6×6)	Φ10@100/200	
	-0.030~19.470	750×700	375	375	150	550	24Φ25				1(5×4)	Φ10@100/200	—
	19.470~37.470	650×600	325	325	150	450		4Φ22	5Φ22	4Φ20	1(4×4)	Φ10@100/200	
	37.470~59.070	550×500	275	275	150	350		4Φ22	5Φ22	4Φ20	1(4×4)	Φ8@100/200	
XZ1	-4.530~-8.670						8Φ25				按标准构造详图	Φ10@100	⑤×ⓒ轴KZ1中设置

-4.530~59.070柱平法施工图(局部)

注：1. 如采用非对称配筋，需在柱表中增加相应栏目分别表示各边的中部筋。
2. 箍筋对纵筋至少隔一拉一。
3. 本页示例表示本地下一层(-1层)、首层(1层)柱端箍筋加密区长度范围及纵筋连接位置均按示意要求设置。
4. 层高表中，竖向粗线表示本页柱的起止标高为-4.530m~59.070m，所在层号为-1~16层。

图1-4 柱平法施工图列表注写方式示例

结构层楼面标高 结构层高

层号	标高/m	层高/m
屋面2(塔层2)	65.670	
塔层2	62.370	3.30
屋面1(塔层1)	59.070	3.30
16	55.470	3.60
15	51.870	3.60
14	48.270	3.60
13	44.670	3.60
12	41.070	3.60
11	37.470	3.60
10	33.870	3.60
9	30.270	3.60
8	26.670	3.60
7	23.070	3.60
6	19.470	3.60
5	15.870	3.60
4	12.270	3.60
3	8.670	3.60
2	4.470	4.20
1	-0.030	4.50
-1	-4.530	4.50
-2	-9.030	4.50

上部结构嵌固部位：-4.530m

1. 在截面注写方式中，如柱的分段截面尺寸和配筋均相同，仅截面与轴线的关系不同时，仍可将其编为同一柱号，但此时应在未画配筋的柱截面上标注该柱截面与轴线关系的具体尺寸。

2. 柱截面注写方式中的配筋信息需配合《混凝土结构施工图平面整体表示方法制图规则和构造详图》（22G101系列图集）中各类型构件的标准构造详图，以确定钢筋的具体布置要求，如柱纵筋的连接构造、箍筋加密区长度等。

📖 **练一练**

【实例1-1】 图1-5为柱平法施工图实例，按照柱平法制图规则，解释图中KZ1截面所注写各种信息的含义。

【识图解析】 KZ1截面所注写内容的释义参见图1-6。

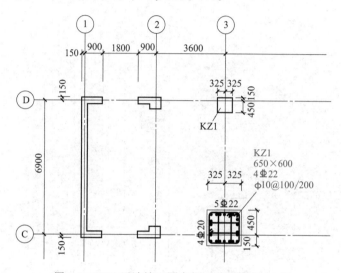

图1-5　KZ1平法施工图实例（截面注写方式）

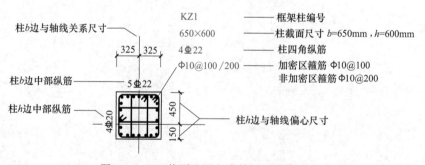

图1-6　KZ1截面注写方式的标注内容释义

采用列表注写方式时，在柱表中要注写的内容与截面注写方式类似，包括：①柱编号；②柱高（分段起止标高）；③截面几何尺寸（包括柱截面对轴线的偏心情况）；④柱纵向钢筋；⑤箍筋类型号及肢数；⑥柱箍筋。此外，在柱平面布置图上，需要分别在同一编号的柱中选择一个（有时需要选择几个）标注几何参数代号 b_1 与 b_2，h_1 与 h_2。在柱平法施工图设计中，为确保柱表中的内容与图上的内容准确对应，柱截面 b 边和 h 边的方向必须统一，规定与图面 X 向平行的柱边为 b 边，与图面 Y 向平行的柱边为 h 边。

在柱表的纵筋标注栏内，当柱纵筋直径相同且各边根数也相同时（包括矩形柱、圆柱和芯柱），将纵筋注写在柱表"全部纵筋"一栏中；除此之外，柱纵筋分角筋、截面 b 边中部筋和 h 边中部筋三项分别注写。对于采用对称配筋的矩形截面柱，可仅注写一侧中部筋，对称边省略不注；对于采用非对称配筋的矩形截面柱，必须每侧均注写中部筋。

在柱表的箍筋类型栏内注写按表 1-3 规定的箍筋类型编号和箍筋肢数。箍筋肢数可有多种组合，应在表中注明复合方式的具体数值、*m*、*n* 及 Y 等。列表注写方式的其他注写内容参见图 1-4 中柱列表。

表 1-3　柱箍筋类型表

箍筋类型编号	箍筋肢数	复合方式
1	$m \times n$	
2	—	
3	—	
4	Y+$m \times n$ 圆形箍	

1.2 ▶ 柱根部钢筋锚固构造详解

👁 **看一看**

图 1-7 是框架柱基础插筋的施工照片，还可以扫一扫二维码 1.3 观看框架柱基础插筋构造的三维模型图，请仔细观察柱根部纵筋与箍筋在基础中的锚固构造特点，并在学习本节柱根部钢筋的标准构造详图时进行图物对照。

图 1-7　框架柱插筋在基础中的构造

1.2.1　柱插筋在基础中的锚固构造

一般框架结构的基础和柱子是分开施工的，这时候底层柱子的钢筋如果直接留到基础里，由于钢筋很长不方便施工，所以就在基础中锚固一段钢筋（俗称基础插筋），其配筋大小和根数应该和柱根部钢筋相同，同时柱插筋预留长度应满足框架柱钢筋接头连接的构造要求。钢筋混凝土柱下基础的类型有独立基础、条形基础、十字交叉基础、筏形基础、箱形基础、桩基础等，根据 22G101-3 平法图集，柱插筋在基础内的锚固构造没有因基础类型的不同而不同，而是按照柱插筋保护层的厚度、基础高度 h_j、受拉钢筋锚固长度 l_{aE} 的不同给出了四种锚固构造做法，如图 1-8 所示。框架柱插筋在基础中的构造要求说明如下：

① 柱插筋伸至基础板底部，并支承在底板钢筋网片上再做弯钩。弯钩长度分两种情况：当基础高度满足直锚（即 $h_j > l_{aE}$）时，弯钩平直段长度为 6d 且 ≥ 150mm，如图 1-8（a）、（b）所示；当基础高度不满足直锚（即 $h_j \leqslant l_{aE}$）时，弯钩平直段长度为 15d，如图 1-8（c）、（d）所示。

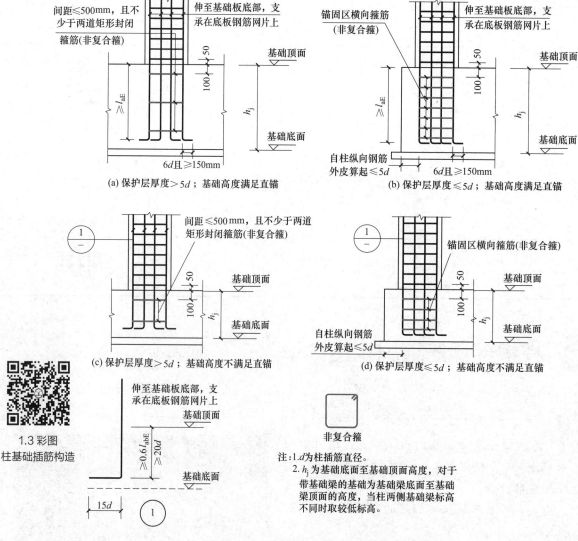

图 1-8　柱插筋在基础中的锚固构造

② 柱插筋锚固区内要设非复合箍筋。当柱插筋保护层厚度 > 5d 时，应设间距 ≤ 500mm 且不少于两道矩形非复合箍筋；当柱外侧插筋保护层厚度 ≤ 5d 时，所设的非复合箍筋（锚固区横向钢筋）应满足直径 ≥ d/4（d 为纵筋最大直径），间距 ≤ 5d（d 为纵筋最小直径）且 ≤ 100mm 的要求。

③ 当柱插筋在基础中保护层厚度不一致时（如纵筋部分位于梁中、部分位于板内），保护层厚度 ≤ 5d 的部位应设置锚固区横向箍筋。

④ 当柱为轴心受压或小偏心受压，基础高度 ≥ 1200mm 时，或当柱为大偏心受压，基础高度 ≥ 1400mm 时，可仅将柱四角插筋伸至基础底板钢筋网片上（伸至底板钢筋网片上的柱插筋间距要求 ≤ 1000mm），其余柱插筋满足锚固长度 l_{aE} 即可。

练一练

【实例 1-2】 已知某框架柱 KZ1 与独立基础的基本信息：混凝土采用 C30，框架抗震等级为三级，阶形独立基础总高为 600mm，基础底板钢筋保护层厚度为 40mm，上部 KZ1 的基础插筋为 4 ⨎ 20+8 ⨎ 18，参照图 1-8，试确定 KZ1 插筋在基础内的锚固构造做法。

【识图解析】（1）构造分析

在平法图集中，柱插筋在基础内的锚固给出了四种构造做法（图 1-8），针对具体工程构件设计信息，应按照柱插筋保护层的厚度、基础高度 h_j、受拉钢筋锚固长 l_{aE} 的不同，选择相应的构造详图。

本例中，柱插筋保护层厚度＞5d，基础高度 h_j=600mm，l_{aE}=37d= 37×20=740mm（同一截面有两种钢筋直径时，取大者）；所以 h_j＜l_{aE}，属于基础高度不满足直锚情况，应选择按照图1-8（c）节点做法施工。

（2）构造做法

KZ1插筋应先竖直插至基础底部支承在底板钢筋网上，然后做90°弯锚，弯锚直线长度取15d=15×20mm=300mm，该柱插筋示意图详见图1-9。

KZ1基础内插筋还应设置两道矩形封闭非复合箍筋，第一道箍筋距离基础顶面100mm。

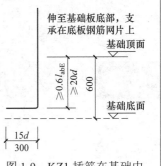

图1-9　KZ1插筋在基础中的锚固示意图

1.2.2 梁上起框架柱钢筋构造

梁上起框架柱，一般是指框架梁上生根的少量起柱，例如框架结构楼梯间中承托层间梯梁的柱，就是常见的梁上起柱 KZ，如图1-10所示。梁上起柱 KZ 的构造不适用于结构转换层上的转换大梁起柱。

梁上起框架柱时，框架梁是柱的支撑，因此应尽可能设计成梁宽度大于柱宽度，使柱钢筋能比较可靠地锚固到框架梁中。当梁宽度小于柱宽度时，应在框架梁上加侧腋以提高梁对柱钢筋锚固的可靠性。

当框架梁宽度大于柱宽度时，梁上起柱 KZ 的插筋应伸至框架梁底部配筋位置，其直锚深度应 ≥0.6l_{abE}，且 ≥20d，并且插筋端部做90°弯钩，弯钩平直段长度取15d（d 为柱插筋直径）；同时，在梁内应设置间距≤500mm，且至少两道柱箍筋。在梁上起柱 KZ 的柱根部（嵌固部位）箍筋加密区范围应满足 ≥$H_n/3$（H_n 表示框架柱所在楼层的柱净高），具体构造要求如图1-11所示。梁上起柱 KZ 的纵筋连接及锚固做法除梁内插筋外，在梁顶面以上均与框架柱纵筋的连接构造相同。

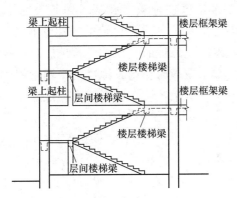

图1-10　设置在楼梯间的梁上起柱 KZ

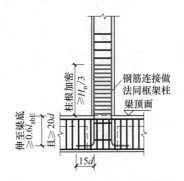

图1-11　梁上起柱 KZ 钢筋构造

1.2.3 剪力墙上起框架柱钢筋构造

剪力墙上起框架柱是指普通剪力墙上个别部位的少量起柱，不包括结构转换层上的剪力墙起柱。剪力墙上起柱 KZ 按纵筋锚固情况分为柱与墙重叠一层和柱纵筋锚固在墙顶部两种类型，具体构造如图1-12所示。

剪力墙上起柱 KZ 的插筋锚固在墙顶部时，插筋应伸至墙顶面以下 1.2l_{aE}，然后做90°弯钩，弯钩平直段长度取150mm。墙上起柱 KZ 在墙顶面以上的纵筋连接做法，均与框架柱纵筋的连接构造相同。

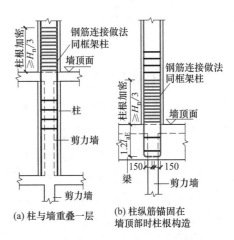

（a）柱与墙重叠一层　　（b）柱纵筋锚固在墙顶部时柱根构造

图1-12　剪力墙上起柱 KZ 钢筋构造

墙上起框架柱时，柱根部（嵌固部位）箍筋加密区范围应满足 $\geq H_n/3$（H_n 表示框架柱所在楼层的柱净高），在墙顶面标高以下锚固范围内的柱箍筋按上柱非加密区箍筋要求配置。

1.3 柱身纵筋与箍筋构造详解

👁 **看一看**

图 1-13、图 1-14 是现浇框架柱钢筋施工的实物照片，请仔细观察框架柱纵筋和箍筋的连接位置、布置方式与特点，并在学习本节柱身钢筋的标准构造详图时进行图物对照。

图 1-13　框架柱的钢筋布置

图 1-14　框架柱的箍筋设置

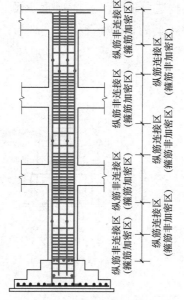

1.4 微课
柱身纵筋与
箍筋构造

图 1-15　框架柱中纵筋和箍筋的布置情况

新平法图集 22G101-1 中各种构件适用于抗震设防烈度为 6～9 度地区的现浇钢筋混凝土结构，我国绝大多数地区在建筑工程设计时均要考虑抗震设计，所以这里按抗震设计讨论框架柱钢筋构造情况。

抗震框架柱为偏心受压构件，地震时框架结构要承受往复水平地震力作用。地震力作用下使柱身产生弯矩和剪力，框架柱弯矩图形的反弯点通常在每层柱的中部，显然弯矩反弯点附近的内力较小，在此范围进行钢筋连接符合"受力钢筋连接应在内力较小处"的原则。所以在平法标准构造详图中，确定抗震框架柱在楼层上下节点附近为柱纵向受力钢筋的非连接区，同时该区域也是柱箍筋的加密区布置范围。除非连接区外，框架柱的其他部位为允许连接区，也是箍筋的非加密区。纵筋和箍筋在框架柱中的布置情况如图 1-15 所示。

1.3.1　框架柱纵向钢筋连接构造

1.3.1.1　框架柱纵向钢筋一般连接构造

平法图集 22G101-1 中规定，轴心受拉及小偏心受拉构件中纵向受力钢筋不应采用绑扎搭接；其他构件中的钢筋采用绑扎搭接时，受拉钢筋直径不宜大于 25mm，受压钢筋直径不宜大于 28mm。由于绑扎搭接受条件限制，又浪费钢筋，目前工程中柱纵筋常采用机械连接或焊接连接。框架柱柱身纵向钢筋可以在非连接区以外的任意位置进行连接，柱相邻纵向钢筋连接接头相互错开，在同一连接区段内钢筋接头面积百分率不宜大于 50%，如图 1-16 所示。其构造要求说明如下：

① 柱纵向钢筋非连接区位置：地上一层（底层）柱下端（嵌固部位）非连接区高度 $\geq H_n/3$，是单控

值；其他部位所有柱的上端和下端非连接区高度应≥$H_n/6$、≥h_c、≥500mm，为"三控"值，即在三个控制值中取最大者。H_n表示框架柱所在楼层的柱净高，h_c表示柱截面长边尺寸（圆柱为截面直径）。

> **💡 特别提示**
>
> 　　1.抗震框架柱的允许连接区并不意味着必须连接，当钢筋定尺长度能满足两层要求，施工工艺也能保证钢筋稳定时，即可将柱纵筋伸至上一层连接区进行连接。总之，"避开柱梁节点非连接区"和"连接区内能通则通"，是框架柱纵向钢筋连接的两个原则。
>
> 　　2.当框架柱某层连接区的高度小于纵筋分两批绑扎搭接所需要的高度时，应改用机械连接或焊接连接。

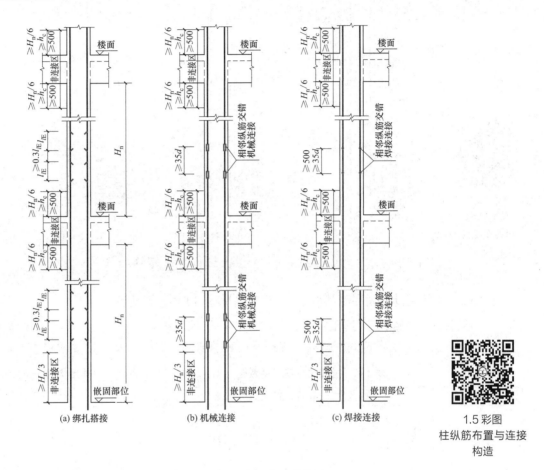

(a) 绑扎搭接　　(b) 机械连接　　(c) 焊接连接

1.5 彩图
柱纵筋布置与连接
构造

图1-16　框架柱（KZ）纵向钢筋连接构造

② 当采用绑扎搭接时，搭接长度为l_{lE}（按较小钢筋直径计算），相邻纵筋连接点应错开$0.3l_{lE}$。

③ 当采用机械连接时，相邻纵筋连接点应错开≥35d（d为较大纵筋直径）。

④ 当采用焊接连接时，相邻纵筋连接点应错开≥35d和≥500mm。

1.3.1.2　地下室框架柱纵向钢筋连接构造

地下室框架柱（KZ）的纵向钢筋连接构造如图1-17所示，与图1-16所示无地下室框架柱（KZ）纵筋连接构造可以进行比较，这样学习更容易理解和记忆。其构造要点如下：

① 地下室的最上一层柱顶面标高，即为嵌固部位标高，嵌固部位由设计指定。地上一层柱下端（嵌固部位）非连接区高度≥$H_n/3$，是单控值。

② 地下室最下一层的柱底面标高即为基础顶面标高。地下室所有部位柱的上端和下端非连接区高度应≥$H_n/6$、≥h_c、≥500mm，三者中取大值。

③ 地上一层柱上端和二层以上所有柱的上端和下端非连接区高度应≥$H_n/6$、≥h_c、≥500mm，为"三控"值，与一般柱纵筋构造相同。

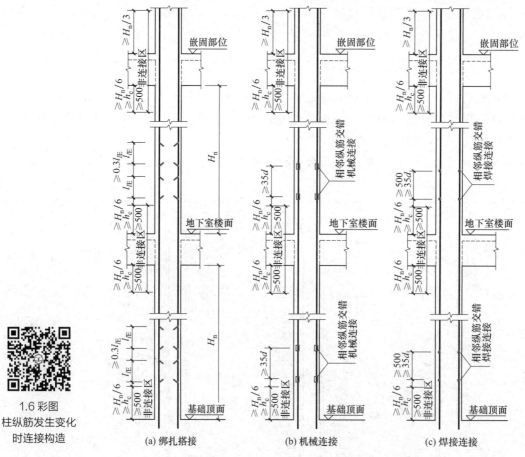

(a) 绑扎搭接　　　　　(b) 机械连接　　　　　(c) 焊接连接

图 1-17　地下室框架柱（KZ）纵向钢筋连接构造

1.3.1.3　框架柱纵筋发生变化（上、下层配筋量不同）时连接构造

当框架柱上下层纵筋配筋量发生变化时，如柱上下层纵筋直径相同，但纵筋根数增加或减少的情况，或柱上下层纵筋根数相同，但纵筋直径不同时的情况，具体连接构造要求见表 1-4。

表 1-4　框架柱纵筋发生变化（上、下层配筋量不同）时连接构造

适用情况	构造详图	构造要点	适用情况	构造详图	构造要点
上柱钢筋比下柱多		上柱比下柱多出的纵筋从楼层梁顶标高处向下柱内锚入 $1.2l_{aE}$	下柱钢筋直径比上柱钢筋直径大		下层柱纵筋向上穿过非连接区与上层较小直径纵筋连接，此构造与上下层纵筋直径无变化时的构造一致
下柱钢筋比上柱多		下柱比上柱多出的纵筋从楼层梁底标高处向上柱锚入 $1.2l_{aE}$	上柱钢筋直径比下柱钢筋直径大		将上层柱纵筋连接位置下移至下层柱上端非连接区以外，即上层纵筋要向下柱穿过非连接区，与下柱较小直径纵筋连接

1.3.2 框架柱箍筋构造

1.3.2.1 框架柱箍筋加密区范围

1）框架柱无地下室时，按抗震设计的箍筋加密区范围与柱纵筋非连接区范围相同，如图1-18所示。其具体构造要求为：底层柱下端（嵌固部位）箍筋加密区范围≥$H_n/3$，是单控值；底层柱上端和其他层柱的上端和下端箍筋加密区范围均满足≥$H_n/6$、≥h_c、≥500mm，即三者中取大值。H_n表示框架柱所在楼层的柱净高，h_c表示柱截面长边尺寸（圆柱为截面直径）。

2）有地下室框架柱的箍筋加密区范围也与地下室框架柱纵筋非连接区范围相同，如图1-19所示。其具体构造要求为：地上一层柱下端（嵌固部位）箍筋加密区范围≥$H_n/3$，是单控值；地下室从基础顶面至嵌固部位所有柱的上端和下端箍筋加密区范围均满足≥$H_n/6$、≥h_c、≥500mm，即三者中取大值。

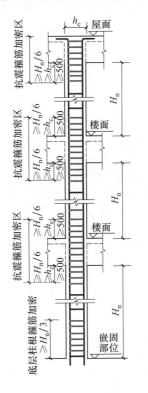

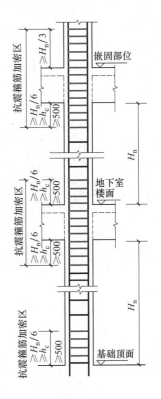

1.7 彩图
柱箍筋布置
与箍筋形式

图1-18　框架柱（KZ）箍筋加密区范围　　　图1-19　地下室框架柱（KZ）箍筋加密区范围

3）当框架柱为跃层柱（或穿层柱），包括两种情况：一是单方向跃层柱，即框架柱在两层楼板的中间层沿X方向或Y方向无梁且无板的穿层柱；二是双方向跃层柱，即框架柱在两层楼板的中间层双方向无梁且无板的穿层柱，两种穿层框架柱箍筋加密区范围如图1-20所示。单向穿层框架柱（KZ）具体构造要求为：单方向跃层柱的上、下端箍筋加密区范围应按跃层柱总净高的1/6计算，即满足≥$H_{n*}/6$、≥h_c、≥500mm，且三者中取大值；因中间层单方向有框架梁，所以在该层节点柱上、下端箍筋加密区范围均满足≥$H_{n*}/6$、≥h_c、≥500mm，且三者中取大值。其中H_{n*}表示框架柱穿层时的柱总净高，H_n表示所在各自层的柱净高，双向穿层框架柱（KZ）具体构造要求为：双方向跃层柱的上、下端箍筋加密区范围应按跃层柱总净高的1/6计算，即满足≥$H_{n*}/6$、≥h_c、≥500mm，且三者中取大值。

4）当未设地下室的框架柱基础埋置较深，且在一层地面位置未设置地下框架梁，除满足底层柱下端箍筋加密至$H_n/3$高度，还应在距刚性地面上下各500mm范围设置箍筋加密区，如图1-21所示。

5）当框架柱纵筋采用搭接连接时，应在柱纵筋搭接长度范围内按≤5d（d为搭接钢筋较小直径）及≤100mm的间距加密箍筋。

6）有些部位沿柱全高都需要箍筋加密，包括三种情况：①框架结构中一、二级抗震等级的角柱；②抗震框架柱H_n/h_c≤4的短柱；③抗震转换柱。

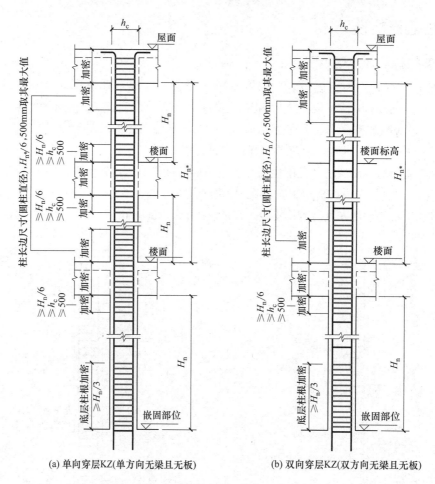

(a) 单向穿层KZ(单方向无梁且无板)　　　　(b) 双向穿层KZ(双方向无梁且无板)

图 1-20　穿层框架柱 KZ 箍筋加密区范围

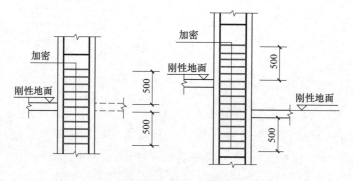

图 1-21　底层刚性地面上下箍筋加密范围

💡 **特别提示**

1. 按照抗震设计的框架结构应为延性结构，设计时通过抗震计算和抗震构造措施来满足"强柱弱梁，强剪弱弯，强节点、强锚固"的设计原则。所以，在柱和梁连接节点附近（应力复杂和应力集中的部位）及纵向钢筋接头部位（配筋构造上的薄弱处），梁、柱箍筋需要设置加密区。

2. 箍筋加密区范围布置在抗震框架柱、梁节点附近的区域，同时该区域也是柱纵筋的非连接区。除非连接区外，抗震框架柱的其他部位为可连接区，也是箍筋的非加密。

3. 当框架柱为短柱（$H_n/h_c \leqslant 4$）时，框架柱的刚度较大，柱身的延性（即吸收地震能量的能力）相应降低，在横向地震作用下，柱身任何部位都有可能发生剪切破坏，因此，采用沿柱全高加密箍筋的措施，可以防止剪切破坏。

【实例 1-3】 表 1-5 是某工程施工图中底层 KZ1 的基本信息,按照柱平法制图规则,计算 KZ1 在底层高度范围内柱下端(嵌固部位在基础顶面)和上端(算至上层梁底面)的箍筋加密区长度。

表 1-5　KZ1 工程信息表

层号	结构标高 /m	层高 /m	柱截面尺寸 $b \times h_c$ /(mm×mm)	梁截面高度 h_b (X 向 /Y 向)/mm	
2	3.870	3.9	600 ×600	650/650	混凝土强度等级:C30
1	-0.030	3.9	600 ×700		抗震等级:三级
基础顶面	-1.200	基础顶面~ 3.870			环境类别:一类 现浇板厚:100mm

【识图解析】(1)构造分析

根据柱平法制图规则,参照图 1-18,底层柱下端(嵌固部位)箍筋加密区范围≥H_n/3,是单控值;底层柱上端箍筋加密区范围应满足≥H_n/6、≥h_c、≥500mm,即三者中取大值。

查看基础及二层楼面结构层标高:基础顶面标高 -1.200m,二层楼面结构层标高 3.870m,从而确定底层柱层高为 H=3.870-(-1.200)=5.070(m)。

查看二层楼面框架梁结构施工图,确定与 KZ1 两个方向定位轴线垂直相交的 X 向与 Y 向楼面框架梁的梁高,计算底层柱净高 H_n:KZ1 的二层楼面框架梁 X 方向(b 边方向)梁高与 Y 方向(h_c 边方向)梁高均为 650mm,此时底层柱的净高 H_n=5070mm-650mm=4420mm(X 向与 Y 向相同),柱截面长边尺寸 h_c=700mm。

(2)计算柱箍筋加密区长度

底层(一层)柱下端:取 H_n/3=4420mm/3=1473mm,实际加密区长度取 1500mm;

底层(一层)柱上端:取 max {H_n/6,h_c,500mm} = max{4420mm/6,700mm,500mm}=737mm,实际加密区长度取 750mm。

1.3.2.2　框架柱箍筋的复合方式

根据构造要求,当柱截面短边尺寸大于 400mm 且各边纵向钢筋根数多于 3 根时,或当柱截面短边尺寸小于 400mm 但各边纵向钢筋根数多于 4 根时,应设置复合箍筋。框架柱矩形截面箍筋的一般复合方式,如图 1-22 所示。设置复合箍筋的基本要求为:

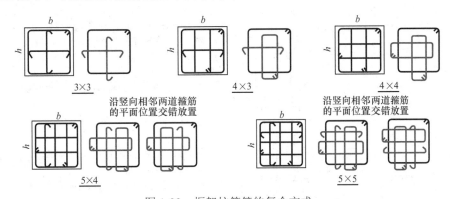

图 1-22　框架柱箍筋的复合方式

① 截面周边为封闭箍筋,截面内的复合箍筋为小箍筋或拉筋。拉筋设置应同时钩住纵向钢筋和外围封闭箍筋。采用这种箍筋复合方式,沿封闭箍筋周边局部平行接触的箍筋不宜多于两道,因此用钢量最少。

② 沿复合箍周边,箍筋局部重叠不宜多于两层。以复合箍筋最外围的封闭箍筋为基准,柱内的 X 向箍筋紧贴其设置在下(或在上),柱内的 Y 向箍筋紧贴其设置在上(或在下)。

③ 若在同一组内复合箍筋各肢位置不能满足对称性要求时,沿柱竖向相邻两组箍筋应交错放置。

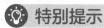

特别提示

设置柱内复合箍筋应满足对柱纵筋至少"隔一拉一"的原则，也就是说，不允许存在两根相邻的柱纵筋同时没有被箍筋各肢或拉筋钩住的现象。

1.4 柱节点钢筋构造详解

1.8彩图
柱楼层变截面
位置节点构造

1.4.1 框架柱楼层变截面位置节点钢筋构造

框架柱楼层变截面通常是上柱截面比下柱截面向内缩进，即上柱截面变小，其纵筋在梁柱节点内有直通或非直通两种构造，而且还区分上柱截面是双侧缩进或单侧缩进情况，具体构造做法详见表1-6。

表1-6 框架柱楼层变截面位置节点钢筋构造

适用情况	构造详图	构造要点
$\Delta/h_b \le 1/6$ 时，两侧纵筋斜弯后直通（Δ 为上柱截面缩进尺寸，h_b 为框架梁截面高度，以下同）		① 下柱纵筋略向内斜弯后再向上直通 ② 节点内箍筋应按加密区箍筋设计，顺倾斜弯度箍筋周长逐渐缩小，且紧扣纵筋设置
$\Delta/h_b \le 1/6$ 时，一侧纵筋斜弯后直通		① 缩进一侧的下柱纵筋略向内斜弯后再向上直通 ② 没有缩进一侧的纵筋直通入上柱 ② 节点内箍筋应按加密区箍筋设计，顺倾斜弯度箍筋周长逐渐缩小，且紧扣纵筋设置
$\Delta/h_b > 1/6$ 时，两侧纵筋非直通		① 下柱纵筋向上伸至梁底以上 $\ge 0.5l_{abE}$ 处进行弯锚，水平弯锚长度取 $12d$ ② 上柱缩进截面一侧的纵筋，向下锚入梁顶以下 $1.2l_{aE}$ 处截断 ③ 下柱非直通纵筋的角筋弯折方向朝向截面中心
$\Delta/h_b > 1/6$ 时，一侧纵筋非直通		① 缩进一侧的下柱纵筋向上伸至梁底以上 $\ge 0.5l_{abE}$ 处进行弯锚，水平弯锚长度取 $12d$ ② 上柱缩进截面一侧的纵筋，向下锚入梁顶以下 $1.2l_{aE}$ 处截断 ③ 没有缩进一侧的纵筋直通入上柱
Δ 不限制，纵筋非直通		① 下柱纵筋向上伸至梁纵筋之下水平弯锚，水平弯锚的长度从上柱外截面起算为 l_{aE} ② 上柱缩进截面一侧的纵筋，向下锚入梁顶以下 $1.2l_{aE}$ 处截断

1.4.2 框架柱柱顶节点构造

框架柱顶层节点构造是指按抗震设计的框架中柱、边柱和角柱柱顶纵向钢筋在顶层梁（或板）内锚固与搭接的构造做法。在平法图集22G101-1中，根据框架柱在柱网布置中的具体位置，按框架柱四面与框架梁连接的对应关系以及顶层柱内钢筋布置，分为中柱、边柱和角柱的柱顶纵向钢筋构造。中柱、边柱和角柱的平面示意图详见图1-23。此外，按照柱横截面内纵筋的位置，又将柱内的钢筋分为内侧纵筋和外侧纵筋。顶层中间节点（顶层中柱与顶层梁节点）的柱纵筋全部为内侧纵筋，顶层边节点（顶层边柱与顶层梁节点）和顶层角节点（顶层角柱与顶层梁节点）分别由内侧和外侧两种钢筋构造组成。

从图1-23中可见，平法图集中所指的中柱是指柱的两侧均有梁，边柱和角柱是指柱的一侧有梁。但是在实际结构中，除了中柱两侧有梁外，边柱的一个方向是一侧有梁，则另一个方向也是两侧有梁。所以，当柱一侧有梁时，要遵循22G101-1图集中第2-14页、2-15页"KZ边柱和角柱柱顶纵向钢筋构造"；当柱两侧有梁时，要遵循第2-16页"KZ中柱柱顶纵向钢筋构造"。

1.4.2.1 框架柱中柱柱顶节点构造

框架柱中柱柱顶纵向钢筋构造分四种节点构造做法，详见表1-7，施工人员应根据各种做法所要求的条件正确选用。

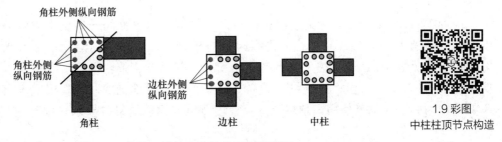

图 1-23　中柱、边柱和角柱的平面示意图

1.9 彩图
中柱柱顶节点构造

表 1-7　框架柱中柱柱顶节点钢筋构造

适用情况	构造详图	构造要点
当柱纵筋从梁底算起向上允许直通高度（梁高 h_b－柱保护层 c）<l_{aE} 时	①	此时，柱顶纵筋采用弯锚。下柱纵筋向上伸至柱顶，且 $\geq 0.5l_{abE}$ 后朝向柱截面内弯锚，弯钩水平段长度为 $12d$（d 为柱纵筋直径）
当柱纵筋从梁底算起向上允许直通高度 <l_{aE}，且当顶层现浇板的板厚 $\geq 100mm$ 时	②	此时，柱顶纵筋采用弯锚，且弯钩可朝向柱截面外，其他要求同节点①
当柱纵筋从梁底算起向上允许直通高度 <l_{aE} 时	③	此时，下柱纵筋向上伸至柱顶，且 $\geq 0.5l_{abE}$ 后，可在柱纵筋端头加锚头或锚板

适用情况	构造详图	构造要点
当柱纵筋从梁底算起向上允许直通高度，即直锚长度 $\geq l_{aE}$ 时	 伸至柱顶，且 $\geq l_{aE}$ ④	此时，柱顶纵筋采用直锚，下柱纵筋向上伸至柱顶且 $\geq l_{aE}$

1.4.2.2 框架柱边柱和角柱柱顶节点构造

1.10 彩图
边柱和角柱柱顶节点构造

框架柱一侧有梁时的顶层端节点构造做法，应依据22G101-1图集中KZ边柱和角柱柱顶纵向钢筋标准构造详图。而边柱或角柱仅一侧有梁时的顶层端节点构造，与框架柱两侧有梁时的顶层中间节点构造有显著区别。按抗震设计原则，为了保证框架顶层端节点具备较高的可靠度，边柱或角柱外侧纵筋与梁上部纵筋必须采用搭接，而且柱纵筋和梁纵筋的搭接应采用非接触方式，这部分内容是平法识图的重点也是难点。

根据22G101-1图集，框架顶层边柱和角柱外侧纵向钢筋与一侧梁上部纵向钢筋在端节点内的搭接构造主要有两种形式：一是柱外侧纵向钢筋和梁上部纵向钢筋沿顶层端节点外侧弯折搭接，具体构造要求详见表1-8；二是柱外侧纵向钢筋和梁上部纵向钢筋沿节点柱顶外侧直线搭接，具体构造要求详见表1-9。此外，当柱外侧纵向钢筋直径不小于梁上部钢筋时，在梁宽范围内可将柱外侧纵筋弯入梁内作为梁上部钢筋使用。顶层端节点柱内侧纵向钢筋的锚固要求与顶层中间节点的中柱纵向钢筋相同。

表 1-8　KZ 边柱和角柱柱顶外侧纵筋和梁上部纵筋在节点外侧弯折搭接构造

适用情况	构造详图	构造要点
伸入梁内的柱外侧纵筋弯折搭接做法（从梁底算起 $1.5l_{abE}$ 超过柱内侧边缘时）	(a) 梁宽范围内钢筋	①柱顶外侧纵筋向上伸至梁上部纵筋之下，水平弯折后向梁内延伸，自梁底算起弯折搭接长度 $\geq 1.5l_{abE}$，此时梁上部纵筋伸至柱外侧纵筋内侧，弯锚至梁底位置，且弯钩垂直段长度 $\geq 15d$ ②柱外侧纵筋配筋率 $>1.2\%$ 时，在梁内应当分两批截断，断点错开距离 $\geq 20d$ ③柱内侧纵向钢筋同中柱柱顶纵筋构造 ④柱顶节点内的箍筋按柱上端的复合加密箍筋设置到顶 ⑤在柱宽范围的柱箍筋内侧设置角部附加箍筋，间距 $\leq 150mm$，且不少于 $3\Phi10$
伸入梁内的柱外侧纵筋弯折搭接做法（从梁底算起 $1.5l_{abE}$ 未超过柱内侧边缘时）	(b) 梁宽范围内钢筋	①柱顶外侧纵筋向上伸至梁上部纵筋之下，水平弯折后向梁内延伸，自梁底算起弯折搭接长度 $\geq 1.5l_{abE}$，此时梁上部纵筋伸至柱外侧纵筋内侧，弯锚至梁底位置，且弯钩垂直段长度 $\geq 15d$ ②第一批柱外侧纵筋截断点位于柱宽范围内，且柱纵筋在节点内的水平段长度 $\geq 15d$ ③柱外侧纵筋配筋率 $>1.2\%$ 时，在梁内应当分两批截断，断点错开距离 $\geq 20d$
未伸入梁内的柱外侧纵筋锚固做法，应与梁宽范围内节点外侧弯折搭接构造配合使用	(c) 梁宽范围外钢筋在节点内锚固	①梁宽范围内 KZ 边柱和角柱柱顶伸入梁内的柱外侧纵筋不宜少于柱外侧全部纵筋面积的 65% ②当柱顶外侧纵筋无法延伸入梁或板内时，柱顶第一层钢筋伸至柱内边向下弯折 $8d$，柱顶第二层钢筋伸至柱内侧边缘截断

适用情况	构造详图	构造要点
未伸入梁内的柱外侧纵筋伸入现浇板内锚固做法,应与梁宽范围内节点外侧弯折搭接构造配合使用	(d) 梁宽范围外钢筋伸入现浇板内锚固 (现浇板厚度不小于100mm时)	①梁宽范围内 KZ 边柱和角柱柱顶伸入梁内的柱外侧纵筋不宜少于柱外侧全部纵筋面积的 65% ②当现浇板厚度≥100mm 时,梁宽范围外柱外侧纵筋可以伸入现浇板内锚固,柱纵筋向上伸至柱顶水平弯折后向板内延伸,自梁底算起弯折长度≥$1.5l_{abE}$,且伸入板内长度应≥15d
伸入梁内的柱纵筋作为梁上部钢筋使用(柱外侧纵筋直径不小于梁上部纵筋时)	(e) 梁宽范围内柱外侧纵筋弯入梁内作梁筋	①当柱外侧纵向钢筋直径不小于梁上部纵筋时,梁宽范围内柱外侧纵筋可直接弯入梁内作梁上部钢筋使用 ②该节点构造,与柱外侧纵筋和梁上部纵筋在节点外侧弯折搭接,与构造(a)、(b)组合使用

表 1-9　KZ 边柱和角柱柱顶外侧纵筋和梁上部纵筋在柱顶外侧直线搭接构造

适用情况	构造详图	构造要点
梁上部纵筋伸至柱外侧纵筋内侧,沿柱顶外侧直线搭接做法(梁宽范围内)	(a) 梁宽范围内钢筋	①梁上部纵筋伸至柱外侧纵筋内侧竖直向下弯入,竖直段与柱外侧纵筋直线搭接总长度≥$1.7l_{abE}$,此时柱外侧纵筋向上伸至柱顶即可 ②梁上部纵筋配筋率＞1.2% 时,应分两批截断,断点错开距离≥20d。当梁上部纵筋为两排时,先断第二排钢筋 ③柱内侧纵向钢筋同中柱柱顶构造 ④柱顶节点内的箍筋按柱上端的复合加密筋设置到顶 ⑤在柱宽范围的柱箍筋内侧设置角部附加箍筋,间距≤150mm,且不少于 3φ10
梁宽范围外的柱外侧纵筋沿柱顶外侧直线搭接做法	(b) 梁宽范围外钢筋	①梁宽范围外的柱外侧纵筋向上伸至柱顶,且朝向柱截面内弯锚,弯钩水平段长度为 12d(d 为柱纵筋直径) ②其他构造要求同上

💡 **特别提示**

　　1. 根据框架柱在建筑物上的平面位置,很容易确定中柱、边柱和角柱,但是平法图集 22G101-1 中所称的"中柱、边柱和角柱"其含义有所不同,一定要正确理解。中柱在两个正交方向上均按中柱节点构造;角柱在两个正交方向上均按顶层端节点构造;边柱在一个方向上按顶层中柱节点构造,另一个方向上按顶层端节点构造。

　　2. "顶梁边柱"并不是只有到建筑物的顶层才会出现的,在实际工程中,经常出现"高低跨"的建筑结构,当处于低跨部分的框架局部到顶时,也要执行"顶梁边柱"的构造做法。

　　3. 框架顶层的边柱和角柱一侧有梁时的纵筋构造节点有多种做法,最常见的是柱外侧纵筋锚入梁内(表 1-8 中节点(a)或(b))和梁上部纵筋锚入柱内(表 1-9 中节点(a))两种,如设计中未注明,施工人员可以任选一种构造做法进行施工。

柱平法施工图是采用列表注写方式或截面注写方式来表达，设计出图时只需画出平面布置图，不再画出构造详图，对于初学者来说识图很抽象，不易掌握。学会柱平法识图，不仅要熟练掌握柱平法识图规则，同时要与标准图集中的构造详图相配合，弄清楚从基础到柱顶各段柱钢筋的锚固和连接构造。所以有必要画出柱立面钢筋布置草图，通过钢筋布置详图才能构成柱的尺寸、标高以及钢筋构造等完整的数据信息与构造做法，作为施工制作或预算计量的依据。本节将通过柱构件项目案例，并对接"1+X"建筑工程识图（结构）职业技能考核要求，完成框架柱平法施工图识图与绘图的实战任务，通过真操实练逐步提高平法识图能力。

1.5.1　柱平法施工图实例

【工程概况】在某综合楼工程施工图中截取了部分框架柱平法施工图，如图1-24所示。该工程结构形式为钢筋混凝土框架结构，地上三层，首层层高4.2m，二层以上层高3.3m，详见图1-24中结构层号及楼面标高列表。框架抗震等级为三级，框架柱混凝土强度等级为C30，环境类别为一类。框架柱纵向受力钢筋的混凝土保护层厚度参见国标22G101-1，框架柱纵向钢筋的连接方式采用焊接连接。KZ1柱下阶形独立基础总高600mm，基础底面标高为-1.500m，基础底板钢筋保护层厚度取40mm。现浇楼板厚度为100mm，与KZ1相连的沿两个轴线X向与Y向的框架梁截面尺寸均为$b×h$=250mm×550mm。

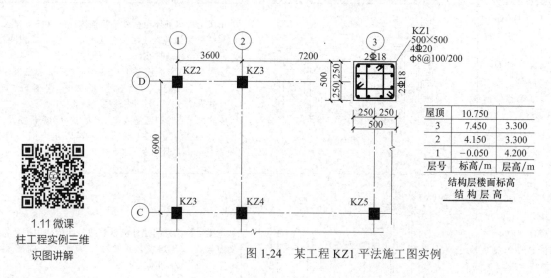

1.11 微课
柱工程实例三维
识图讲解

图1-24　某工程KZ1平法施工图实例

> 💡 **特别提示**
>
> KZ1是边柱，依据22G101-1图集，b边（X向）应按柱顶两侧有梁的中柱顶层节点构造执行；h边（Y向）按柱顶一侧有梁的边柱顶层节点构造执行。

1.5.2　任务一　识读柱平法施工图

【任务要求】图1-24中柱平法实例图采用的是截面注写方式，认真查阅图中③轴和Ⓓ轴相交处的KZ1截面图示内容，运用柱平法制图规则，读懂该柱平法标注的基本信息，完成表1-10布置的柱平法施工图识图任务记录单，巩固所学的柱平法识图规则和识图方法。

1.5.3　任务二　绘制柱立面钢筋布置详图

【任务要求】针对图1-24中的柱平法实例图，对照22G101-1、3图集中柱纵筋和箍筋的标准构造要求，绘制出KZ1沿截面b边、h边两个方向的柱立面钢筋布置详图，同时标注必要的标高、尺寸、配筋等信息，要求能正确计算箍筋沿柱高各段的加密区范围以及关键部位纵筋搭接、锚固长度，并填写表1-11柱钢筋布置详图绘图任务记录单，通过绘图训练逐步达到"1+X"建筑工程识图职业技能的考核要求。

表1-10　柱平法施工图识图任务记录单

工程名称		某综合楼		柱构件编号 / 类型		KZ1 / 框架柱	
识读工程基本信息	抗震等级		框架抗震等级为三级				
	材料选用	混凝土	框架柱混凝土强度等级为C30				
		钢筋	纵筋为HRB400级钢筋（Φ）；箍筋为HPB300级钢筋（ϕ）				
	环境类别 / 混凝土保护层		环境类别为一类；框架柱箍筋的混凝土保护层最小厚度为20mm				
	钢筋的连接方式		纵筋的连接方式采用焊接连接				
识读柱基本信息	标高范围 / 层高		基础顶面 -0.900 ~ 4.150 层高 5050mm		4.150 ~ 7.450 层高 3300mm		7.450 ~ 10.750 层高 3300mm
	截面尺寸 $b \times h$/mm		500×500		500×500		500×500
	柱轴线定位		KZ1位于③轴和Ⓓ轴相交处，柱截面两个边长与轴线均居中				
	柱布置情况		KZ1是边柱，b边（X向）为两侧有梁的中柱，两侧梁高 h=550mm；h边（Y向）为一侧有梁的边柱，一侧梁高 h=550mm				
识读柱配筋信息	基础插筋 / 基础顶面标高		纵筋		箍筋		
			基础顶面 -0.900m，4Φ20+8Φ18		2根直径ϕ8非复合箍筋，间距≤500mm		
	柱纵筋		标高范围	角筋	b边中部筋		h边中部筋
			-0.900 ~ 4.150	4Φ20	4Φ18		4Φ18
			4.150 ~ 7.450	4Φ20	4Φ18		4Φ18
			7.450 ~ 10.750	4Φ20	4Φ18		4Φ18
	柱箍筋		标高范围	箍筋类型	箍筋，加密区 / 非加密区		
			-0.900 ~ 4.150	4×4	ϕ8@100/200		
			4.150 ~ 7.450	4×4	ϕ8@100/200		
			7.450 ~ 10.750	4×4	ϕ8@100/200		
项目组别		项目组长		记录人			

完成后的KZ1立面钢筋布置详图如图1-25所示，绘制柱立面钢筋布置详图的步骤如下：

① 查看基础结构施工图，从柱插筋开始绘制，确定KZ1对应的基础底面标高和顶面标高，经计算基础顶面标高为 -1.500+0.600=-0.900m。

② 查看各层楼面结构标高，确定柱层高 H。

③ 查看各层楼面框架梁（KL）的结构布置图，确定③轴和Ⓓ轴两定位轴线方向与KZ1相连接的各层框架梁梁高（注意 X 向和 Y 向梁高不一定相同），再进一步求各层柱净高 H_n。

④ 按比例绘制 KZ1 的柱立面外轮廓线，标注柱高 H 和柱净高 H_n。

⑤在柱立面外轮廓线内画出纵向钢筋，仅示意出该平行面一侧的钢筋数量。

⑥ 确定柱插筋在独立基础内的锚固构造做法，画出插筋锚固示意图，此处计算要点参见【实例1-2】。

⑦ 计算柱箍筋加密区（即纵筋非连接区）的长度范围，具体计算过程参见表1-11，把各层柱段的箍筋加密区、非加密区的高度尺寸在图中标注出来。

⑧ 画出柱纵筋连接接头位置，当采用焊接连接时，相邻纵筋分两批连接（钢筋接头面积百分率不宜大于50%），标注对应焊接连接点的错开距离。

⑨ 绘制柱两侧有梁时（b边）的柱顶节点构造，采用柱纵筋伸至柱顶弯锚，弯折水平段长度为12d。

⑩ 绘制柱一侧有梁时（h边）的柱顶节点构造，采用柱外侧纵筋向上弯入梁内与梁上部纵筋弯折搭接，满足自梁底算起弯折搭接长度≥ 1.5l_{abE}，关键部位钢筋长度计算参见表1-11。

⑪ 本例KZ1上下层柱截面尺寸和配筋均无变化，如果柱截面尺寸有变化、钢筋直径和根数有变化、箍筋有变化的柱段，均要绘出柱截面配筋详图。

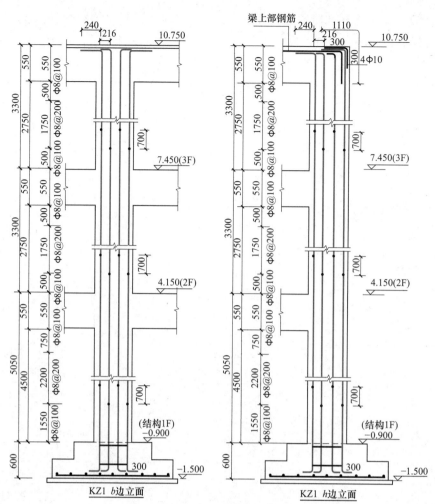

图 1-25　KZ1 立面钢筋布置详图

表 1-11　柱钢筋布置详图绘图任务记录单

工程名称	某综合楼		柱构件编号		KZ1
柱立面钢筋布置详图绘制要点					
绘图工具	绘图内容				
8 开白纸（或 A3 图纸）、绘图铅笔、直尺、比例尺、橡皮等	要求完成铅笔绘图，鼓励应用 CAD 软件绘图。 ①按 1：50 比例绘制 KZ1 从基础到柱顶的立面外轮廓（分别沿截面 b 边、h 边两个方向画图），确定与 KZ1 相连接的各层框架梁梁高，同时标注基础顶面及各层楼面结构标高； ②在柱立面图上画出纵向钢筋，表达柱纵筋从基础插筋开始到柱顶各层柱钢筋的锚固和连接构造做法，画出柱纵筋连接接头位置并标注接头间隔距离； ③在柱立面图上示意柱箍筋加密区范围和配筋信息，计算柱箍筋加密区（即纵筋非连接区）长度并标注在图上				

柱箍筋加密区和纵筋非连接区长度计算表

柱段	层高 /m	梁高 /mm	柱净高 H_n/mm	箍筋加密区（纵筋非连接区）长度 /mm	纵筋焊接连接 交错接头距离 /mm
4.150～7.450 7.450～10.750	3.300	550	2750	max $\{H_n/6,\ h_c,\ 500\}$ = max $\{2750/6,\ 500,\ 500\}$ = 500，实际取 500	max$\{35d,\ 500\}$=max $\{35×20,\ 500\}$=700 （纵筋同一截面有两种钢筋直径时，取大者）
基顶 -0.900～4.150	5.050	550	4500	柱上端：max $\{4500/6,\ 500,\ 500\}$=750，实际取 750 柱根部：$H_n/3$=4500/3=1500，实际取 1550	

关键部位柱纵筋长度计算表

关键部位	计算过程	构造分析
柱顶内侧纵筋弯折长度	$12d$=12×20=240mm	柱顶内侧纵筋弯折长度为 12d，同一截面有两种钢筋直径时，取大者
边柱柱顶外侧纵筋弯入梁内弯折搭接长度 （自梁底算起）	$1.5l_{abE}$=1.5×37d=1.5×37×20=1110mm	柱顶外侧纵筋自梁底算起弯入梁内弯折搭接长度为 $1.5l_{abE}$ 柱外侧纵筋为 $2\,\Phi\,20+2\,\Phi\,18$，A_s=1137mm² 配筋率 $\rho=b\dfrac{A_s}{h}=\dfrac{1137}{500×500}$=0.45%＜1.2% 所以柱外侧纵筋弯折后一次截断
项目组别	项目组长	记录人

知识自测

一、单项选择题

1. 在基础内的第一根柱箍筋到基础顶面的距离为（　　）。

A. 50mm　　　　　　　　　　　　　　　　B. 100mm

C. $3d$（d 为箍筋直径）　　　　　　　　　D. $5d$（d 为箍筋直径）

2. 柱箍筋在基础内设置不少于（　　），间距不大于（　　）。

A. 2 根，400mm　　B. 2 根，500mm　　C. 3 根，400mm　　D. 3 根，500mm

3. 中柱顶层节点纵向钢筋能直锚时，其直锚长度为（　　）。

A. $12d$　　　　　　B. l_{aE}　　　　　　C. 伸至柱顶　　　　D. 伸至柱顶且 $\geqslant l_{aE}$

4. 框架柱底层柱根箍筋加密区范围是（　　）。

A. 500mm　　　　　B. 600mm　　　　　C. $H_n/3$　　　　　D. $H_n/6$

5. 某三层框架柱截面尺寸为 300mm×600mm，柱净高为 3.6m，该柱在楼面处的箍筋加密区高度应为（　　）mm。

A. 400　　　　　　B. 500　　　　　　C. 600　　　　　　D. 700

6. 首层 H_n 的取值下面说法正确的是（　　）。

A. H_n 为柱净高

B. H_n 为首层高度

C. H_n 为嵌固部位至首层节点底

D. 无地下室时 H_n 为基础顶面至首层节点底

7. 下柱钢筋比上柱钢筋多时，下柱比上柱多出的钢筋（　　）。

A. 到节点底向上伸入一个锚固长度

B. 伸至节点顶弯折 $15d$

C. 到节点底向上伸入 $1.2\,l_{aE}$

D. 到节点底向上伸入 $1.5\,l_{aE}$

8. 框架边柱顶层的外侧纵筋采用全部锚入顶层梁板的连接方式时，该外侧纵筋自梁底算起弯折锚入顶层梁板中的搭接长度应不小于（　　）。

A. l_{aE}　　　　　　B. $0.4\,l_{aE}$　　　　　C. $1.5l_{aE}$　　　　　D. $2l_{aE}$

二、简答题

1. 柱平法施工图在柱平面布置图上采用哪两种注写方式？二者各有什么优缺点？

2. 柱平面布置图上采用截面注写方式时，在柱截面配筋图上集中标注的内容有哪些？

3. 确定框架柱箍筋加密区范围的三控条件是什么？

4. 什么情况下应沿框架柱全高加密箍筋？

专项实训

【任务要求】认真阅读《混凝土结构施工图实训图册》某酒店工程施工图中与框架柱有关的部分图纸，以其中 KZ-11 为识图项目，运用柱平法制图规则，看懂该柱平法标注的基本信息及各类钢筋构造，完成下面布置的柱构件平法识图与绘图的实训任务：

① 填写表 1-12 给出的柱平法施工图识图任务记录单；

② 绘制 KZ-11 沿截面 b 边方向的柱立面钢筋布置详图及横截面配筋详图，同时标注必要的标高、尺寸、配筋信息等，要求正确计算柱箍筋加密区范围及关键部位纵筋搭接、锚固长度，并标注在柱配筋详图中。

表 1-12　柱平法施工图识图任务记录单

工程名称			柱构件编号 / 类型			
识读工程基本信息	抗震等级					
	材料选用	混凝土				
		钢筋				
	环境类别 / 混凝土保护层					
	钢筋的连接方式					
识读柱基本信息	标高范围 / 层高 /mm					
	截面尺寸 $b \times h$/mm					
	柱轴线定位					
	柱布置情况					
识读柱配筋信息	基础插筋 / 基础顶面标高	纵筋			箍筋	
	柱纵筋	标高范围	角筋	b 边中部筋		h 边中部筋
	柱箍筋	标高范围	箍筋类型	箍筋，加密区 / 非加密区		
项目组别		项目组长		记录人		

项目2 梁构件平法识图

学习目标

通过本项目的学习，学生需掌握梁平法施工图制图规则和识图方法，能看懂梁的钢筋布置及节点连接构造做法。通过项目实战案例，学生能够对接"1+X"建筑工程识图（结构）职业技能考核要求，完成框架梁平法施工图识图与绘图的实训任务，具备土建施工图识读与审核的岗位核心能力。

"1+X"建筑工程识图（结构）技能考核要求	知识目标	能力目标
• 能识读楼层框架梁（屋面框架梁、非框架梁、悬挑梁）的截面尺寸、标高及配筋表达； • 能识读楼层框架梁（屋面框架梁、非框架梁、悬挑梁）纵筋、箍筋及构造筋的连接构造要求与做法； • 能根据任务要求，应用CAD绘图软件绘制中型建筑工程梁施工图的指定内容	• 了解梁在建筑结构中的作用及受力性能； • 掌握梁平法施工图制图规则和识图方法； • 掌握梁的上部纵筋、下部纵筋、侧面构造纵筋、架立筋以及箍筋、附加钢筋等各种钢筋标准详图的构造要求与做法	• 能对一般建筑结构的梁构件进行分类与受力判断； • 能正确执行国家设计规范及标准图集的相关规则与规定； • 能读懂梁平法施工图的标注信息及图示内容，完成综合识图任务； • 能完成梁钢筋布置详图及标注构造尺寸的绘图任务（课后应用CAD软件练习并完善绘图任务）

素质拓展

遵循规则　精通"平法"

"平法"是混凝土结构施工图平面整体表示方法的简称，它是一种结构与构造标准化的设计成果表达方式，平法施工图广泛应用于建筑工程设计、施工、监理、招投标、审计等项目建设各环节。平法制图规则，既是设计者完成平法施工图的依据，也是施工、预算、监理人员准确理解设计意图和实施平法施工图的依据。土建类专业技术人员必须掌握平法制图规则，才能看懂结构施工图纸，并按图施工建造出来。

"平法"采用标准化的设计制图规则，结构施工图表达数字化、符号化，单张图纸的信息量较大并且集中，与传统设计方法相比平法施工图比较抽象、难以理解，对于初学者来说不易掌握，所以要学好平法必须系统梳理平法知识，掌握平法制图规则并对照构造详图贯彻实施，要把理论知识与工程实践紧密联系，以工程图纸为载体，结合本书大量的数字资源，化抽象为形象，化死记硬背为理解记忆，反复进行识图与绘图训练，才能有效解决"平法"识图难题。

"平法"发明人陈青来教授说："把方法做的复杂并不复杂，而把方法做的简单却绝非简单"，"平法"使用者必须正确理解并遵循其规则，等于是抬高了使用者的技术准入门槛，整体提升了从业人员的专业素质。因此，同学们不仅在学校要认真学习"平法"原理和识图方法，而且在施工现场实习中要不断将理论和实践相结合，解决工程实际问题，严格遵守国家设计规范和技术标准，具备熟练的平法识图与审核的技术应用能力。

梁构件是混凝土结构房屋中典型的水平承重构件，梁板结构应用非常广泛。由于梁在房屋结构中所处的位置不同，所起的作用不同，因而其构造要求也不同。在平法图集中，梁按照楼层框架梁、屋面框架梁、非框架梁、悬挑梁、井字梁等进行分类。梁的钢筋种类较多，主要包括上部纵筋、下部纵筋、梁侧面纵筋以及箍筋、附加钢筋等，其钢筋布置与构造要求较复杂，在学习梁构件平法识图时要注意分析和判别。

👁 看一看

图 2-1 是现浇框架梁钢筋施工的现场照片，可以扫一扫二维码 2.1 观看梁空间布置的案例视频，仔细观察框架梁与框架柱、主梁与次梁的结构布置与连接方式，以及梁内上部与下部纵筋和箍筋的构造特点。

2.1 视频
梁的空间布置

图 2-1　现浇框架梁的连接节点及钢筋布置

❓ 想一想

◆ 框架结构按梁的位置和作用不同，分成哪些类型的梁？
◆ 框架梁的各种钢筋都布置在什么部位？
◆ 梁的纵向钢筋及箍筋沿跨长方向如何布置？梁的横截面钢筋如何正确布置？
◆ 主梁与次梁相交处应设置什么钢筋？

2.1 梁平法识图规则

2.2 微课
梁平法制图规则

2.1.1　梁构件及梁钢筋分类

2.1.1.1　梁构件分类

梁是房屋结构中典型的水平承重构件，它对楼板起水平支撑作用，同时又将荷载传递到柱或墙。梁由于位置不同，所起的作用不同，其配筋构造也不同。梁构件及梁钢筋的分类见图 2-2。

2.1.1.2　梁构件编号

（1）梁编号规定

按平法设计绘制结构施工图时，应将所有梁构件按照表 2-1 的规定进行编号，梁编号由梁类型代号、序号、跨数及有无悬挑代号几项组成。其中，类型代号的主要作用是指明构件所选用的标准构造详图，同时其相应的标准构造详图上也应标注编号中的相同代号，以明确该详图与梁平法施工图中该类型构件的互补关系，使两者结合构成完整的梁结构设计图。

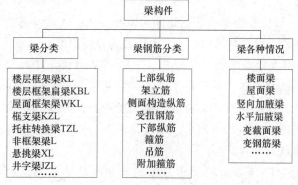

图 2-2　梁构件及梁钢筋分类

（2）梁类型释义

① 框架梁（KL）：框架梁是指两端与框架柱相连的梁，或者两端与剪力墙相连但跨高比不小于 5 的梁。

表 2-1　梁编号

梁类型	代号	序号	跨数及是否带有悬挑
楼层框架梁	KL	××	(××)、(××A) 或 (××B)
楼层框架扁梁	KBL	××	(××)、(××A) 或 (××B)
屋面框架梁	WKL	××	(××)、(××A) 或 (××B)
框支梁	KZL	××	(××)、(××A) 或 (××B)
托柱转换梁	TZL	××	(××)、(××A) 或 (××B)
非框架梁	L	××	(××)、(××A) 或 (××B)
悬挑梁	XL	××	
井字梁	JZL	××	(××)、(××A) 或 (××B)

② 楼层框架扁梁（KBL）：普通矩形截面梁的高宽比 h/b 一般取 2.0～3.5；当梁宽大于梁高时，梁就称为扁梁或称框架扁梁。

③ 屋面框架梁（WKL）：屋面框架梁指的是框架结构屋面最高处的框架梁。

④ 框支梁（KZL）：因为建筑功能要求，下部大空间，上部部分竖向构件不能直接连续贯通落地，而通过水平转换结构与下部竖向构件连接。当布置的转换梁支撑上部的剪力墙时，转换梁叫框支梁，支撑框支梁的柱子就叫做转换柱。

⑤ 托柱转换梁（TZL）：支撑梁上起柱的梁（框架梁或非框架梁），一般称为"托柱梁"。

⑥ 非框架梁（L）：在框架结构中框架梁之间设置的将楼板的重量先传给框架梁的其他梁（一般是次梁）就是非框架梁。当非框架梁 L 按受扭设计时，在梁代号后加"N"，即 LN：当非框架梁 L 端支座上部纵筋为充分利用钢筋的抗拉强度时，在梁代号后加"g"，即 Lg。

⑦ 悬挑梁（XL）：不是两端都有支撑的，是一端埋在或者浇筑在支撑物上，另一端伸出支撑物悬挑的梁。其结构产生弯矩和剪力，受力钢筋配置在上部。

⑧ 井字梁（JZL）：井式梁就是不分主次、高度相当的梁，同位相交，呈井字形。这种梁一般用在大厅，楼板是正方形或者长宽比小于 1.5 的矩形楼板，梁间距 3m 左右，是由同一平面内相互正交或斜交的梁所组成的楼盖结构。

⑨ （××A）为一端有悬挑，（××B）为两端有悬挑，悬挑部分不计入跨数。

2.1.2　梁平法施工图的表示方法

1）梁平法施工图系在梁平面布置图上采用平面注写方式或截面注写方式表达。

2）梁平面布置图，应分别按梁的不同结构层（标准层），将全部梁和与其相关联的柱、墙、板一起采用适当比例绘制。

3）在梁平法施工图中，应注明各结构层的顶面标高及相应的结构层号。

4）对于轴线未居中的梁，应标注其偏心定位尺寸（贴柱边的梁可不注）。

2.1.3　梁平法施工图制图规则

2.1.3.1　平面注写方式

平面注写方式系在梁平面布置图上，分别在不同编号的梁中各选一根梁，在其上注写截面尺寸和配筋具体数值的方式来表达梁平法施工图，如图 2-3 所示。

平面注写包括集中标注和原位标注，集中标注表达梁的通用数值，即梁多数跨都相同的设计数值；原位标注表达梁的特殊数值，即梁本跨的设计数值与集中标注不同的数值，如图 2-4 所示。当集中标注中的某项数值不适用于梁的某部位时，则将该项数值原位标注，施工时，原位标注取值优先。这样标注既有效减少了表达上的重复，又保证了数值的唯一性。

（1）梁集中标注的内容

梁集中标注的内容，有五项必注值及一项选注值，主要规定如下：

1）梁编号（该项为必注值）　由梁类型代号、序号、跨数及有无悬挑代号组成。梁类型代号归纳为八种，见表 2-1 的规定。

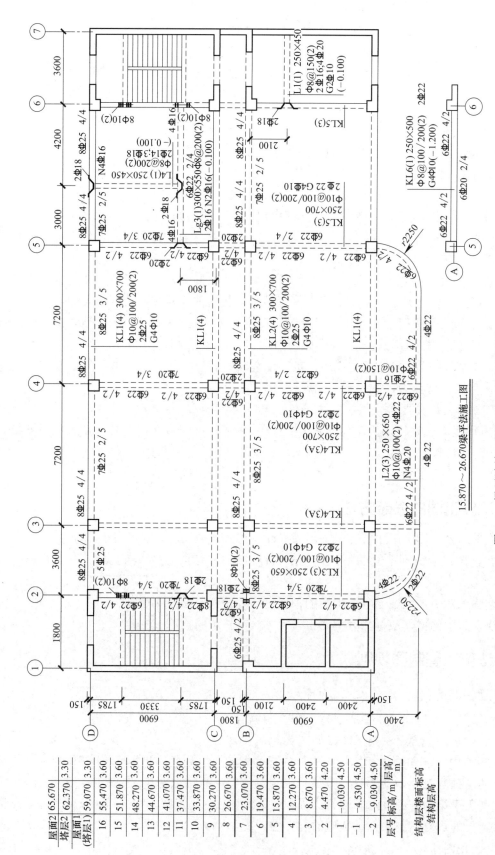

图 2-3　梁平法施工图平面注写方式示例

2）梁截面尺寸（该项为必注值） 当为等截面梁时，用 $b×h$ 表示；当为竖向加腋梁时，用 $b×h$ $Yc_1×c_2$ 表示，其中 c_1 为腋长，c_2 为腋高（图2-5）；当为水平加腋梁时，用 $b×h$ $PYc_1×c_2$ 表示，其中 c_1 为腋长，c_2 为腋宽（图2-6）；当有悬挑梁且根部和端部的高度不同时，用斜线分隔根部与端部的高度值，即 $b×h_1/h_2$（图2-7）。

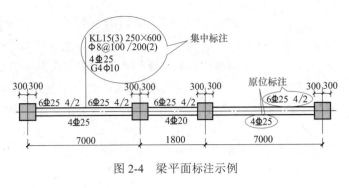

图2-4 梁平面标注示例

图2-5 竖向加腋截面注写及三维示意图

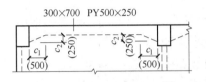

图2-6 水平加腋截面注写及三维示意图

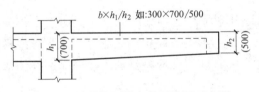

图2-7 悬挑梁不等高截面注写示意图

3）梁箍筋（该项为必注值） 注写梁箍筋，包括钢筋级别、直径、加密区与非加密区间距及肢数。箍筋加密区与非加密区的不同间距及肢数需用斜线"/"分隔；当梁箍筋为同一种间距及肢数时，则不需用斜线；当加密区与非加密区的箍筋肢数相同时，则将肢数注写一次；箍筋肢数应写在括号内。确定加密区范围见相应抗震等级的标准构造详图。

图2-4中集中标注所示Φ8@100/200（2），表示箍筋为HPB300级钢筋，直径为8mm，加密区间距为100mm，非加密区间距为200mm，均为双肢箍。

非框架梁、悬挑梁、井字梁采用不同的箍筋间距及肢数时，也用斜线"/"将其分隔开来。注写时，先注写梁支座端部的箍筋（包括箍筋的箍数、钢筋级别、直径、间距与肢数），在斜线后注写梁跨中部分的箍筋间距及肢数。

【例2-1】 13Φ10@150/200（4），表示箍筋为HPB300钢筋，直径为10mm；梁两端各有13个四肢箍，间距为150mm；梁跨中部分，间距为200mm，四肢箍。

【例2-2】 18Φ12@150（4）/200（2），表示箍筋为HPB300钢筋，直径为12mm；梁的两端各有18个四肢箍，间距为150mm；梁跨中部分，间距为200mm，双肢箍。

4）梁上部通长筋或架立筋配置（该项为必注值） 通长筋可为相同或不同直径采用搭接连接、焊接连接或机械连接的钢筋，所注规格与根数应根据结构受力要求及箍筋肢数等构造要求而定。当抗震框架梁箍筋采用4肢箍或更多肢时，由于通长筋一般仅需设置2根，所以应补充设置架立筋。当同排纵筋中既有通长筋又有架立筋时，用加号"+"将通长筋和架立筋相联。标注时将角部纵筋写在加号的前面，架立筋写在加号后面的括号内，以示不同直径及与通长筋的区别。当全部采用架立筋时，则将其写入括号内。

【例2-3】 2Φ20用于双肢箍；2Φ20+（4Φ12）用于6肢箍，其中2Φ20为通长筋，4Φ12为架立筋。

当梁的上部纵筋和下部纵筋为全跨相同，且多数跨配筋相同时，此项可加注下部纵筋的配筋值，用分号"；"将上部与下部纵筋的配筋值分隔开来。

【例2-4】 2Φ22；3Φ20表示梁的上部配置2Φ22的通长筋，梁的下部配置3Φ20的通长筋。

5）梁侧面纵向构造钢筋或受扭钢筋配置（该项为必注值） 当梁腹板高度 $h_w \geq 450mm$ 时，需配置纵向构造钢筋，此项标注值以大写字母 G 打头，标注值是梁两个侧面的总配筋值，且对称配置。

【例 2-5】 G4Φ12，表示梁的两个侧面共配置 4Φ12 的纵向构造钢筋，每侧各配置 2Φ12。

当梁侧面需配置受扭纵向钢筋时，此项标注值以大写字母 N 打头，接续标注配置在梁两个侧面的总配筋值，且对称配置。受扭纵向钢筋应满足梁侧面纵向构造钢筋的间距要求，且不再重复配置纵向构造钢筋。

【例 2-6】 N6Φ16，表示梁的两个侧面共配置 6Φ16 的受扭纵向钢筋，每侧各配置 3Φ16。

6）梁顶面标高高差（该项为选注值） 梁顶面标高高差，系指相对于结构层楼面标高的高差值，对于位于结构夹层的梁，则指相对于结构夹层楼面标高的高差。有高差时，必须将其写入括号内，无高差时不注。当某梁的顶面高于所在楼层标高时，其标高高差为正值，反之为负值，如图 2-8 所示。

（2）梁原位标注的内容

原位标注表达梁的特殊数值。当集中标注中的某项数值不适用于梁的某部位时，则将该项数值原位标注。如梁支座上部纵筋、梁下部纵筋及附加钢筋等，施工时原位标注取值优先。梁原位标注的内容规定如下：

1）梁支座上部纵筋（支座负筋） 注写梁支座上部纵筋是包含上部通长筋在内的所有纵筋。

① 当上部纵筋多于一排时，用斜线"/"将各排纵筋自上而下分开。

【例 2-7】 梁支座上部纵筋标注为 6Φ25 4/2，则表示上一排纵筋为 4Φ25，下一排纵筋为 2Φ25。

② 当同排纵筋有两种直径时，用加号"+"将两种直径的纵筋相联，标注时将角部纵筋写在前面。

【例 2-8】 梁支座上部纵筋标注为 2Φ25+2Φ22，表示梁支座上部有 4 根纵筋，2Φ25 放在角部，2Φ22 放在中部。

③ 当梁中间支座两边的上部纵筋不同时，须在支座两边分别标注；当梁中间支座两边的上部纵筋相同时，可仅在支座的一边标注配筋值，另一边省去不注。当连续梁两大跨中间为小跨，且小跨净跨度小于左、右两大跨净跨度之和的 1/3 时，小跨上部纵筋贯通全跨，此时，应将贯通小跨的纵筋标注在小跨上部的中间，如图 2-8 所示。

2）梁下部纵筋

① 当下部纵筋多于一排时，用斜线"/"将各排纵筋自上而下分开。

【例 2-9】 梁下部纵筋标注为 6Φ25 2/4，则表示上一排纵筋为 2Φ25，下一排纵筋为 4Φ25，全部伸入支座。

② 当同排纵筋有两种直径时，用"+"将两种直径的纵筋相联，标注时角部纵筋写在前面。

③ 当梁下部纵筋不全部伸入支座时，将不伸入梁支座的下部纵筋数量写在括号内。

【例 2-10】 梁下部纵筋标注为 6Φ20 2（-2）/4，则表示上排纵筋为 2Φ20，且不伸入支座；下一排纵筋为 4Φ20，全部伸入支座。

梁下部纵筋标注为 2Φ25+3Φ22 （-3）/5Φ25，表示上排纵筋为 2Φ25 和 3Φ22，其中 3Φ22 不伸入支座；下一排纵筋为 5Φ25，全部伸入支座。

④ 当梁的集中标注中已分别标注了梁上部和下部均为通长的纵筋值时，则不需在梁下部重复做原位标注。

⑤ 当梁设置竖向加腋时，加腋部位下部斜向纵筋应在支座下部以 Y 打头标注在括号内（图 2-9）；当梁设置水平加腋时，水平加腋内上、下部斜向纵筋应在加腋支座上部以 Y 打头标注在括号内，上下部纵筋之间用"/"分隔。

3）附加箍筋或吊筋 在主次梁相交处的主梁上一般要设附加箍筋或吊筋，直接将附加箍筋或吊筋画在平面图中的主梁上，用线引注总配筋值（附加箍筋的肢数注在括号内）。当多数附加箍筋或吊筋相同时，可在梁平法施工图上统一注明，少数与统一注明值不同时，再原位引注，如图 2-10 所示。

（3）框架扁梁

框架扁梁注写规则同框架梁，对于上部纵筋和下部纵筋，尚需注明未穿过柱截面的纵向受力钢筋根数，如图 2-11 所示。

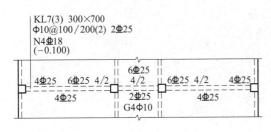

图 2-8　大小跨梁的注写示例

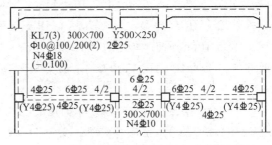

图 2-9　梁竖向加腋平面注写方式表达示例

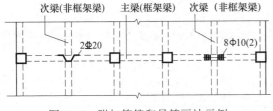

图 2-10　附加箍筋和吊筋画法示例

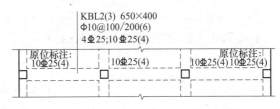

图 2-11　框架扁梁平面注写方式示例

【例 2-11】　10$\underline{\Phi}$25（4）表示框架扁梁有 4 根纵向受力钢筋未穿过柱截面，柱两侧各 2 根。

2.1.3.2　截面注写方式

截面注写方式，系在分标准层绘制的梁平面布置图上，分别在不同编号的梁中各选择一根梁用剖面号引出配筋图，并在其上注写截面尺寸和配筋具体数值的方式来表达梁平法施工图，如图 2-12 所示。

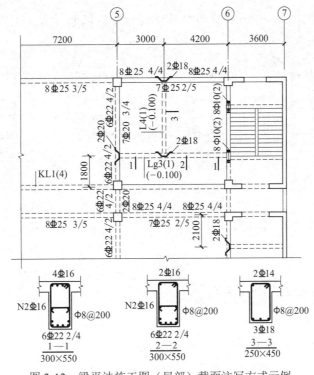

图 2-12　梁平法施工图（局部）截面注写方式示例

采用截面注写方式在梁截面配筋详图上注写截面尺寸 $b \times h$、上部钢筋、下部钢筋、侧面构造钢筋或受扭钢筋以及箍筋的具体数值时，其表达形式与平面注写方式相同。

练一练

【实例 2-1】　按照梁平法制图规则，解释图 2-13 中 KL6 所注写集中标注和原位标注的含义。

【识图解析】　集中标注释义：该梁为 6 号框架梁，1 跨，梁宽为 250mm，高为 500mm。上部通长筋 2 根⚡22（HRB400 级），箍筋 Φ8（HPB300 级）双肢箍，加密区间距 100mm，非加密区间距 200mm，梁侧面构造钢筋两排共 4 根 Φ10（HPB300 级），该梁顶标高比楼层标高低 1.2m。

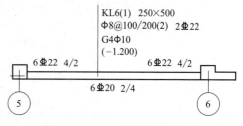

图 2-13　KL6 平法施工图实例

原位标注释义：⑤轴及⑥轴支座处上部纵筋共 6 根⚡22（HRB400 级），分两排布置，第一排 4 根纵筋，其中 2 根⚡22 角筋为通长筋，另外 2 根⚡22 为非贯通纵筋；第二排 2 根⚡22 为非贯通纵筋；梁下部通长筋共 6 根⚡20（HRB400 级），分两排布置，第一排 2 根纵筋，第二排 4 根纵筋。

【实例 2-2】 根据图 2-14 中 KL2 平法施工图平面注写实例，绘制该梁 1—1 ～ 4—4 截面配筋详图。

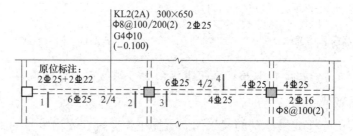

图 2-14　KL2 平法施工图实例（平面注写方式）

【识图解析】 KL2 中 1—1 ～ 4—4 截面配筋详图如图 2-15 所示。

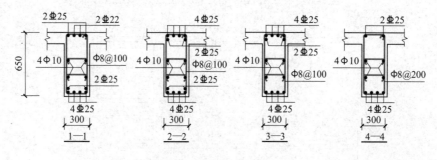

图 2-15　KL2 截面配筋详图

2.2　楼层框架梁钢筋构造详解

2.3 微课
楼层框架梁钢筋构造

框架梁的钢筋骨架主要包括纵向钢筋、箍筋及附加钢筋，按照钢筋所在位置和受力特点对框架梁钢筋进行分类，见表 2-2。

👁 看一看

图 2-16、图 2-17 是现浇框架梁钢筋布置的实物照片，请仔细观察框架梁内上部纵筋、下部纵筋及箍筋等钢筋连接与锚固的构造特点，并在学习本节框架梁钢筋构造详图时进行图物对照。

图 2-16　框架梁的钢筋布置

图 2-17　框架梁的上部钢筋构造

表 2-2　框架梁的钢筋分类

钢筋种类	钢筋位置	钢筋分类名称	构造要点
纵向钢筋	上部	上部通长筋	必设，有时设架立筋，支座内锚固
		端支座负筋（非贯通筋）	端支座内锚固，向跨内延伸一定长度
		中间支座负筋（非贯通筋）	向左、向右跨内延伸一定长度
	下部	下部纵筋	端支座锚固，中间支座锚固
	中部	侧面构造钢筋（及拉筋）	侧面构造钢筋构造
		侧面受扭钢筋（及拉筋）	受扭钢筋构造
箍筋	梁左右两端	加密区	按抗震要求加密箍筋
	梁中部	非加密区	非加密箍筋
附加钢筋	主次梁相交处	附加箍筋	附加箍筋构造
	在主梁内	吊筋	吊筋构造

2.2.1　框架梁上部纵筋构造

框架梁上部纵向钢筋包括上部通长筋、支座负筋和架立筋。框架梁支座上部纵向受力钢筋，有贯通与非贯通之分。一般受弯构件截面所受弯矩分正弯矩和负弯矩，连续梁支座处截面的弯矩为负弯矩（截面上部受拉），抵抗负弯矩所配置的钢筋称为负弯矩钢筋，简称支座负筋。

按抗震设计要求，楼层框架梁（KL）上部纵向钢筋构造如图 2-18 所示。

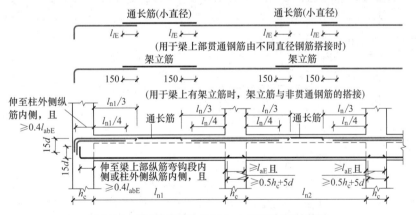

2.4 彩图
楼层框架梁纵向
钢筋构造

图 2-18　楼层框架梁（KL）上部纵向钢筋构造

为方便施工，凡框架梁的所有支座和非框架梁（不包括井字梁）的中间支座上部纵筋的伸出长度值在梁标准构造详图中统一取值为：第一排非通长筋及与跨中直径不同的通长筋从柱（梁）边起伸出至 $l_n/3$ 位置；第二排非通长筋伸出至 $l_n/4$ 位置。l_n 的取值规定为：对于端支座，l_n 为本跨的净跨值；对于中间支座，l_n 为支座两边较大一跨的净跨值（图 2-18）。

2.2.1.1　框架梁上部通长筋与架立筋构造

（1）框架梁上部通长筋构造

根据抗震规范要求，框架梁上部应设置至少两根通长筋，通长筋可为相同或不同直径采用搭接连接、机械连接或焊接的钢筋。梁上部通长筋与非贯通筋（支座负筋）直径相同时，连接位置宜位于跨中 $l_{ni}/3$ 范围内（l_{ni} 为梁净跨长）；且在同一连接区段内钢筋接头面积百分率不宜大于 50%。当上部通长筋直径比支座负筋直径小时，可以采用搭接连接、机械连接或焊接与支座负筋连接，具体连接构造如图 2-18 所示。

（2）框架梁上部架立筋构造

架立筋是梁的一种纵向构造钢筋，用来固定箍筋和形成钢筋骨架。当梁顶面箍筋转角处无纵向受力钢筋时，应设置架立筋。如双肢箍梁上部设有 2 根通长筋可以满足箍筋架立要求时，则可不再配置架立筋。若梁箍筋为四肢箍时，梁的上部通长筋为 2 根，这时就需要再设置 2 根架立筋。当梁的上部既有通长筋又有架立筋时，架立筋与支座负筋（非贯通筋）的搭接长度为 150mm，具体搭接构造如图 2-18 所示。

> 💡 **特别提示**
>
> 1. 框架梁上部纵筋在中间支座上要求遵循能通则通的原则，当钢筋超过定长时，在梁上部跨中 1/3 跨度的范围内可以进行钢筋的连接。
>
> 2. 框架梁不一定设有架立筋，如果框架梁是双肢箍，其上部设有 2 根通长筋兼作架立筋即可，这种情况不需再配置架立筋。当框架梁箍筋为四肢箍时，除了 2 根上部通长筋外，还要设置 2 根架立筋。但此时该梁集中标注不能标注为"2Φ20"这种形式，而必须把架立筋也标注上，即标注成"2Φ20+（2Φ12）"形式，括号里的钢筋即为架立筋。

2.2.1.2　楼层框架梁端支座负筋构造

框架梁支座上部纵向受力钢筋，有贯通与非贯通之分，原位标注的梁支座上部纵筋是包含上部通长筋在内的所有纵筋，除上部通长筋外的支座负筋均为非贯通纵筋。

对于楼层框架梁支座负筋在端支座的锚固应首选直锚，只有当直锚不能满足锚固长度要求时才选择弯锚或锚板锚固（实际工程中很少采用锚板锚固）。梁中间支座两侧的支座负筋一般是相同的，应连续通过中间支座，这样就不用考虑锚固问题。楼层框架梁端支座负筋锚固构造见表 2-3。

表 2-3　楼层框架梁（KL）端支座负筋锚固构造

适用情况	构造详图	构造要点
楼层梁端支座弯锚	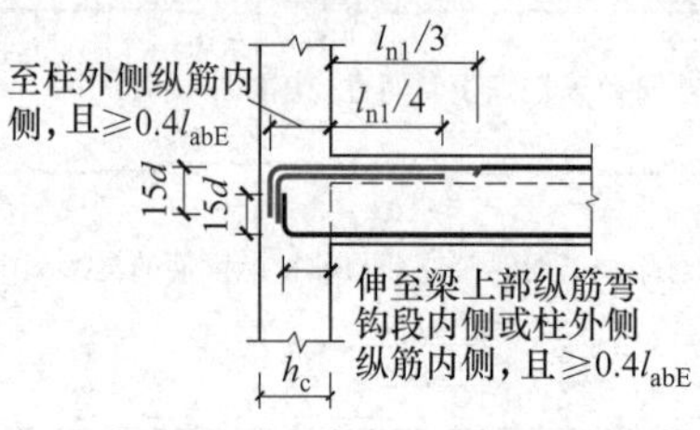 至柱外侧纵筋内侧，且≥$0.4l_{abE}$；$l_{n1}/3$；$l_{n1}/4$；$15d$；$15d$；伸至梁上部纵筋弯钩段内侧或柱外侧纵筋内侧，且≥$0.4l_{abE}$；h_c	端支座宽度不够直锚时，楼层框架梁上部纵筋采用弯锚，其进入柱内直锚段长度满足≥$0.4l_{abE}$，然后弯至柱外侧纵筋内侧，且弯折长度为 15d；当弯锚时，弯钩与柱纵筋净距、各排纵筋弯钩净距应不小于 25mm
楼层梁端支座直锚	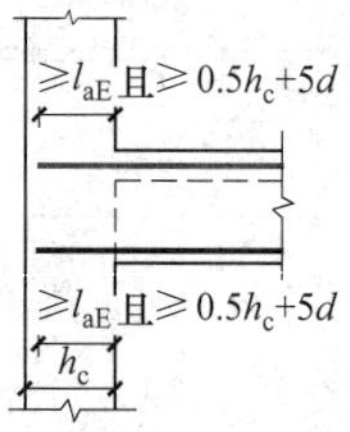 ≥l_{aE} 且≥$0.5h_c+5d$；≥l_{aE} 且≥$0.5h_c+5d$；h_c	端支座宽度够直锚时，楼层框架梁上部纵筋采用直锚，直锚段长度为≥l_{aE} 且≥$0.5h_c+5d$（l_{aE} 为受拉钢筋抗震锚固长度，h_c 为支座宽度，d 为钢筋直径）
楼层梁端支座加锚头（锚板）锚固	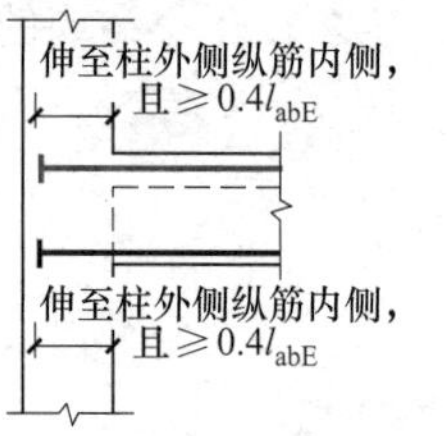 伸至柱外侧纵筋内侧，且≥$0.4l_{abE}$；伸至柱外侧纵筋内侧，且≥$0.4l_{abE}$	端支座宽度不够直锚时，还可采用端支座加锚头（锚板）锚固，楼层框架梁上部纵筋伸至柱外侧纵筋内侧，且≥$0.4l_{abE}$，直锚后端部加锚头或锚板

2.2.2 框架梁下部纵筋构造

框架梁下部纵向钢筋包括两种情况：常见的配筋方式基本上是各跨梁"按跨布置"的下部纵向钢筋，在梁平法施工图中用集中标注或原位标注表示出来；还有一种是不全部伸入支座的梁下部纵向钢筋。本节所讲内容也适用于屋面梁框架梁（WKL）的下部纵筋构造。

2.2.2.1 框架梁下部纵筋的锚固构造

框架梁平法施工图中集中标注定义的梁下部通长筋（各跨钢筋配筋相同）和逐跨原位标注的梁下部通长筋（各跨钢筋配筋不相同），基本上都是按跨布置的，即在梁两端支座都需要考虑锚固问题。框架梁端支座的下部纵向钢筋锚固做法同上部纵筋，详见表 2-3 所示。中间支座可在柱内锚固的，一般采用直锚，其构造要求如图 2-18 所示，伸入支座直锚段长度为 $\geq l_{aE}$ 且 $\geq 0.5h_c+5d$。如果中间支座两边梁的下部钢筋相同，在满足钢筋定尺足够长时可以考虑相邻两跨的下部钢筋拉通（实际工程中由于贯通施工不便，所以很少采用）。

由于钢筋定长问题，框架梁的下部纵筋不能在支座内锚固时，必须确定梁下部纵筋的连接点位置。因为框架梁下部跨中是正弯矩最大的部位，下部纵筋不允许在梁的下部跨中进行连接。而梁的下部纵筋在支座内也不能连接，只能锚固，因为在梁柱节点内受力复杂，梁纵筋和柱纵筋都不允许连接，即梁柱交叉节点内也是梁纵筋的非连接区。

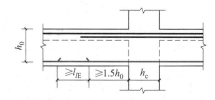

当框架梁下部纵筋不能在柱内锚固时，可以在节点外连接范围内搭接（连接范围为距柱边 $\geq 1.5h_0$ 处，h_0 为梁截面有效高度），搭接长度为 l_{lE}，相邻跨钢筋直径不同时，搭接位置位于较小直径一跨。具体构造要求如图 2-19 所示。

图 2-19　中间层中间节点梁下部纵筋在节点外搭接

> 💡 **特别提示**
>
> 框架梁的下部纵筋一般都以"直形钢筋"在中间支座锚固，其直锚段长度满足 $\geq l_{aE}$ 且 $\geq 0.5h_c+5d$。梁的下部纵筋在中间支座的切断点不一定在框架柱支座内，当作为中间支座的柱宽较小时，按锚固长度 $\geq l_{aE}$ 来控制的下部纵筋切断点一般是伸过支座到另一跨，而不是在支座内。

2.2.2.2 不伸入支座的梁下部纵筋断点位置

当框架梁（不包括框支梁、框架扁梁）下部纵筋数量较多并设置为两排，其中上一排非角部的纵筋可以采取不全部伸入支座。不伸入支座的梁下部纵筋截断点距支座边的距离，在标准构造详图中统一取为 $0.1l_n$（l_n 为本跨梁的净跨值），具体构造做法如图 2-20 所示。

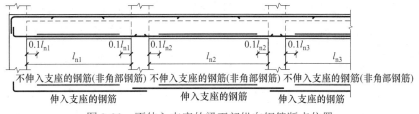

图 2-20　不伸入支座的梁下部纵向钢筋断点位置

2.2.3 框架梁中间支座纵筋构造

2.2.3.1 一般框架梁中间支座纵筋构造

① 当框架梁两边的支座负筋直径相同、根数相等时，一般梁上部纵筋贯通穿过中间支座，而且这些钢筋在中间支座左右两边的延伸长度相等（等于支座两边较大一跨净跨值的 1/3 或 1/4），所以它们常被形象称为"扁担筋"，即以中间支座为肩膀，向两边伸出长度相等，其构造要求如图 2-18 所示。

② 框架梁下部纵筋在中间支座要锚固，一般为直锚，其构造要求如图 2-18 所示。

2.2.3.2 框架梁中间支座梁高、梁宽有变化时纵筋构造

框架梁在中间支座两侧梁高有变化或梁顶面标高有变化以及支座两侧梁宽度不同或错开布置时，支座两侧梁内纵向钢筋应满足相应的锚固要求。

楼层框架梁（KL）中间支座梁高、梁宽有变化时纵向钢筋构造见表2-4。

表2-4　楼层框架梁（KL）中间支座梁高、梁宽有变化时纵向钢筋构造

适用情况	构造详图	构造要点
$\Delta_h/(h_c-50)>1/6$ 时，两侧纵筋非直通 （Δ_h 为梁顶面或底面在支座两侧高差值，h_c 为框架柱截面长边尺寸，以下同）		中间支座梁上、下部纵筋构造分两种情况 ①可直锚：锚固长度为 $\geq l_{aE}$ 且 $\geq 0.5h_c+5d$ ②弯锚：不能直锚的钢筋进入柱内水平段长度满足 $\geq 0.4l_{abE}$，然后弯至柱外侧纵筋内侧，且弯折长度15d
$\Delta_h/(h_c-50)\leq 1/6$ 时，两侧纵筋连续布置		支座一侧上、下部通长筋斜弯后直通至另一侧，弯折点距柱边50mm
支座两侧梁宽度不同或错开布置时		①梁相同宽度部分可直锚。将无法直通的纵筋弯锚入柱内；或当支座两边纵筋根数不同时，可将多出的纵筋弯锚入柱内 ②弯锚构造：不能直锚的钢筋进入柱内水平段长度满足 $\geq 0.4l_{abE}$，然后弯至柱内，且弯折长度为15d

2.2.4　梁侧面纵向钢筋构造

梁侧面中部纵向钢筋俗称"腰筋"，包括梁侧面构造钢筋或受扭纵筋。本节所讲内容适用于楼面框架梁、屋面框架梁和非框架梁。

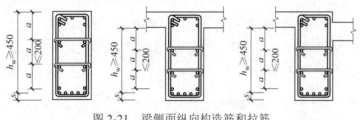

图2-21　梁侧面纵向构造筋和拉筋

① 当梁的腹板高度 $h_w\geq 450$mm 时，在梁的两个侧面应沿高度配置纵向构造钢筋（平法标注中用G打头），而且纵向构造钢筋间距 $a\leq 200$mm。梁侧面纵向构造钢筋的搭接与锚固长度可取为15d，其构造要求如图2-21所示。

② 当梁侧面配置有直径不小于构造钢筋的受扭纵筋时，受扭钢筋可以替代构造钢筋。梁侧面受扭纵筋（平法标注中用N打头）属于受力筋，其搭接与锚固应满足受拉钢筋的构造要求，即搭接长度为 l_{lE} 或 l_l，其锚固长度为 l_{aE} 或 l_a，锚固方式同框架梁下部纵筋。

③ 梁侧面纵向构造钢筋的拉筋一般不在施工图上标注，22G101图集中规定：当梁宽≤350mm 时，拉筋直径为6mm；梁宽＞350mm 时，拉筋直径为8mm，拉筋间距为非加密区箍筋间距的2倍。当设有多排拉筋时，上下两排拉筋竖向错开设置。梁箍筋与拉筋立面布置构造如图2-22所示。

💡 **特别提示**

梁侧面受扭纵筋与侧面构造钢筋类似，都是在梁的中部设置，且其拉筋的设置要求与梁侧面构造钢筋也相同。但是，受扭钢筋是需要设计人员进行梁抗扭计算才能确定其钢筋规格和数量，这与构造钢筋有本质区别。所以，梁侧面受扭纵筋属于受力筋，其搭接与锚固应满足受拉钢筋的构造要求，锚固方式同框架梁下部纵向受力钢筋。

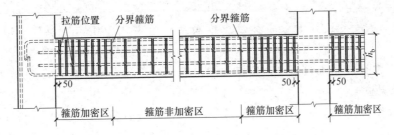

图 2-22　梁箍筋与拉筋立面布置构造详图

2.2.5　框架梁箍筋构造

2.6 彩图
框架梁箍筋构造

按抗震设计要求，楼层框架梁（KL）及屋面框架梁（WKL）的箍筋设置分为加密区和非加密区。框架梁箍筋加密区设置在两端柱支座附近，加密范围与框架抗震等级有关。框架梁（KL、WKL）箍筋加密区范围见图 2-23，其构造要求说明如下：

① 抗震等级为一级的框架梁：箍筋加密区长度 $\geq 2h_b$ 且 $\geq 500\mathrm{mm}$（h_b 为梁截面高度）。

② 抗震等级为二～四级的框架梁：箍筋加密区长度 $\geq 1.5h_b$ 且 $\geq 500\mathrm{mm}$。

③ 当梁分别支承在框架柱和主梁上时，支承在主梁一端箍筋可不设加密区，支承在柱端需设加密区，加密区要求同上。具体构造见图 2-24。

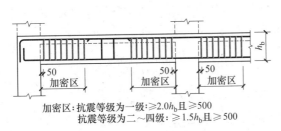

图 2-23　框架梁（KL、WKL）箍筋加密区范围（一）　　图 2-24　框架梁（KL、WKL）箍筋加密区范围（二）

> **特别提示**
>
> 1. 按照抗震设计的框架结构应为延性结构，设计时通过抗震计算和抗震构造措施来满足"强柱弱梁，强剪弱弯，强节点、强锚固"的基本原则。所以，在柱和梁连接节点附近（应力复杂和应力集中的部位）及纵向钢筋接头部位（配筋构造上的薄弱处），梁、柱箍筋需要设置加密区。
>
> 2. 框架梁箍筋的加密区长度只跟梁高有关，而与跨度无关。箍筋加密区范围包含 50mm，即从距柱边 50mm 起步设第一根箍筋。

> **练一练**
>
> 【实例2-3】 按照梁平法制图规则，计算图 2-25 中 KL1 各跨梁两端的箍筋加密区长度，已知框架抗震等级为三级，梁混凝土强度等级为 C30。
>
>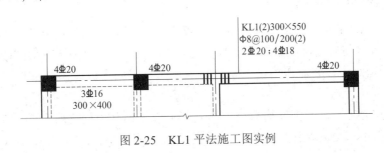
>
> 图 2-25　KL1 平法施工图实例

2.2.6 附加横向钢筋构造

在主梁与次梁相交处，次梁的集中荷载可能使主梁的腹部产生斜裂缝，并引起局部破坏。《混凝土结构设计规范》（2015 年版）（GB 50010—2010）规定，位于梁下部或梁截面高度范围内的集中荷载，应设置附加横向钢筋来承担。附加横向钢筋有箍筋和吊筋两种，宜优先采用附加箍筋。

2.2.6.1 附加箍筋

附加箍筋是在主梁箍筋正常布置的基础上，另外附加设置的箍筋。附加箍筋布置范围内，梁正常箍筋或加密区箍筋照设，附加箍筋配筋值由设计标注。附加箍筋应布置在次梁两侧 $s=2h_1+3b$ 的长度范围内，第一道附加箍筋距离次梁边缘 50mm，其具体布置如图 2-26（a）所示。

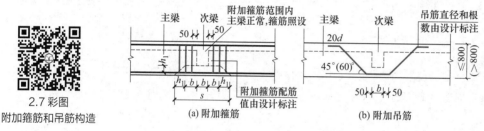

2.7 彩图
附加箍筋和吊筋构造

图 2-26 附加横向钢筋构造

2.2.6.2 附加吊筋

附加吊筋的直径、根数由设计标注，吊筋高度按主梁高度计算。当梁高≤800mm 时，吊筋弯折角度为 45°；当梁高＞800mm 时，吊筋弯折角度为 60°，吊筋下部尺寸为次梁宽度加上 100mm，弯折到上部的水平段长度为 20d。吊筋具体构造如图 2-26（b）所示。

2.3 屋面框架梁钢筋构造详解

2.3.1 屋面框架梁纵向钢筋构造

学习屋面框架梁（WKL）纵向钢筋构造时，要和楼层框架梁（KL）纵向钢筋构造相互对照。由于抗震设计时，屋面框架梁与楼层框架梁在端支座处的受力机理不同，因此在平法图集中将两种框架梁的标准构造详图加以区别对待，它们在构造上既有相同点又有不同之处。屋面框架梁（WKL）纵向钢筋的构造要点说明如下：

① 屋面框架梁（WKL）纵向钢筋构造除了端支座上部纵筋和中间支座有变化时钢筋锚固构造与楼层框架梁（KL）不同外，其余纵筋构造均与楼层框架梁相同。屋面框架梁（WKL）纵向钢筋构造如图 2-27 所示。

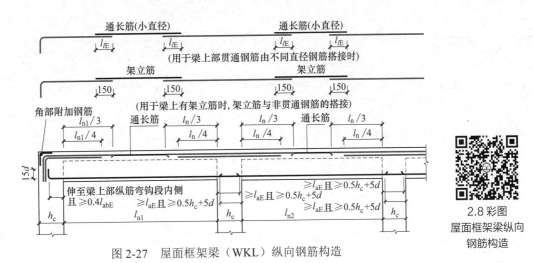

图 2-27 屋面框架梁（WKL）纵向钢筋构造

2.8 彩图
屋面框架梁纵向
钢筋构造

② 屋面框架梁端支座上部纵筋锚入柱中情况要结合框架边柱、角柱柱顶的纵筋构造来理解，因为在顶层端节点，边柱或角柱外侧纵筋与梁上部纵筋必须采用搭接方式，具体做法参见 22G101-1 图集第 2-14、2-15 页（本书中表 1-8、表 1-9）；下纵筋与楼层框架梁构造相同，屋面框架梁（WKL）端支座纵向钢筋锚固构造见表 2-5。

表 2-5   屋面框架梁（WKL）端支座纵向钢筋锚固构造

适用情况	构造详图	构造要点
屋顶梁端支座纵筋弯锚	角部附加钢筋 $l_{n1}/3$ $l_{n1}/4$ 15d 伸至梁上部纵筋弯钩段内侧且 $\geq 0.4l_{abE}$ h_c l_{n1}	屋顶端支座梁上部纵筋只有弯锚，没有直锚。此时梁上部纵筋伸至柱外侧纵筋内侧，弯锚至梁底位置；梁下部纵筋进入柱内直锚段长度满足 $\geq 0.4l_{abE}$，然后弯至梁上部纵筋弯钩段内侧，且弯折长度为 15d；当弯锚时，弯钩与柱纵筋净距、各排纵筋弯钩净距应不小于 25mm
屋顶梁端支座下部纵筋直锚	$\geq l_{aE}$ 且 $\geq 0.5h_c+5d$ h_c	屋顶端支座梁上部纵筋弯锚。端支座宽度够直锚时，梁下部纵筋采用直锚，直锚段长度为 $\geq l_{aE}$ 且 $\geq 0.5h_c+5d$（l_{aE} 为受拉钢筋抗震锚固长度，h_c 为支座宽度，d 为钢筋直径）
屋顶梁端支座下部纵筋端头加锚头（锚板）锚固	伸至梁上部纵筋弯钩段内侧 $\geq 0.4l_{abE}$ h_c	屋顶端支座宽度不够直锚时，还可采用端支座加锚头（锚板）锚固，梁下部纵筋伸至柱外侧纵筋内侧，且 $\geq 0.4l_{abE}$，直锚后端部加锚头或锚板

③ 屋面框架梁中间支座纵向钢筋构造如图 2-27 所示。屋面框架梁在中间支座两侧梁高有变化或梁顶面标高有变化以及支座两侧梁宽度不同或错开布置时，支座两侧梁内纵向钢筋构造见表 2-6。

表 2-6   屋面框架梁（WKL）中间支座梁高、梁宽有变化时纵向钢筋构造

适用情况	构造详图	构造要点
$\Delta_h/(h_c-50)>1/6$ 时，两侧纵筋非直通（Δ_h 为梁顶面或底面在支座两侧高差值，h_c 为框架柱截面长边尺寸，以下同）	$\geq l_{aE}$ 且 $\geq 0.5h_c+5d$ （可直锚） $\geq 0.4l_{abE}$ 15d Δ_h h_c	梁上部纵筋直通过去，下部纵筋构造分两种情况：① 可直锚：锚固长度为 $\geq l_{aE}$ 且 $\geq 0.5h_c+5d$ ② 弯锚：不能直锚的钢筋进入柱内水平段长度满足 $\geq 0.4l_{abE}$，然后弯至柱外侧纵筋内侧，且弯折长度 15d

适用情况	构造详图	构造要点
$\Delta_h/(h_c-50)\leqslant1/6$ 时，两侧纵筋连续布置	当 $\Delta_h/(h_c-50)\leqslant1/6$ 时,纵筋可连续布置	支座一侧下部通长筋斜弯后直通至另一侧，弯折点距柱边 50mm
支座两侧梁顶面标高不同时		梁上部钢筋构造分两种情况： ①可直锚：锚固长度为 $\geqslant l_{aE}$ 且 $\geqslant0.5h_c+5d$ ②弯锚：不能直锚的钢筋进入柱内伸至柱对边纵筋内侧后弯锚，弯折后竖直段自低标高梁顶起算长度为 l_{aE}
支座两侧梁宽度不同或错开布置时	(可直锚)	①梁相同宽度部分可直锚。将无法直通的纵筋弯锚入柱内；或当支座两边纵筋根数不同时，可将多出的纵筋弯锚入柱内 ②弯锚构造：不能直锚的上部钢筋伸至柱对边纵筋内侧后弯锚，弯折长度 l_{aE}；下部钢筋进入柱内水平段长度满足 $\geqslant0.4l_{abE}$，然后弯至柱内，且弯折长度为 $15d$

2.3.2 屋面框架梁箍筋构造

屋面框架梁（WKL）应设置箍筋加密区，其箍筋构造与楼层框架梁（KL）箍筋构造完全相同，具体见 2.2.5 节内容。

2.4 非框架梁钢筋构造详解

👁 看一看

图 2-28 是非框架梁 L3、L4 的平面布置图示例，可以扫一扫二维码 2.1 观看梁空间布置的案例视频，请仔细观察非框架梁与框架梁在构件编号、与支座支撑关系、纵筋与箍筋标注等方面的不同特点，并在学习本节非框架梁钢筋标准构造详图时进行相互对照。

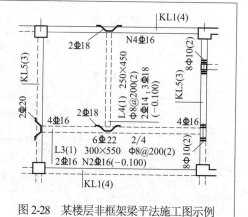

图 2-28 某楼层非框架梁平法施工图示例

非框架梁（L）是相对于框架梁（KL）而言，在框架结构中，框架梁以柱为支座，而非框架梁是以框架梁或非框架梁为支座，因此非框架梁不考虑抗震构造要求。主梁一般为框架梁，次梁一般为非框架梁，次梁以主梁为支座。

此外，次梁也有一级次梁和二级次梁之分。如图 2-28 所示，L3 是一级次梁，它以框架梁 KL5 为支座；而 L4 为二级次梁，它一端以 L3 为支座，另一端以 KL1 为支座。

非框架梁的纵筋种类与楼层框架梁基本相同，分为上部纵筋或架立筋、侧面构造钢筋或受扭钢筋、下部纵筋等，但受拉钢筋锚固长度应取非抗震锚固长度 l_a。因非框架梁不考虑抗震构造，所以箍筋不设加密区，如果梁端部采用不同间距的箍筋，设计应注明根数。非框架梁（L）配筋构造如图 2-29 所示。

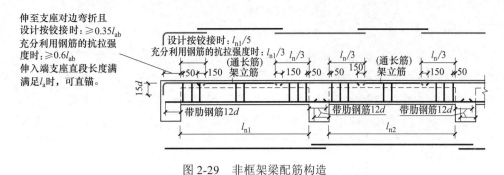

图 2-29 非框架梁配筋构造

2.4.1 非框架梁纵向钢筋的截断与连接

1）非框架梁端支座负筋从主梁边缘算起的延伸长度，当设计按铰接时（非框架梁代号为 L）取 $l_{n1}/5$；当充分利用钢筋的抗拉强度时（非框架梁代号为 Lg）取 $l_{n1}/3$。（对于端支座，l_{n1} 为本跨的净跨值）。

2）非框架梁中间支座负筋第一排延伸长度取 $l_n/3$（l_n 为相邻左右两跨中净跨值较大者），第二排延伸长度取 $l_n/4$。

3）非框架梁的架立筋与两端支座负筋搭接长度为 150mm。

4）当梁上部有通长钢筋时，连接位置宜位于跨中 $l_{n1}/3$ 范围内；梁下部钢筋连接位置宜位于支座 $l_{n1}/4$ 范围内；且在同一连接区段内钢筋接头面积百分率不宜大于 50%。

2.4.2 非框架梁纵向钢筋的锚固

1）非框架梁上部纵筋在端支座的锚固要求：梁上部纵筋平直段伸至端支座对边后弯折，当设计按铰接时，平直段长度 $\geqslant 0.35l_{ab}$；当充分利用钢筋的抗拉强度时，平直段长度 $\geqslant 0.6l_{ab}$，弯折段长度为 $15d$（d 为纵向钢筋直径），如图 2-29 所示。

2）非框架梁下部纵筋伸入端支座和中间支座的直锚长度：当为带肋钢筋时，直锚长度为 $12d$，如图 2-29 所示。当下部纵筋伸入支座长度不满足直锚 $12d$ 时，端支座非框架梁下部纵筋应按照图 2-30 进行弯锚。

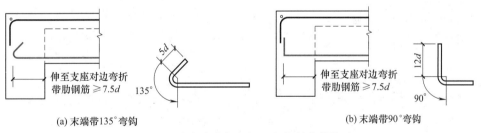

图 2-30 端支座非框架梁下部纵筋弯锚构造

2.4.3 非框架梁侧面纵筋构造

非框架梁侧面纵向构造钢筋同框架梁，详见 2.2.4 节梁侧面纵向钢筋构造要求。

如图 2-31 所示，当受扭非框架梁 LN 配有受扭纵向钢筋时，梁下部纵筋锚入支座的长度应为 l_a，在端支座直锚长度不足时，可伸至端支座对边后再弯折，且平直段长度 $\geqslant 0.6l_{ab}$，弯折段长度为 $15d$。梁侧面受扭纵筋在支座的锚固构造同梁下部纵筋。

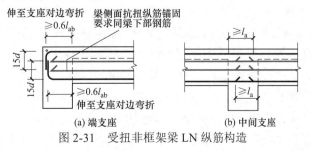

图 2-31 受扭非框架梁 LN 纵筋构造

非框架梁与主梁及次梁的概念有所区别。非框架梁是相对于框架梁而言，次梁是相对于主梁而言，这是两个不同的概念。在框架结构中，框架梁以柱为支座，非框架梁是以框架梁或非框架梁为支座。主梁一般为框架梁，但也有特殊情况，当多跨连续梁支座有框架柱又有框架梁时，该梁虽为次梁但仍称为框架梁。次梁以主梁为支座，一般为非框架梁。

2.5 悬挑梁钢筋构造详解

👁 **看一看**

图 2-32 是钢筋混凝土悬挑梁钢筋布置的实物照片，仔细观察悬挑梁内上部纵筋、下部纵筋及箍筋等连接与锚固的构造特点，并在学习本节悬挑梁标准构造详图时进行图物对照。

图 2-32 悬挑梁的钢筋布置

2.5.1 悬挑梁配筋特点

由于梁的悬挑端根部承受最大负弯矩，而且整个悬挑端长度范围内全部是负弯矩（梁上部受拉），所以悬挑梁（XL）的力学特征和配筋构造与框架梁（KL）截然不同，具有如下构造特点：

① 有的悬挑梁设计成变截面，因此在悬挑梁上进行梁截面尺寸的原位标注。

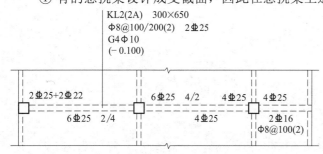

图 2-33 悬挑梁平法施工图实例

② 因为悬挑梁的上部纵向钢筋（受力筋）是全跨贯通的，所以在梁平法施工图中，是在梁悬挑端的上部跨中位置进行上部纵筋的原位标注，如图 2-33 所示。

③ 悬挑梁的下部纵向钢筋为受压钢筋，相当于架立筋的作用，它只需要较小的配筋就满足要求。例如，图 2-33 中 KL2 悬挑端下部配筋为 2 Φ 16，这与框架梁跨中下部纵筋为受拉钢筋，需配筋较大是完全不同的。

④ 一般悬挑梁的钢筋构造不考虑抗震要求，所以悬挑梁的箍筋没有加密区和非加密区之分，只有一种间距。例如，图 2-33 中 KL2 悬挑端的箍筋为双肢箍Φ8@100。

2.5.2 悬挑梁配筋构造

悬挑梁按构造可分为两大类：一类是延伸悬挑梁，即框架梁的边跨所带的悬挑端，如图 2-33 中的 KL2（2A），表示该框架梁有 2 跨，且一端带悬挑；另一类是纯悬挑梁，用编号 XL 表示。

悬挑梁的具体配筋构造详见表 2-7。纯悬挑梁与梁的悬挑端纵向钢筋布置时，第一排上部纵筋至少设 2 根角筋，且有不少于第一排纵筋二分之一的上部纵筋一直伸至悬挑梁端部并弯折伸到梁底，其余纵筋（第一排弯起筋）斜向下弯 45°或 60°，第二排上部纵筋伸出至 0.75l（l 为自柱或梁边算起的悬挑净长）位置，再斜向下弯 45°或 60°。悬挑梁下部纵筋直锚长度为 15d，悬挑梁的箍筋构造与非框架梁相同。

2.9 彩图
悬挑梁配筋构造

特别提示

悬挑梁的正常箍筋与非框架梁相同，只有一种间距，但是悬挑端部往往设有边梁，边梁相当于悬挑梁的次梁，所以就像主、次梁相交处需要设置附加钢筋一样，悬挑梁端部也要设附加钢筋，包括附加箍筋和吊筋，悬挑梁内的弯起筋在端部所起的作用就像吊筋。

表 2-7　悬挑梁的配筋构造

适用情况	构造详图	构造要点
纯悬挑梁（XL）	伸至柱外侧纵筋内侧，且≥0.4l_{ab}　h_b　15d　柱或墙　15d　50　0.75l　l≤2000	上部钢筋： 当上部钢筋为一排，且$l<4h_b$时，上部钢筋可不在端部弯下，伸至悬挑梁外端，向下弯折12d　　至少2根角筋，并不少于第一排纵筋的1/2，其余纵筋弯下　第一排　12d　第二排　≥10d　≥10d　当上部钢筋为两排，且$l<5h_b$时，可不将钢筋在端部弯下，伸至悬挑梁外端向下弯折12d 下部钢筋： 15d　支座边缘线　当悬挑梁根部与框架梁梁底齐平时，底部相同直径的纵筋可拉通设置
梁的悬挑端	15d　50　50　0.75l　柱、墙或梁　①可用于中间层或屋面	
悬挑梁端附加箍筋范围	50　附加箍筋　h_1　b　b　s	端部附加箍筋距离边梁的边缘50mm，间距按图纸说明布置；附加箍筋范围内梁正常箍筋照设

2.6 项目实战　梁平法施工图识图与绘图

梁平法施工图常采用平面注写方式来表达，设计出图时仅画出梁平面布置图，没有画出截面配筋详图，而梁平面注写的集中标注和原位标注涉及内容较多，而且梁的各种钢筋构造较为复杂，所以初学者不易掌握梁的识图方法。为了深入看懂每一跨梁从支座到跨中钢筋的锚固和连接构造做法，不仅要熟练掌握梁构件平法识图规则，同时要与梁的标准构造详图相配合，而且初学者需要画出梁的钢筋布置草图，包括梁立面钢筋布置图及剖面配筋详图。通过钢筋布置详图才能构成有关梁的尺寸、标高以及钢筋构造等完整的数据信息和构造做法。本节引入梁构件项目案例，并对接"1+X"建筑工程识图（结构）职业技能考核要求，通过完成框架梁平法施工图识图与绘图的实战任务，逐步提高平法识图能力。

2.6.1 梁平法施工图实例

【工程概况】在某酒店工程施工图（详见《混凝土结构施工图实训图册》）中截取了−0.100m层Ⓜ轴上的KL10平法施工图，如图2-34所示。该工程结构形式为钢筋混凝土框架结构，地上四层，框架

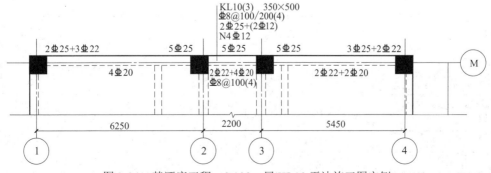

图 2-34　某酒店工程−0.100m层KL10平法施工图实例

抗震等级为三级。该层框架梁混凝土强度等级为C35，受力钢筋采用HRB400级（Φ），环境类别为一类，框架梁纵向受力钢筋的混凝土保护层厚度参见国标22G101-1。支承KL10的框架柱为KZ7和KZ8，其与轴线的定位关系尺寸见图2-35。

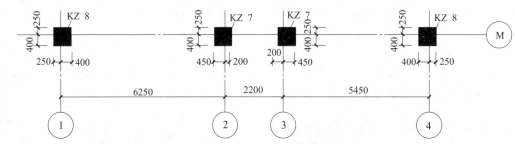

图2-35　某酒店工程Ⓜ轴框架柱（与KL10相连接）平面布置图

2.6.2　任务一　识读梁平法施工图

【任务要求】图2-34中的KL10平法施工图实例采用平面注写方式，依据已学过的梁平法制图规则并配合梁标准构造详图，认真读懂KL10平法注写的集中标注与原位标注内容，找全与该梁构造相关的基本信息，完成表2-8布置的梁平法施工图识图任务记录单，巩固所学的梁平法识图规则和识图方法。

表2-8　梁平法施工图识图任务记录单

工程名称		某酒店工程		梁构件编号/类型		KL10（3）/楼层框架梁（3跨）	
识读工程基本信息	抗震等级		框架抗震等级为三级				
	材料选用	混凝土	框架梁混凝土强度等级为C35				
		钢筋	受力纵筋采用HRB400级钢筋（Φ）				
	环境类别/混凝土保护层		环境类别为一类；框架梁箍筋的混凝土保护层最小厚度为20mm				
	钢筋的连接方式		纵筋的连接接头宜采用机械连接或搭接连接				
识读梁基本信息	跨数		第一跨（左起）		第二跨		第三跨
	标高		−0.100m		−0.100m		−0.100m
	截面尺寸$b×h$/mm		350×500		350×500		350×500
	梁轴线定位		KL10与轴线Ⓜ平行（非居中），梁外侧面与KZ平齐				
	梁布置情况		KL10是地下室顶板层楼面梁，且为边框架梁				
识读梁配筋信息	梁上部通长筋/架立筋		通长筋			架立筋	
			2Φ25			2Φ12	
	梁支座负筋（非贯通）		第一跨	第二跨		第三跨	
			左支座（端部）　3Φ22	左支座（中间）　3Φ25	左支座（贯通）　3Φ25	左支座（中间）　3Φ25	
			右支座（中间）　3Φ25	右支座（中间）　3Φ25	右支座（贯通）　3Φ25	右支座（端部）　1Φ25+2Φ22	
	梁下部纵筋		第一跨		第二跨	第三跨	
			4Φ20		2Φ22+4Φ20	2Φ22+2Φ20	
	梁侧构造筋/受扭筋		受扭筋（N）4Φ12		受扭筋（N）4Φ12	受扭筋（N）4Φ12	
	梁箍筋（加密区/非加密区）		四肢箍Φ8@100/200		四肢箍Φ8@100	四肢箍Φ8@100/200	
	附加钢筋		次梁处6根Φ8箍筋			次梁处6根Φ8箍筋	
项目组别			项目组长			记录人	

2.6.3 任务二 绘制梁钢筋布置详图

【任务要求】针对图 2-34 中的梁平法实例图，对照 22G101-1 图集中梁纵筋和箍筋的标准构造要求，绘制 KL10 梁立面钢筋布置图及关键部位的剖面配筋详图，同时标注必要的标高、尺寸、配筋值等信息，要求能正确计算关键部位梁纵筋的截断位置、在支座内的锚固长度以及箍筋加密区范围，并填写表 2-9 梁钢筋布置详图绘图任务记录单，通过绘图训练逐步达到 "1+X" 建筑工程识图职业技能的考核要求。

完成后的 KL10 立面钢筋布置详图如图 2-36 所示。根据沿梁跨长方向的钢筋布置情况，确定梁剖切断面的关键部位，选取原则：一是纵向钢筋直径或根数发生变化的部位；二是截面尺寸发生变化的部位。一般常在每跨梁的支座端部和跨中位置做剖面，绘制梁的剖面配筋详图。绘制梁钢筋布置详图的具体步骤如下：

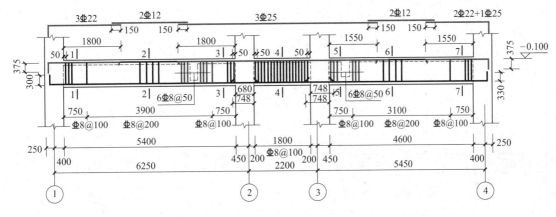

图 2-36 KL10 立面钢筋布置图

① 查看 -0.100m 层 KL10 的结构平面布置图，按比例绘制梁立面外轮廓线以及与该梁相关联的框架柱支座轮廓，标注梁各跨的轴线尺寸。

② 查看该结构层框架柱的平面布置图，根据图 2-35 中与 KL10 相连接的 KZ7、KZ8 的轴线定位尺寸，确定 KL10 的支座定位尺寸，计算出梁各跨的净跨长并标注出来。

③ 在梁立面图上画出梁上部纵筋，表达梁上部非贯通纵筋的截断位置以及支座负筋在两端支座弯锚的构造做法，计算端支座、中间支座上部非贯通负筋向跨内的伸入长度，并在图中标注对应的构造尺寸。

④ 由于该框架梁采用四肢箍，在每跨中部应设置架立筋，所以需确定上部架立筋长度。

⑤ 画出梁下部纵筋，确定下部纵筋在端支座和中间支座的锚固构造做法，在图中标注对应构造尺寸。

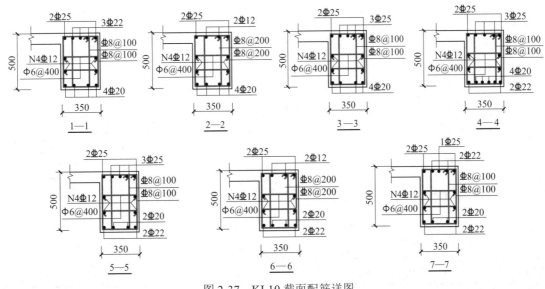

图 2-37 KL10 截面配筋详图

⑥ 画出梁箍筋布置范围，确定箍筋加密区、非加密区长度及配筋值并标注在图上。

⑦ 在 KL10 与次梁相交处，画出附加箍筋或吊筋的示意图（配筋值参见设计说明）。

⑧ 根据梁原位标注及沿跨长方向钢筋布置情况，绘制梁关键部位的剖面配筋详图，KL10 需绘制剖面 1-1 到 7-7 配筋详图，详见图 2-37。在截面详图上要表达清楚梁内上下各排纵筋、箍筋、梁侧受扭钢筋及拉筋等钢筋布置的详细构造做法。

⑨ 该梁关键部位钢筋长度及箍筋加密区长度的计算过程参见表 2-9。

表 2-9　梁钢筋布置详图绘图任务记录单

工程名称	某酒店工程	梁构件编号	KL10（3）
梁钢筋布置详图绘制要点			
绘图工具	绘图内容		
8 开白纸（或 A3 图纸）、绘图铅笔、直尺、比例尺、橡皮等	要求完成铅笔绘图，鼓励应用 CAD 软件绘图。 ①按 1 ∶ 50 比例绘制 KL10 沿跨长方向的梁立面外轮廓线，并标注梁各跨的轴线尺寸及支座定位尺寸； ②在梁立面图上画出梁内上部纵筋、下部纵筋，表达梁上部纵筋的截断位置、上下纵筋在两端支座内的锚固构造做法，并在图中标注对应的构造尺寸； ③在梁立面图上画出梁箍筋布置范围，确定箍筋加密区长度及配筋值并标注在图上； ④在与次梁相交处，画出附加箍筋或吊筋的示意图； ⑤根据梁沿跨长方向的钢筋布置情况，按 1 ∶ 20 比例绘制梁关键部位的剖面配筋详图，表达截面内纵筋、箍筋、侧面受扭钢筋及拉筋布置的详细构造做法		

关键部位梁钢筋长度计算表

关键部位		长度计算 /mm	构造分析
第一跨	左端支座负筋伸入跨内长度（3 Φ 22）	l_{n1}/3=（6250-400-450）/3=1800	端支座上部纵筋只有一排，其中 2 Φ 25 为通长筋，3 Φ 22 为上部非贯通筋，从柱边伸出 l_{n1}/3 后截断
第一跨	右端中间支座负筋伸入跨内长度（3 Φ 25）	l_{n1}/3=（6250-400-450）/3=1800	中间支座上部纵筋只有一排，其中 2 Φ 25 为通长筋，②轴支座左、右两侧上部负筋伸出长度相同，取支座两边较大一跨的净跨长 l_n/3
第一跨	架立筋长度（2 Φ 12）	6250-400-450-1800×2+150×2=2100	架立筋在每跨中部布置，与两端支座负筋搭接长度为 150mm
第一跨	上部、下部纵筋在端支座锚固长度（上 2 Φ 25，下 4 Φ 20）	上部纵筋弯折长度 15d=15×25=375 下部纵筋弯折长度 15d=15×20=300	楼层框架梁上部、下部纵筋采用弯锚，弯至柱外侧纵筋内侧，且弯折长度为 15d；同一截面有两种钢筋直径时，取大者
第一跨	下部纵筋伸入中间支座内锚固长度（4 Φ 20）	伸入支座直锚长度 l_{aE}=34d=34×20=680	框架梁下部纵筋采用直锚，锚入支座长度为 max{l_{aE}，0.5h_c+5d}，同一截面有两种钢筋直径时，取大者
第二跨	上部纵筋在左、右支座全部贯通（5 Φ 25）	上部纵筋在②～③轴跨长内贯通	由于②、③轴柱间净距小于左、右支座伸出长度 1800+1533，因此上部负筋在第二跨应贯通全跨不截断。同时由于中间跨上部纵筋全部穿过，因此不需再设架立筋
第二跨	下部纵筋伸入两端支座锚固长度（2 Φ 22+4 Φ 20）	伸入支座直锚长度 l_{aE}=34d=34×22=748	框架梁下部纵筋采用直锚，锚入支座长度为 max {l_{aE}，0.5h_c+5d}，同一截面有两种钢筋直径时，取大者
第三跨	左端中间支座负筋伸入跨内长度（3 Φ 25）	l_{n3}/3=（5450-400-450）/3=1533，取为 1550	中间支座上部纵筋只有一排，其中 2 Φ 25 为通长筋，③轴支座左、右两侧上部负筋伸出长度相同，取支座两边较大一跨的净跨长 l_{n3}/3
第三跨	右端支座负筋伸入跨内长度（1 Φ 25+2 Φ 22）	l_{n3}/3=（5450-400-450）/3=1533，取为 1550	端支座上部纵筋只有一排，其中 2 Φ 25 为通长筋，其余 1 Φ 25+2 Φ 22 为上部非贯通筋，从柱边伸出 l_{n3}/3 后截断
第三跨	架立筋长度（2 Φ 12）	5450-400-450-1550×2+150×2=1800	架立筋在每跨中部布置，与两端支座负筋搭接长度为 150mm
第三跨	上部、下部纵筋在端支座锚固长度（上 2 Φ 25，下 2 Φ 22+2 Φ 20）	上部纵筋弯折长度 15d=15×25=375 下部纵筋弯折长度 15d=15×22=330	钢筋构造要求同第一跨左端支座
第三跨	下部纵筋伸入中间支座内锚固长度（2 Φ 22+2 Φ 20）	伸入支座直锚长度 l_{aE}=34d=34×22=748	钢筋构造要求同第一跨中间支座

关键部位	长度计算 /mm	构造分析
梁侧受扭钢筋在端支座、中间支座的锚固长度 (N4 Φ 12)	端支座弯折长度 15d=15×12=180 中间支座直锚长度 l_{aE} =34d=34×12=408	梁侧受扭纵筋属于受力筋,其锚固长度为 l_{aE},锚固方式同框架梁下部纵筋

梁箍筋加密区长度计算表

设置部位	箍筋加密区长度 /mm	构造分析
第一跨梁两端 第三跨梁两端	max｛1.5h_b,500mm｝=1.5×500=750	抗震等级为二~四级时,箍筋加密区长度取 ≥ 1.5h_b,且 ≥ 500mm,第一根箍筋距柱边 50mm
第二跨	全长加密	应按原位标注(Φ 8@100)采取全跨箍筋加密要求
项目组别	项目组长	记 录 人

🔴 技能训练

知识自测

一、单项选择题

1.框架梁平法施工图中集中标注内容的选注值为( )。

A.梁编号 　　　B.梁顶面标高高差 　　C.梁箍筋 　　　D.梁截面尺寸

2.框架梁上部纵筋不包括( )。

A.上部通长筋 　　B.支座负筋 　　　C.架立筋 　　　D.腰筋

3.框架梁的支座负筋延伸长度表述错误的是( )。

A.第一排端支座负筋从柱边开始延伸至 l_n/3 位置 　　B.第二排端支座负筋从柱边开始延伸至 l_n/4 位置

C.第三排端支座负筋从柱边开始延伸至 l_n/5 位置 　　D.中间支座负筋延伸长度同端支座负筋

4.KL2 的净跨长为 7200mm,梁截面尺寸为 300mm×700mm,箍筋的集中标注为Φ10@100/200(2),一级抗震等级,框架梁两端箍筋的加密区长度是( )mm。

A.4400 　　　　B.3800 　　　　C.1400 　　　　D.2800

5.架立筋同支座负筋的搭接长度为( )。

A.15d 　　　　B.12d 　　　　C.150mm 　　　D.250mm

6.梁高≤800mm 时,吊筋弯起角度为( )。

A.60° 　　　　B.30° 　　　　C.45° 　　　　D.90°

7.当梁上部纵筋多于一排时,用( )将各排钢筋自上而下分开。

A./ 　　　　　B.; 　　　　　C.* 　　　　　D.+

8.梁中同排纵筋直径有两种时,用( )将两种纵筋相连,注写时将角部纵筋写在前面。

A./ 　　　　　B.; 　　　　　C.* 　　　　　D.+

9.梁有侧面钢筋时需要设置拉筋,当设计没有给出拉筋直径时如何判断?( )。

A.当梁高≤350mm 时为 6mm,梁高＞350mm 时为 8mm

B.当梁高≤450mm 时为 6mm,梁高＞450mm 时为 8mm

C.当梁宽≤350mm 时为 6mm,梁宽＞350mm 时为 8mm

D.当梁宽≤450mm 时为 6mm,梁宽＞450mm 时为 8mm

10.纯悬挑梁下部带肋钢筋伸入支座长度为( )。

A.15d 　　　　B.12d 　　　　C.l_{aE} 　　　D.支座宽

二、简答题

1.梁平面注写方式中集中标注的五项必注值是什么?

2. 框架梁与非框架梁的钢筋构造有哪些区别？

3. 框架梁支座负筋的延伸长度如何确定？

4. 梁的侧面纵向钢筋包括哪两种类型？它们的标注方式及钢筋构造有什么区别？

【任务要求】认真阅读《混凝土结构施工图实训图册》某酒店工程施工图中标高 –0.100m 梁平法施工图，以其中 KL101 为识图项目，运用梁平法制图规则，看懂该框架梁平法标注的基本信息及各类钢筋构造，完成下面布置的梁构件平法识图与绘图的实训任务：

① 填写表 2-10 给出的梁平法施工图识图任务记录单；

② 绘制 KL101 梁立面钢筋布置图及关键部位的剖面配筋详图，同时标注必要的标高、尺寸、配筋信息等，要求正确计算梁关键部位纵筋的截断位置与锚固长度以及箍筋加密区范围，并标注在梁配筋详图中。

表 2-10　梁平法施工图识图任务记录单

工程名称				梁构件编号 / 类型		
识读工程基本信息	抗震等级					
	材料选用	混凝土				
		钢筋				
	环境类别 / 混凝土保护层					
	钢筋的连接方式					
识读梁基本信息	跨数		第一跨		第二跨	
	标高					
	截面尺寸 $b \times h$/mm					
	梁轴线定位					
	梁布置情况					
识读梁配筋信息	梁上部通长筋		通长筋		架立筋	
	梁支座负筋（非贯通）		第一跨		第二跨	
		左支座（端部）		左支座（中间）		
		右支座（中间）		右支座（中间）		
	梁下部纵筋		第一跨		第二跨	
	梁侧构造筋（受扭筋）					
	梁箍筋（加密区 / 非加密区）					
	附加钢筋					
项目组别		项目组长			记录人	

项目3 板构件平法识图

通过本项目的学习，学生需掌握板平法施工图制图规则、图示内容和识图方法，能看懂有梁楼盖板的钢筋布置及配筋构造做法。通过项目实战案例，学生能够对接"1+X"建筑工程识图（结构）职业技能考核要求，完成板构件平法施工图识图与绘图的实训任务，具备土建施工图识读与审核的岗位核心能力。

"1+X"建筑工程识图（结构）技能考核要求	知识目标	能力目标
• 能识读有梁楼盖楼（屋）面板的截面尺寸、标高及配筋构造；明确悬挑板的截面尺寸、标高及配筋构造； • 能识读板洞口尺寸、定位及加筋构造等； • 能根据任务要求，应用CAD绘图软件绘制中型建筑工程板施工图的指定内容	• 了解板构件在楼（屋）盖结构中的布置情况及受力性能； • 掌握板平法施工图及楼板相关构造制图规则和识图方法； • 掌握板的底部纵筋、顶部贯通纵筋、支座负筋及分布筋等各种钢筋标准详图的构造要求与做法	• 能对楼（屋）盖结构的板构件进行分类与选型； • 能正确执行国家设计规范及标准图集的相关规则与规定； • 能读懂板平法施工图的标注信息及图示内容，完成综合识图任务； • 能完成板钢筋布置详图及标注构造尺寸的绘图任务（课后应用CAD软件练习并完善绘图任务）

素质拓展

查找问题　防患未然

无论在项目建设的哪个阶段，施工图纸都发挥着重要作用，特别是在项目建设的开工前，施工图纸还必须经过各参建单位的共同会审。而图纸会审前各参建单位特别是施工单位必须完成内部自审，目的是熟悉设计图纸，领会设计意图，查找图纸问题，提出修改建议，为工程开工做好充分准备。

大量工程实践表明，施工图总是或多或少存在"错、漏、碰、缺"等一系列问题，以至于难以施工。这就需要施工人员在开工前认真读图进行校对，找出图纸中的问题。对表达遗漏的内容与设计单位联系加以补充；对存在碰撞、错误、不合理或无法施工的问题提出修改建议；对不能判断的疑难问题进行记录，在图纸会审时加以解决。对图纸问题的层层把关，可以将因设计缺陷而造成的问题消灭在施工之前，对于项目的投资、进度、质量控制有着至关重要的作用。

进行图纸审核是施工准备阶段的重要技术工作之一，完成图纸审核并找出问题必须具备一定的专业理论水平和丰富的施工经验。对于建筑类专业学生来说，识图能力是专业基础能力，同学们在平时的识图训练过程中一定要勤于思考，细心查找图中问题，还要学会从建筑、结构和设备各相关专业多角度对照分析图纸，发现存在的矛盾和问题。每个看似微不足道的问题积累起来都可能对后期施工和管理埋下隐患。因此，在专业学习中同学们一定要精益求精，防患未然，提高分析问题和解决问题的综合职业能力。

📨 项目导读 ━━━

板构件是混凝土结构房屋中应用最为广泛的水平承重构件，例如房屋建筑中的楼（屋）盖、阳台、雨篷等。板将房屋垂直方向分隔为若干层，一般与梁组成梁板结构。现浇整体式楼盖按楼板受力和支承条件的不同，又可分为有梁楼盖和无梁楼盖。板中配筋按其作用可分为：底部纵筋、顶部纵筋、支座负筋及分布筋等。板构件平法识图时应重点理解板中钢筋的具体布置方式及其在支座内的锚固构造要求。

👁 看一看 ━━━

图 3-1 是现浇板钢筋布置的现场照片，可以扫一扫二维码 3.1 观看现浇板的空间布置视频资料，请仔细观察现浇板与支承梁的连接方式以及板内钢筋布置的构造特点。

图 3-1　现浇板的钢筋布置

3.1 视频
现浇板的空间布置

❓ 想一想 ━━━

◆ 现浇整体式楼盖按楼板受力和支承条件的不同是如何分类的？
◆ 结构设计时如何划分单向板和双向板？它们的钢筋布置有何不同？
◆ 有梁楼盖板中有哪些受力钢筋与构造钢筋？
◆ 悬挑板的钢筋构造有何特点？

3.1　有梁楼盖板平法识图规则

3.2 微课
板平法制
图规则

3.1.1　板构件及板钢筋分类

3.1.1.1　板构件分类

板将房屋垂直方向分隔为若干层，是墙、柱水平方向的支撑及联系构件。现浇整体式楼盖按楼板受力和支承条件的不同，又可分为有梁楼盖和无梁楼盖，其中现浇有梁楼盖是最常见的楼盖结构形式，无梁楼盖是由柱直接支撑板的一种楼盖体系。板构件及板内钢筋的分类见图 3-2。

```
                板构件
   ┌───────────┼───────────┐
 板分类      板钢筋分类     板布置情况
有梁楼盖板    板下部纵筋      楼面板
无梁楼盖板   板上部贯通纵筋    屋面板
悬挑板       板支座负筋      雨篷板
折板         分布筋        阳台板
……          ……          走道板
                           ……
```

图 3-2　板构件及板钢筋分类

3.1.1.2　板编号规定

有梁楼盖板是指以梁为支座的楼面板及屋面板。按平法设计绘制结构施工图时，应将所有板构件按照表 3-1 的规定进行编号，编号中含有类型代号和序号等。

表 3-1 板块编号

板类型	代　　号	序　　号
楼面板	LB	××
屋面板	WB	××
悬挑板	XB	××

3.1.2 板平法施工图的表示方法

有梁楼盖平法施工图，系在楼面板和屋面板布置图上，采用平面注写的表达方式。有梁楼盖板平面注写主要包括板块集中标注和板支座原位标注。

为方便设计表达和施工识图，规定结构平面的坐标方向为：当两向轴网正交布置时，图面从左至右为 X 向，从下至上为 Y 向；当轴网转折时，局部坐标方向顺轴网转折角度做相应转折；当轴网向心布置时，切向为 X 向，径向为 Y 向；对于平面布置比较复杂的区域，如轴网转折交界区域、向心布置的核心区域等，其平面坐标方向应由设计者另行规定并在图上明确表示。

3.1.3 板平法施工图制图规则

22G101-1 图集中对板块标注分为集中标注和原位标注两种。集中标注的主要内容是板块下部和上部的贯通纵筋，原位标注的主要内容是针对板支座上部的非贯通纵筋（支座负筋）。采用平面注写方式表达的楼面板平法施工图实例如图 3-3 所示。

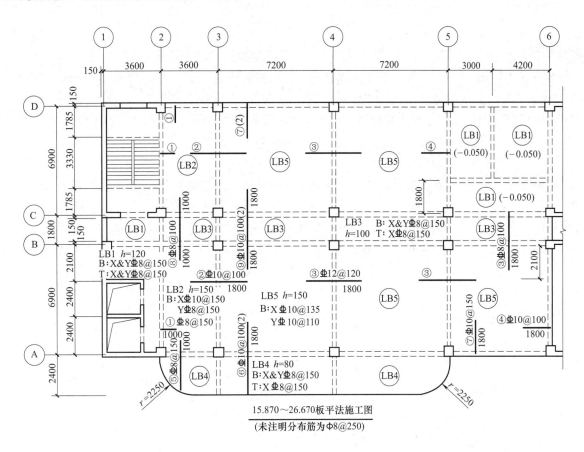

图 3-3　有梁楼盖平法施工图示例

3.1.3.1 板块集中标注

板块集中标注的内容分为：板块编号（参见表 3-1 规定）、板厚、上部贯通纵筋、下部纵筋以及当板面标高不同时的标高高差。

对于普通楼面，两向均以一跨为一板块；对于密肋楼盖，两向主梁（框架梁）均以一跨为一板块（非主梁密肋不计）。所有板块应逐一编号，相同编号的板块可择其一做集中标注，其他仅注写置于圆圈内的板编号，以及当楼面标高不同时的标高高差。

（1）注写板厚　板厚注写为 $h=\times\times\times$（为垂直于板面的厚度）；当悬挑板的端部改变截面厚度时，用斜线分隔根部与端部的高度值，注写为 $h=\times\times\times/\times\times\times$；当设计已在图注中统一注明板厚时，此项可不注。

（2）注写贯通纵筋　贯通纵筋注写按板块的下部和上部分别注写（当板块上部不设贯通纵筋时则不注），并以 B 代表下部，以 T 代表上部，B&T 代表下部与上部；X 向贯通纵筋以 X 打头，Y 向贯通纵筋以 Y 打头，两向贯通纵筋配置相同时则以 X&Y 打头。

当为单向板时，另一向贯通的分布筋可不必注写，而在图中统一注明。当在某些板内（例如在悬挑板 XB 的下部）配有构造钢筋时，则 X 向以 Xc，Y 向以 Yc 打头注写。

（3）注写板面标高高差　板面标高高差，系指相对于结构层楼面标高的高差，应将其注写在括号内，且有高差则注，无高差不注。

💡 **特别提示**

　　对于相同编号的板块，其板类型、板厚和贯通纵筋均要相同，但板面标高、跨度、平面形状以及板支座上部非贯通纵筋可以不同。即相同编号的板块，无论是矩形板或多边形板，还是其他形状的板，都执行同样的配筋。对于这些尺寸不同或形状不同的板，计算钢筋时，要分别计算每一块板的钢筋长度。

✍ **练一练**

　　【实例 3-1】　如图 3-4 为板平法施工图实例 1，按照板平法制图规则，解释图中板块 LB5 所注写集中标注的含义。

　　【识图解析】　LB5 表示 5 号楼面板，$h=110$ 表示板厚为 110mm。B：X Φ12@120；Y Φ10@110 表示板下部配置的贯通纵筋 X 向为 Φ12@120，Y 向为 Φ10@110，板上部未配置贯通纵筋。（-0.050），指该板块相对于结构层楼面标高低 0.050m。

　　【实例 3-2】　如图 3-5 为板平法施工图实例 2，按照板平法制图规则，解释图中板块 XB2 所注写集中标注的含义。

　　【识图解析】　XB2 表示 2 号悬挑板，$h=150/100$ 表示板根部厚 150mm，端部厚 100mm。B：Xc&Yc Φ8@200 表示板下部配置构造钢筋 X 向和 Y 向均为 Φ8@200，板上部受力钢筋见板支座原位标注。

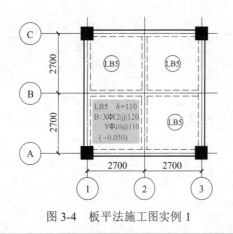

图 3-4　板平法施工图实例 1

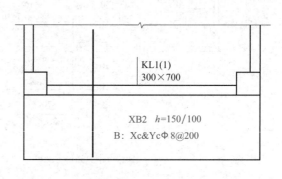

图 3-5　板平法施工图实例 2

3.1.3.2　板支座原位标注

板支座原位标注的主要内容为板支座上部非贯通纵筋和纯悬挑板上部受力钢筋，具体规定如下：

① 板支座原位标注的钢筋，应在配置相同跨的第一跨表示（当在梁悬挑部位单独配置时则在原位表达）。在配置相同跨的第一跨（或梁悬挑部位），垂直于板支座（梁或墙）绘制一段适宜长度的中粗实线（当该筋通长设置在悬挑板或短跨板上部时，实线段应画至对边或贯通短跨），以该线段代表支座上部非贯通纵筋，并在线段上方注写钢筋符号（如①、②等）、配筋值、横向连续布置的跨数（注写在括号内，且当为一跨时可不注），以及是否横向布置到梁的悬挑端。如：（××A）为横向布置的跨数及一端的悬挑梁部位，（××B）为横向布置的跨数及两端的悬挑梁部位。

② 板支座上部非贯通纵筋自支座边线向跨内的伸出长度，注写在线段的下方位置。

③ 当中间支座上部非贯通纵筋向支座两侧对称伸出时，可仅在支座一侧线段下方标注伸出长度，另一侧不注，如图 3-6 所示。

④ 当支座两侧非对称延伸时，应分别在支座线段下方注写延伸长度，如图 3-7 所示。

⑤ 对线段画至对边贯通全跨或贯通全悬挑长度的上部通长纵筋，贯通全跨或伸出至全悬挑一侧的长度值不注，只注明非贯通筋另一侧的伸出长度值，如图 3-8 所示。

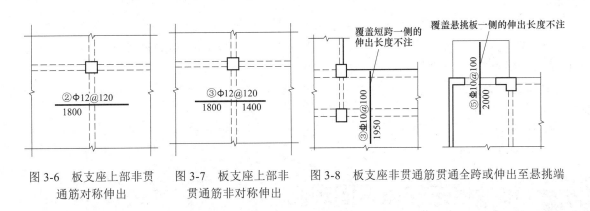

图 3-6　板支座上部非贯　　图 3-7　板支座上部非　　图 3-8　板支座非贯通筋贯通全跨或伸出至悬挑端
通筋对称伸出　　　　　贯通筋非对称伸出

⑥ 当板支座为弧形，支座上部非贯通纵筋呈放射状分布时，设计者应注明配筋间距的度量位置并加注"放射分布"四字，必要时应补绘平面配筋图，如图 3-9 所示。

⑦ 在板平面布置图中，不同部位的板支座上部非贯通纵筋及悬挑板上部受力钢筋，可仅在一个部位注写，对其他相同者则仅需在代表钢筋的线段上注写编号及按本条规则注写横向连续布置的跨数即可，如图 3-10 所示。

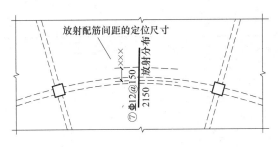

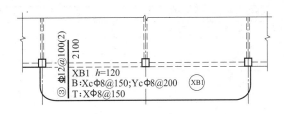

图 3-9　弧形支座处放射配筋　　　　　图 3-10　悬挑板支座非贯通筋横向连续布置

3.1.4　板的传统表示方法

图 3-11 为板的传统表示方法施工图示例。绘图时，板块底筋以板钢筋线图例绘制（板底筋为一级钢时钢筋末端做 180°弯钩），板块支座负筋以板钢筋线图例绘制，通常情况为钢筋末端做 90°弯钩。板块支座上部非贯通负筋向跨内的伸出长度按尺寸标注的要求直接注写在相应位置上。

图 3-12 为该板的平法施工图示例。从图 3-11 和图 3-12 可以看出板的平法标注和传统标注的不同之处。

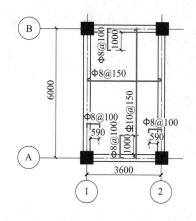

图 3-11　板的传统标注

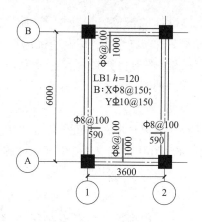

图 3-12　板的平法标注

💡 **特别提示**

1. 当板的上部已配置有贯通纵筋，但需增配板支座上部非贯通纵筋时，应结合已配置的同向贯通纵筋的直径与间距，采用"隔一布一"方式配置。"隔一布一"方式为当非贯通纵筋的标注间距与贯通纵筋相同，两者组合后的实际间距为各自标注间距的1/2。

2. 板支座上部非贯通纵筋应设置与其垂直布置的分布钢筋或构造钢筋，一般应由设计者在图中说明。

3.2 楼板相关构造识图规则

3.2.1 楼板相关构造类型与表示方法

板构件的相关构造包括：纵筋加强带、后浇带、局部升降板、板开洞、板翻边、角部加强筋、悬挑板阳角放射筋等各种情况。楼板相关构造的平法施工图设计，指在板平法施工图上采用直接引注的方式表达。楼板相关构造编号按表 3-2 的规定。

表 3-2　楼板相关构造类型与编号

构造类型	代号	序号	说　　明
纵筋加强带	JQD	××	以单向加强纵筋取代原位置配筋
后浇带	HJD	××	有不同的留筋方式
柱帽	ZM×	××	适用于无梁楼盖
局部升降板	SJB	××	板厚及配筋与所在板相同；构造升降高度≤300mm
板加腋	JY	××	腋高与腋宽可选注
板开洞	BD	××	最大边长或直径＜1000mm；加强筋长度有全跨贯通和自洞边锚固两种
板翻边	FB	××	翻边高度≤300mm
角部加强筋	Crs	××	以上部双向非贯通加强钢筋取代原位置的非贯通配筋
悬挑板阴角附加筋	Cis	××	板悬挑阴角上部斜向附加钢筋
悬挑板阳角放射筋	Ces	××	板悬挑阳角上部放射筋
抗冲切箍筋	Rh	××	通常用于无柱帽无梁楼盖的柱顶
抗冲切弯起筋	Rb	××	通常用于无柱帽无梁楼盖的柱顶

3.2.2 楼板相关构造直接引注

3.2.2.1 纵筋加强带 JQD 的引注

① 纵筋加强带的平面形状及定位由平面布置图表达，加强带内配置的加强贯通纵筋等由引注内容表达。

② 纵筋加强带设单向加强贯通纵筋，取代其所在位置板中原配置的同向贯通纵筋。根据受力需要，加强贯通纵筋可在板下部配置，也可在板下部和上部均设置。纵筋加强带的引注见图3-13。

③ 当板下部和上部均设置加强贯通纵筋，而板带上部横向无配筋时，加强带上部横向配筋应由设计者注明。

3.2.2.2 局部升降板 SJB 的引注

① 局部升降板的平面形状及定位由平面布置图表达，其他内容由引注内容表达。局部升降板 SJB 的引注见图3-14。

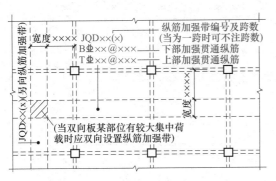
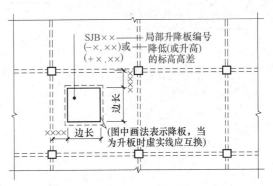

图 3-13　纵筋加强带 JQD 引注图示　　　　图 3-14　局部升降板 SJB 引注图示

② 局部升降板的板厚、壁厚和配筋，在标准构造详图中取与所在板块的板厚和配筋相同，设计不注；当采用不同板厚、壁厚和配筋时，设计应补充绘制截面配筋图。

③ 局部升降板升高与降低的高度，在标准构造详图中限定为小于或等于300mm，当高度大于300mm时，设计应补充绘制截面配筋图。

④ 局部升降板的下部与上部配筋均应设计为双向贯通纵筋。

3.2.2.3 板开洞 BD 的引注

① 板开洞的平面形状及定位由平面布置图表达，洞的几何尺寸等由引注内容表达。板开洞 BD 的引注见图3-15。

② 当矩形洞口边长或圆形洞口直径小于或等于1000mm，且当洞边无集中荷载作用时，洞边补强钢筋可按标准构造的规定设置，设计不注；当洞口周边补强钢筋不伸至支座时，应在图中画出所有补强钢筋，并标注不伸至支座的钢筋长度。当具体工程所需要的补强钢筋与标准构造不同时，设计应加以注明。

③ 当矩形洞口边长或圆形洞口直径大于1000mm，或虽小于或等于1000mm但洞边有集中荷载作用时，设计应根据具体情况采取相应的处理措施。

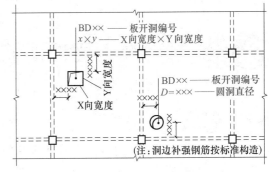

图 3-15　板开洞 BD 引注图示

3.2.2.4 板翻边 FB 的引注

板翻边可为上翻也可为下翻，翻边尺寸等在引注内容中表达，翻边高度在标准构造详图中为小于或等于300mm。当翻边高度大于300mm时，由设计者自行处理。板翻边 FB 的引注见图3-16。

3.2.2.5 悬挑板阴角附加筋 Cis 的引注

悬挑板阴角附加筋是指在悬挑板的阴角部位斜放的附加钢筋，该附加钢筋设置在板上部悬挑受力钢筋的下面，自阴角位置向内分布。悬挑板阴角附加筋 Cis 的引注见图3-17。

3.2.2.6 悬挑板阳角放射筋 Ces 的引注

悬挑板阳角部位上部应设置放射状受力钢筋，悬挑板阳角放射筋 Ces 的引注和布置见图3-18和图3-19。

【例3-1】　Ces1　7Φ8，表示悬挑板1号阳角放射筋，为7根 HRB400 钢筋，直径为8mm。

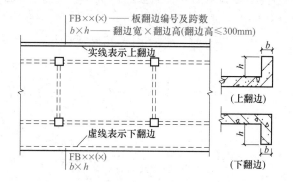

图 3-16　板翻边 FB 引注图示

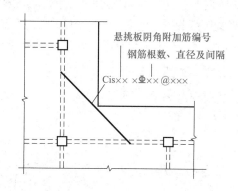

图 3-17　悬挑板阴角附加筋 Cis 引注图示

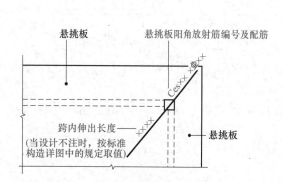

图 3-18　悬挑板阳角放射筋 Ces 引注图示

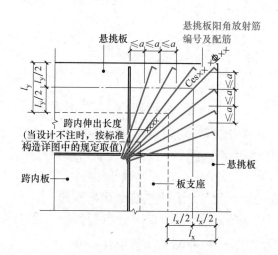

图 3-19　悬挑板阳角放射筋 Ces 布置示意图
（图中 $a \leqslant 200mm$）

<table>
<tr><td>3.3</td><td>楼（屋）面板钢筋构造详解</td></tr>
</table>

👁 看一看

　　图 3-20、图 3-21 是现浇板钢筋施工的实物照片，还可以扫一扫二维码 3.3、3.5 观看板钢筋构造微课及三维模型图，请仔细观察板下部、上部以及支座钢筋的连接方式与构造特点，并在学习本节标准构造详图时进行图物对照。

3.3 微课
楼（屋）面板钢筋构造

图 3-20　现浇板的钢筋布置（一）

图 3-21　现浇板的钢筋布置（二）

　　板构件可分为有梁楼盖板和无梁楼盖板，本节主要讲解有梁楼（屋）盖板的钢筋构造。钢筋混凝土板是受弯构件，板中配筋按其作用分为：底部纵筋、顶部纵筋、支座负筋及分布筋等。板构件的钢筋构造分类见图 3-22。

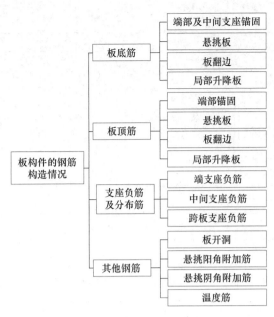

图 3-22　板构件钢筋构造分类

3.3.1　楼（屋）面板端部支座钢筋构造

3.4 彩图
板在端部支座
的锚固构造

有梁楼盖楼面板与屋面板的端部支座有梁、剪力墙、砌体墙或圈梁等各种支承情况，为了避免板受力后在支座上部出现裂缝，通常是在这些部位上部配置受拉钢筋，称为支座负筋。板在端部支座的锚固构造见表 3-3。

表 3-3　板在端部支座的锚固构造

适用情况	构造详图	构造要点
端支座为梁　情况一　用于普通楼（屋）面板	设计按铰接时：≥0.35l_{ab}　充分利用钢筋的抗拉强度时：≥0.6l_{ab}　外侧梁角筋　15d　≥5d且至少到梁中线　在梁角筋内侧弯钩	①板下部贯通纵筋在端部支座的直锚长度≥5d且至少到梁中线②板上部贯通纵筋在端部支座应伸至梁支座外侧纵筋内侧后弯折15d，当支座梁的截面宽度较宽，板上部贯通纵筋的直锚长度≥l_a时可直锚③板上部非贯通纵筋在支座内的锚固与板上部贯通纵筋相同，只是板上部非贯通纵筋伸入板内的延伸长度见具体设计④图中："设计按铰接时"与"充分利用钢筋的抗拉强度时"由设计指定
端支座为梁　情况二　用于梁板式转换层的楼面板	≥0.6l_{abE}　外侧梁角筋　15d　15d　在梁角筋内侧弯钩　≥0.6l_{abE}	①板下部贯通纵筋在端部支座伸至板上部纵筋弯钩段内侧且≥0.6l_{abE}，然后弯钩15d②板上部纵筋（贯通或非贯通）在端支座应伸至梁支座外侧纵筋内侧后弯折15d，当平直段长度≥l_{aE}时可不弯折③梁板式转换层的板中l_{ab}、l_{aE}按抗震等级四级取值，设计也可根据实际工程情况另行指定
端部支座为剪力墙中间层	墙外侧竖向分布筋　≥0.4l_{ab}（≥0.4l_{abE}）　15d　伸至墙外侧水平分布筋内侧弯钩　≥5d且至少到墙中线（l_{aE}）　墙外侧水平分布筋	①板下部贯通纵筋在端部支座的直锚长度≥5d且至少到墙中线②板上部纵筋（贯通或非贯通）伸到墙身外侧水平分布筋的内侧，然后弯折15d③括号内数值用于梁板式转换层的板，当板下部纵筋直锚长度不足时，可弯锚15d
端部支座为剪力墙墙顶　情况一　用于端支座锚固连接	伸至墙外侧水平分布筋内侧弯钩　设计按铰接时：≥0.35l_{ab}　充分利用钢筋的抗拉强度时：≥0.6l_{ab}　15d　≥5d且至少到墙中线　墙外侧水平分布筋	①板下部贯通纵筋在端部支座的直锚长度≥5d且至少到墙中线②板上部纵筋（贯通或非贯通）伸到墙身外侧水平分布筋的内侧后弯折15d，当平直段长度≥l_a时可不弯折③图中："设计按铰接时"与"充分利用钢筋的抗拉强度时"由设计指定

适用情况	构造详图	构造要点
端部支座为剪力墙墙顶 情况二　用于端支座搭接连接	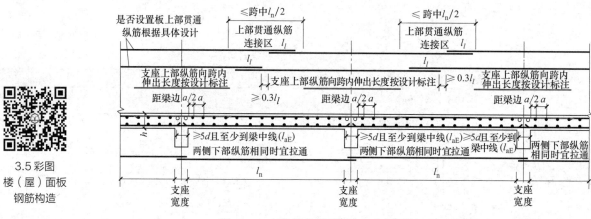	①板端部支座为剪力墙墙顶时，做法由设计指定 ②板下部贯通纵筋在端部支座的直锚长度≥5d且至少到墙中线 ③板在与墙顶的搭接构造中，在端支座板上部纵筋（贯通或非贯通）应伸至墙外侧水平分布钢筋内侧后弯折15d，且伸至板底 ④剪力墙外侧竖向分布筋在端部支座应伸至板顶水平弯折后向板内延伸，与板上部纵筋（贯通或非贯通）搭接，自板底算起弯折搭接长度≥l_l

💡 **特别提示**

　　在房屋结构设计中，即使整个房屋考虑抗震作用（例如一、二级抗震等级），对于板来说也是不考虑地震影响的。所以对于平法中的楼面板与屋面板（梁板式转换层的楼板除外），板自身的各种钢筋构造均不考虑抗震要求，即受拉钢筋锚固长度均采用l_a（l_{ab}），而不是l_{aE}（l_{abE}）。

3.3.2　楼（屋）面板中间支座钢筋构造

　　板的中间支座均按梁绘制，当支座为混凝土剪力墙、砌体墙或圈梁时，其钢筋构造相同，如图3-23所示。

3.5彩图
楼（屋）面板
钢筋构造

图 3-23　有梁楼盖楼面板 LB 和屋面板 WB 钢筋构造
（图中括号内的锚固长度 l_{aE} 用于梁板式转换层的板）

3.3.2.1　板下部纵筋

　　① 除搭接连接外，板下部纵筋可采用机械连接或焊接连接，且同一连接区段内钢筋接头百分率不宜大于50%。下部钢筋接头位置宜在距支座1/4净跨内。

　　② 板位于同一层面的两向交叉纵筋何向在下何向在上，应按具体设计说明。

　　③ 与支座垂直的贯通纵筋，伸入支座内直锚长度≥5d且至少到梁中线。

　　④ 与支座平行的贯通纵筋，第一根钢筋在距梁边为1/2板筋间距处开始设置。

3.3.2.2　板上部贯通纵筋

　　① 除搭接连接外，板上部贯通纵筋可采用机械连接或焊接连接，且同一连接区段内钢筋接头百分率不宜大于50%。上部钢筋接头位置宜在板跨中1/2净跨内，如图3-23所示。

　　② 当相邻等跨或不等跨的上部贯通纵筋配置不同时，应将配置较大者越过其标注的跨数终点或起点伸出至相邻跨的跨中连接区域连接。

　　③ 板位于同一层面的两向交叉纵筋何向在下何向在上，应按具体设计说明。

　　④ 与支座垂直的贯通纵筋，应贯通跨越中间支座。

⑤ 与支座平行的贯通纵筋，第一根钢筋在距梁边为 1/2 板筋间距处开始设置。

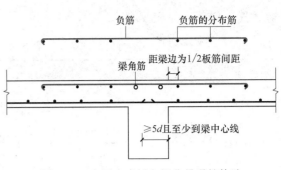

图 3-24　中间支座板上部非贯通筋构造

3.3.2.3　板支座上部非贯通筋纵筋（支座负筋）

① 支座上部非贯通筋（与支座垂直）向跨内延伸长度详见具体设计。

② 支座上部非贯通筋的分布钢筋（与支座平行）构造要求见图 3-24。从支座边缘算起，第一根分布筋从 1/2 分布筋间距处开始设置，在支座负筋的直段范围内按分布筋间距进行布置，在支座负筋拐角处必须布置一根分布筋。板分布筋的直径和间距一般在结构施工图设计说明中给出。

③ 支座上部非贯通筋（支座负筋）的分布筋搭接构造做法见图 3-25。在楼板角部矩形区域，纵横两个方向的支座负筋相互交叉，已形成钢筋网，所以这个角部矩形区域不应再设置分布筋，否则，四层钢筋交叉重叠在一块。支座负筋的分布筋伸进角部矩形区域的长度为 150mm，即支座负筋与垂直交叉的另一个方向负筋的分布筋平行搭接长度为 150mm。支座负筋与分布筋搭接构造的施工照片参见图 3-21。

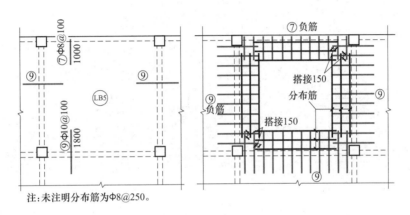

图 3-25　支座负筋与分布筋的搭接构造

3.3.3　其他钢筋构造

3.3.3.1　板翻边 FB 构造

板翻边 FB 钢筋构造如图 3-26 所示。

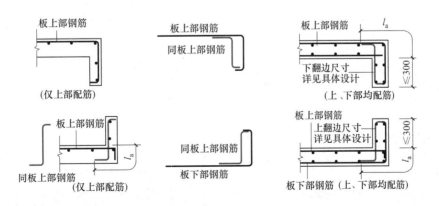

图 3-26　板翻边 FB 钢筋构造

3.3.3.2　板开洞 BD 构造

板开洞 BD 有矩形洞口和圆形洞口，根据洞口尺寸大小的不同，其洞边加强钢筋构造也有所不同，具体构造做法详见表 3-4。

表 3-4　板开洞 BD 钢筋构造

适用情况	构 造 详 图	构造要点
板中开洞（边长或直径≤300mm）	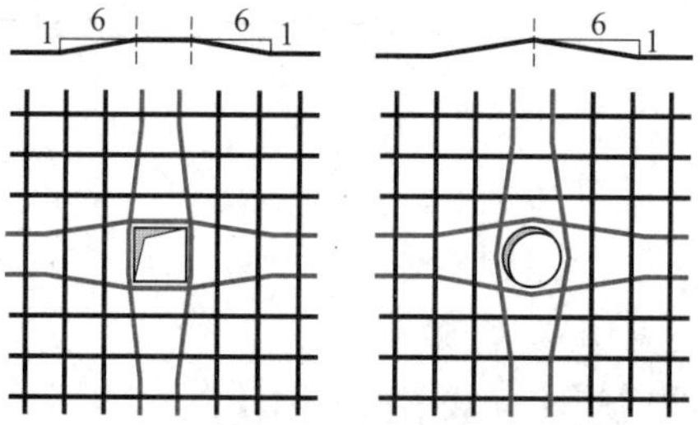	受力钢筋绕过孔洞，不另设补强钢筋
板中开洞（300mm＜边长或直径≤1000mm）	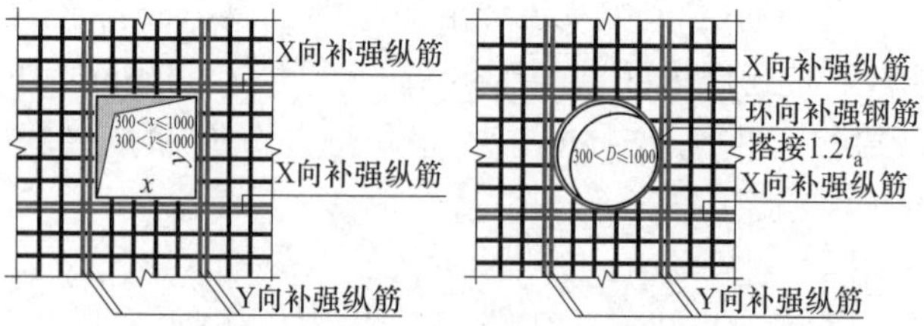	洞边增加补强钢筋，规格和长度按设计标注。设计未注明时，X 向和 Y 向分别按每边配置两根直径不小于12mm 且不小于同向洞边被截断纵筋总面积的 50% 补强
梁边或墙边开洞（300mm＜边长或直径≤1000mm）	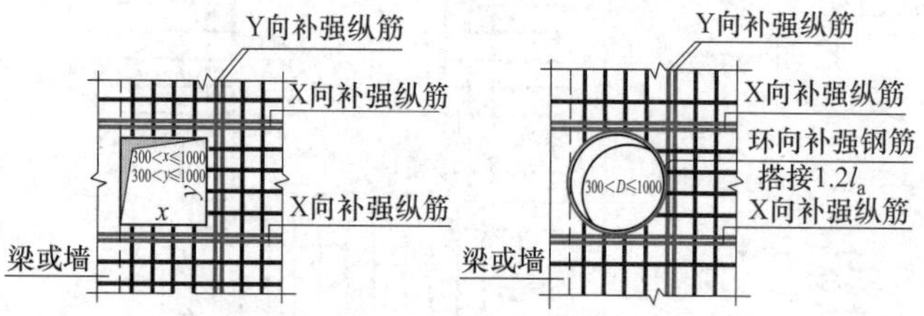	洞边增加补强钢筋，规格和长度按设计标注。设计未注明时，X 向和 Y 向分别按每边配置两根直径不小于12mm 且不小于同向洞边被截断纵筋总面积的 50% 补强
洞边被切断钢筋端部构造	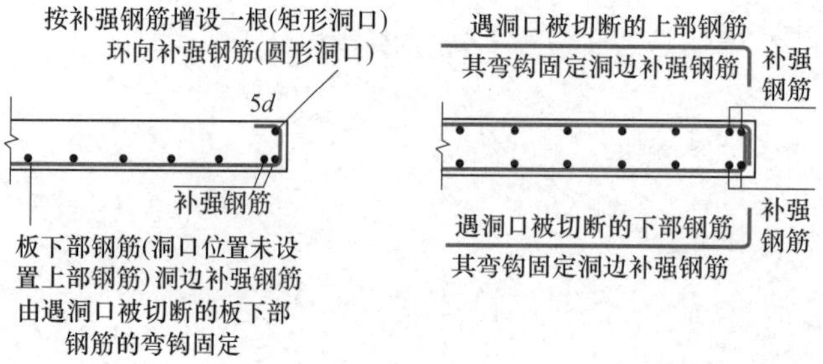	①补强钢筋与被切断钢筋布置在同一层面，两根补强钢筋之间的净距为30mm；环向上下各配置一根直径不小于 10mm 的钢筋补强 ②补强钢筋的强度设计等级与被切断钢筋相同 ③ X 向、Y 向补强纵筋伸入支座的锚固方式同板中钢筋，当不伸入支座时，设计应标注

3.4　悬挑板与折板钢筋构造详解

3.4.1　悬挑板钢筋构造

悬挑板 XB 有两种类型：一种是延伸悬挑板，即楼面板（屋面板）的端部带悬挑，如挑檐板、阳台板等；另一种是纯悬挑板，即仅在梁的一侧带悬挑的板，常见的如雨篷板。

延伸悬挑板和纯悬挑板，具有相同的上部钢筋构造。因上部纵筋均为受力筋，所以无论延伸悬挑板还是纯悬挑板上部纵筋都是贯通筋，一直伸到悬挑板的末端，然后弯直钩到悬挑板底。两种板钢筋构造的不同之处在于它们的支座锚固构造，悬挑板类型及相应钢筋构造见表 3-5。

3.6彩图
悬挑板钢筋构造

表 3-5　悬挑板 XB 钢筋构造

类型	构造详图	构造要点
延伸悬挑板	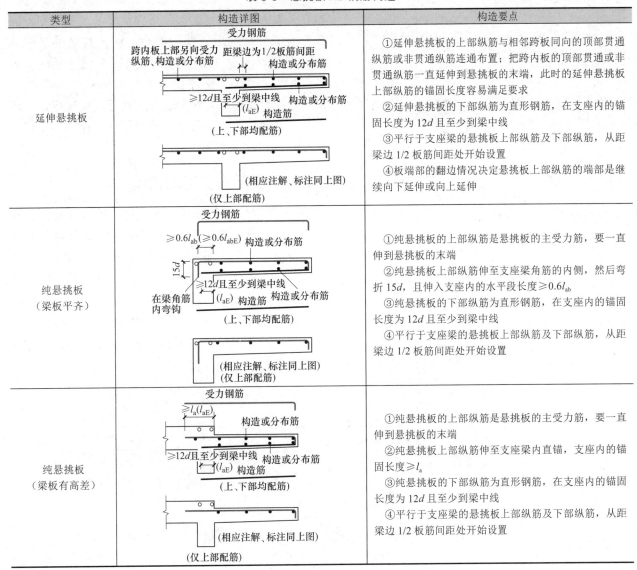	①延伸悬挑板的上部纵筋与相邻跨板同向的顶部贯通纵筋或非贯通纵筋连通布置；把跨内板的顶部贯通或非贯通纵筋一直延伸到悬挑板的末端，此时的延伸悬挑板上部纵筋的锚固长度容易满足要求 ②延伸悬挑板的下部纵筋为直形钢筋，在支座内的锚固长度为 12d 且至少到梁中线 ③平行于支座梁的悬挑板上部纵筋及下部纵筋，从距梁边 1/2 板筋间距处开始设置 ④板端部的翻边情况决定悬挑板上部纵筋的端部是继续向下延伸或向上延伸
纯悬挑板（梁板平齐）		①纯悬挑板的上部纵筋是悬挑板的主受力筋，要一直伸到悬挑板的末端 ②纯悬挑板上部纵筋伸至支座梁角筋的内侧，然后弯折 15d，且伸入支座内的水平段长度 $\geqslant 0.6l_{ab}$ ③纯悬挑板的下部纵筋为直形钢筋，在支座内的锚固长度为 12d 且至少到梁中线 ④平行于支座梁的悬挑板上部纵筋及下部纵筋，从距梁边 1/2 板筋间距处开始设置
纯悬挑板（梁板有高差）		①纯悬挑板的上部纵筋是悬挑板的主受力筋，要一直伸到悬挑板的末端 ②纯悬挑板上部纵筋伸至支座梁内直锚，支座内的锚固长度 $\geqslant l_a$ ③纯悬挑板的下部纵筋为直形钢筋，在支座内的锚固长度为 12d 且至少到梁中线 ④平行于支座梁的悬挑板上部纵筋及下部纵筋，从距梁边 1/2 板筋间距处开始设置

💡 **特别提示**

　　延伸悬挑板和纯悬挑板具有相同的上部纵筋构造，两种悬挑板的配筋情况都可能是单层配筋或双层配筋。当悬挑板的集中标注不含有底部贯通纵筋的标注，即没有"B"打头的标注时，则是单层配筋；当悬挑板的集中标注含有底部贯通纵筋的标注，即有"B"打头的标注时，则是双层配筋，此时的底部贯通纵筋标注成构造钢筋，即有"Xc 和 Yc"打头的标注。

3.4.2　折板配筋构造

　　由于折线形板在曲折处形成内折角，配筋时若钢筋沿内折角连续配置，则此处受拉钢筋将产生较大的向外合力，可能使该处混凝土保护层崩落，钢筋被拉出而失去作用。因此，在板的内折角处应将受力钢筋分开设置，并分别满足钢筋的锚固要求。折板配筋构造如图 3-27 所示。

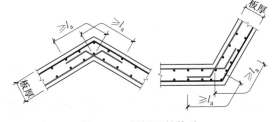

图 3-27　折板配筋构造

3.5 项目实战　板平法施工图识图与绘图

　　板平法施工图采用平面注写方式，在平面布置图中板底部钢筋不画出来，而是通过集中标注表达，还有些构造钢筋也是通过文字说明来注写，所以板的平法表达比传统表示方法更抽象，不易准确把握。

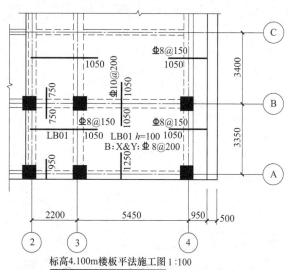

标高4.100m楼板平法施工图 1:100

本层板未标注上部支座钢筋均为：Φ8@200，所有负筋标注长度从墙边或梁边算起，不包括弯钩长度。

图 3-28 某酒店工程标高 4.100m 楼板平法施工图实例

本节引入板构件项目案例，按照板平法制图规则，同时与板的标准构造详图相配合，深入看懂现浇楼盖的板块类型、定位尺寸、钢筋布置和构造做法。对照"1+X"建筑工程识图（结构）职业技能考核要求，通过绘制楼板平面配筋图及剖面配筋详图，并动手计算关键部位钢筋长度和数量，逐步提高平法识图能力。

3.5.1 板平法施工图实例

【工程概况】在某酒店工程施工图（详见《混凝土结构施工图实训图册》）中，图 3-28 是标高 4.100m 楼板平法施工图中截取的部分板块，图 3-29 是该板块周围相关联的梁平法施工图。该工程结构形式为钢筋混凝土框架结构，框架抗震等级为三级。该层楼板混凝土强度等级为 C35，受力钢筋采用 HRB400 级（Φ），分布筋采用 HPB300 级（Φ）。环境类别为一类，板中受力钢筋的混凝土保护层厚度参见国标 22G101-1。

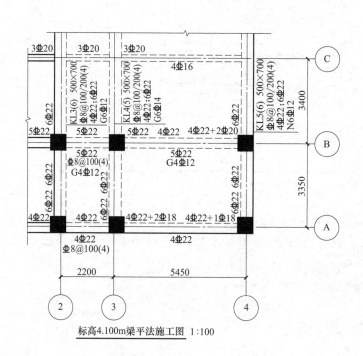

标高4.100m梁平法施工图 1:100

图 3-29 某酒店工程标高 4.100m 梁平法施工图实例

3.5.2 任务一 识读板平法施工图

【任务要求】图 3-28 是标高 4.100m 楼板平法施工图中截取的部分板块平面布置图，认真阅读②～④轴与Ⓐ～Ⓑ轴相交板块 LB01 的平法图示内容，用已学过的板平法识图规则读懂 LB01 的平面注写信息，找全整块板的底部纵筋、支座负筋、分布筋等钢筋布置与配筋信息，完成表 3-6 布置的板平法施工图识图任务记录单，巩固所学的板平法识图规则和识图方法。

表 3-6　板平法施工图识图任务记录单

工程名称		某酒店工程	板构件 编号/类型		LB01/ 楼面板	
识读工程基本信息	抗震等级		框架抗震等级为三级			
	材料选用	混凝土	现浇板混凝土强度等级为 C35			
		钢筋	受力钢筋采用 HRB400 级（⯐），分布筋 HPB300 级（Φ）			
	环境类别 / 混凝土保护层		环境类别为一类；现浇板受力筋的混凝土保护层最小厚度为 15mm			
	钢筋的 连接方式		纵筋的连接接头宜采用机械连接或搭接连接			
识读板基本信息	跨数（X 向）		第一跨		第二跨	
	标高		4.100m		4.100m	
	板厚 h/mm		100		100	
	板支承定位		两个板块四周的支承梁，除Ⓑ轴梁居中外，其余梁均与轴线未居中，且支承梁与一侧柱外边平齐			
	板布置情况		两个板块在Ⓐ轴一侧是边板块，在④轴一侧有悬挑板			
识读板配筋信息	板底纵筋		第一跨（②～③）		第二跨（③～④）	
			X 向	⑨⯐8@200	X 向	①⯐8@200
			Y 向	②⯐8@200	Y 向	②⯐8@200
	板顶贯通纵筋		X 向：③⯐8@150			
	板顶支座负筋 （非贯通）		第一跨（②～③）		第二跨（③～④）	
			左支座 （端部）	X 向：为贯通筋	左支座 （中间）	X 向：③⯐8@150
				Y 向：⑦⯐8@200		Y 向：⑤⯐8@200
			右支座 （中间）	X 向：为贯通筋	右支座 （中间）	X 向：④⯐8@150
				Y 向：⑧⯐8@200		Y 向：⑥⯐10@200
			所有负筋标注长度值从梁边算起，不包括弯钩长度			
	支座负筋的 分布筋		第一跨		第二跨	
			查阅结构设计说明为Φ8@250		Φ8@250	
	其他钢筋					
项目组别			项目组长		记录人	

3.5.3　任务二　绘制板钢筋布置详图

【任务要求】针对图 3-28 中的楼板平法施工图，将板的平面注写信息与 22G101-1 平法图集中板的标准构造详图进行对号入座，然后按传统表示方法绘制该板块的平面钢筋布置详图及 1—1 剖面配筋详图，同时标注必要的标高、尺寸、配筋值等信息，要求找准板块四周支承梁的定位尺寸、板下部纵筋的锚固做法及板顶支座负筋的定位要求，正确计算关键部位钢筋长度，并填写表 3-7 板钢筋布置详图绘图任务记录单，通过绘图训练可以有效解决板构件"平法"识图难题。

对照图 3-28 中标高 4.100m 楼板平法施工图，画出板块 LB01 的平面钢筋布置详图和 1—1 剖面配筋详图，如图 3-30、图 3-31 所示。绘制板配筋详图的具体步骤如下：

① 查看标高 4.100m 板和梁的平面布置图，以图 3-28 中板平面布置图为依据，按比例绘制由②～④轴与Ⓐ～Ⓑ所围成的 LB01 板及支承梁的平面布置外轮廓线，标注相关轴线定位尺寸。

② 查看 LB01 的平面注写内容，读取集中标注及原位标注的配筋信息，并查看图中相关设计说明，找全未

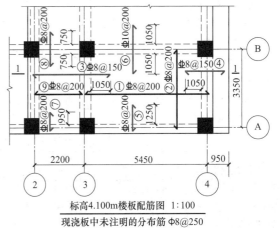

标高4.100m楼板配筋图 1：100

现浇板中未注明的分布筋 Φ8@250

图 3-30　某酒店工程标高 4.100m 板配筋图

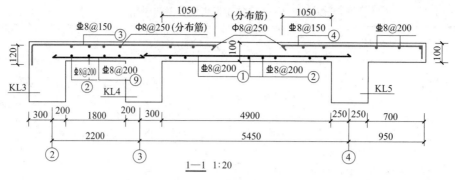

图 3-31 1—1 剖面配筋详图

显示的其他配筋信息（如未注明支座负筋、分布筋等）。

③ 在该板块平面布置图上画出板底部双向贯通纵筋，示意出伸入支座的锚固构造做法并标注配筋值，然后画出板顶部端支座和中间支座负筋（非贯通筋）的布置示意图，并在图中直接标注支座负筋向跨内的伸出长度，本图所有负筋标注长度从梁边算起。

④ 完成板平面配筋图后，对照该层梁平面布置图，找准板两端支承梁与轴线的定位尺寸，按比例绘制垂直于板厚的1—1剖面板与支承梁的外轮廓线，并标注轴线尺寸与支座定位尺寸。

⑤ 在该板块1—1剖面内画出板底双向贯通纵筋、板顶部支座负筋及分布筋的布置详图，示意出钢筋在端支座和中间支座的锚固构造做法，并标注相应构造尺寸。特别注意板底双向纵筋的上下关系、支座负筋与分布筋的布置关系等详细构造要求。

⑥ 板中关键部位钢筋长度的计算过程参见表3-7。

表 3-7 板钢筋布置详图绘图任务记录单

工程名称	某酒店工程	板构件编号	LB01
板钢筋布置详图绘制要点			
绘图工具	绘图内容		
8开白纸（或A3图纸）、绘图铅笔、直尺、比例尺、橡皮等	要求完成铅笔绘图，鼓励应用CAD软件绘图。 ①按1：50比例绘制图3-28中②～④轴与Ⓐ～Ⓑ所围成的LB01板及支承梁的平面布置外轮廓线，并标注相关轴线定位尺寸； ②在平面布置图上画出板底部双向贯通纵筋，示意出伸入支座的锚固构造做法并标注配筋值，然后画出板顶部端支座和中间支座负筋（非贯通筋），并在图中直接标注支座负筋向跨内的伸出长度； ③完成板平面配筋图后，对照该层梁平面布置图，按1：50比例绘制垂直于板厚的1—1剖面板与支承梁的外轮廓线，并标注轴线尺寸与支座定位尺寸； ④在该板块1—1剖面内画出板底双向贯通纵筋、板顶部支座负筋及分布筋的布置详图，正确计算关键部位钢筋长度并标注相应构造尺寸		

板关键部位钢筋长度计算表

钢筋位置与编号	钢筋简图	长度计算 /mm	构造分析
第一跨 X 向底筋 ⑨⚙8@200	2300	2200-200-200+250×2=2300	板底贯通纵筋，伸入支座内直锚长度≥5d且至少到梁中线
第二跨 X 向底筋 ①⚙8@200	5400	5450-300-250+250×2=5400	
③轴支座负筋 ③⚙8@150	3800 （120）	水平长度：2200-200-200+500+1050+500-20-8-22=3800 端支座弯钩长度：15d=15×8=120	板顶支座负筋（非贯通）在端支座应伸至梁支座外侧角筋（梁上部角筋直径为22mm）内侧后弯折15d
④轴支座负筋 ④⚙8@150	2235 （70）	水平长度：1050+500+700-15=2235 弯钩长度：100-15×2=70	负筋标注长度从梁边算起，板保护层厚度为15mm
⑤、⑥号支座负筋的分布筋Φ8@250	3100	5450-300-250-1050-1050+150×2=3100	支座负筋与分布筋搭接长度150mm
项目组别	项目组长	记录人	

知识自测

一、单项选择题

1. 板块编号中 XB 表示（　　）。

A. 现浇板　　　　　　　B. 悬挑板　　　　　　C. 延伸悬挑板　　　　D. 屋面现浇板

2. 板的原位标注主要是针对板的（　　）。

A. 下部贯通纵筋　　　B. 上部贯通纵筋　　　C. 上部非贯通纵筋　　D. 分布筋

3. 当板端支座为梁时，板支座负筋弯折长度为（　　）。

A. 12d　　　　　　　B. 板厚　　　　　　　C. 板厚－保护层　　　D. 15d

4. 板 LB1 厚 100mm，底筋为 X & Y Φ8@150，轴线与轴线之间的尺寸为：X 向 7200mm，Y 向 6900mm，梁宽度均为 250mm，定位轴线为梁中心线，X 向底筋长度为（　　）mm。

A. 6900　　　　　　　B. 6950　　　　　　　C. 7200　　　　　　　D. 7450

5. 当板端支座为剪力墙时，板负筋伸入支座内平直段长度为（　　）。

A. 5d　　　　　　　　　　　　　　　　B. 墙厚 /2

C. 墙厚－保护层－墙外侧水平分布筋直径　　D. 0.4l_{ab}

6. 有梁楼面板和屋面板下部纵筋伸入支座的长度为（　　）。

A. 支座宽－保护层　　B. 支座宽 /2+5d　　C. max｛支座宽 /2，5d｝　　D. 5d

二、简答题

1. 板块集中标注的内容有哪些？

2. 板支座上部非贯通纵筋（支座负筋）如何标注？

3. 当端部支座为梁时，板在端部支座的钢筋锚固有什么构造要求？

 专项实训

【**任务要求**】认真阅读《混凝土结构施工图实训图册》中某酒店工程施工图标高 10.100m 楼板平法施工图，以其中①～②轴与Ⓐ～Ⓑ轴所围成的板块（WB01+ WB02）为识图项目，运用板平法制图规则，看懂该板块平法标注的基本信息及各类钢筋构造，完成下面布置的板构件平法识图与绘图的实训任务：

① 填写表 3-8 给出的板平法施工图识图任务记录单；

② 用传统表示方法绘制板块 WB01 和 WB02 的平面配筋详图以及 1—1 剖面（平行于Ⓐ轴方向）配筋详图，能够正确表达板底纵筋、板顶支座负筋及分布筋等钢筋布置情况，同时标注必要的标高、尺寸、配筋值等信息。

表 3-8　板平法施工图识图任务记录单

工程名称			板构件编号 / 类型	
识读工程基本信息	抗震等级			
	材料选用	混凝土		
		钢筋		
	环境类别 / 混凝土保护层			
	钢筋的连接方式			
识读板基本信息	跨数（X 向）		第一跨	第二跨
	标高			
	板厚 h/mm			
	板支承定位			
	板布置情况			

识读板配筋信息	板底纵筋	第一跨		第二跨	
		X 向		X 向	
		Y 向		Y 向	
	板顶贯通纵筋				
	板顶支座负筋（非贯通）	第一跨		第二跨	
		左支座（端部）	X 向	左支座（中间）	X 向
			Y 向		Y 向
		右支座（中间）	X 向	右支座（中间）	X 向
			Y 向		Y 向
		原位标注长度值为			
	支座负筋的分布筋	第一跨		第二跨	
	其他钢筋				
项目组别		项目组长		记录人	

项目4 ▶ 剪力墙平法识图

学习目标

通过本项目的学习，学生需掌握剪力墙平法施工图制图规则、图示内容和识图方法，能看懂剪力墙墙柱、墙身、墙梁的钢筋布置及节点连接构造做法。通过项目实战案例，学生能够对接"1+X"建筑工程识图（结构）职业技能考核要求，完成剪力墙平法施工图识图与绘图的实训任务，具备土建施工图识读与审核的岗位核心能力。

"1+X"建筑工程识图（结构）技能考核要求	知识目标	能力目标
• 能识读剪力墙构件（墙身、墙柱及墙梁）的截面尺寸、标高及配筋构造； • 能识读地下室外墙截面尺寸、标高及配筋构造等； • 能识读剪力墙洞口尺寸、定位及加筋构造； • 能根据任务要求，应用CAD绘图软件绘制中型建筑工程剪力墙施工图指定内容	• 了解剪力墙在建筑结构中的作用及受力性能； • 掌握剪力墙墙柱、墙身、墙梁等组成构件平法施工图制图规则和识图方法； • 掌握剪力墙墙柱、墙身、墙梁以及洞口补强等各组成构件的钢筋布置、连接构造要求与做法	• 能识别高层建筑结构中剪力墙的组成与分类； • 能正确执行国家设计规范及标准图集的相关规则与规定； • 能读懂剪力墙平法施工图的标注信息及图示内容，完成综合识图任务； • 能完成剪力墙墙柱、墙身、墙梁等构件配筋构造详图的绘图任务（课后应用CAD软件练习并完善绘图任务）

素质拓展

图纸会审　分工协作

图纸会审是工程各参建单位（包括建设单位、设计单位、施工单位、监理单位等）在收到施工图审查机构审查合格的施工图设计文件后，在施工前进行的全面熟悉和会同审查施工图纸的重要技术活动。图纸会审一般由建设单位（或监理单位）负责组织并记录，通过图纸会审使施工单位和各参建单位熟悉设计图纸，了解工程特点和设计意图，找出需要解决的技术难题并制定解决方案。主要解决图纸中存在的问题，减少图纸的差错，将图纸中的质量隐患消灭在萌芽之中，为工程开工创设良好的前提条件。

图纸会审的一般程序为：建设方或监理方主持会议→设计方进行图纸交底→施工方、监理方代表提出问题→逐条研究，统一意见后形成会审记录文件→各方签字、盖章后生效。

从图纸会审会议整个过程可以看出团队之间沟通和协作的重要性，如果在会审阶段各方沟通不畅，各自为营，那么在后期的项目运行中都会埋下隐患，影响工程进度和施工质量。此外，在本单位内部图纸审核工作中，各专业技术人员之间也要搞好分工合作，共同探讨解决图纸问题。因此，同学们在今后

的学习和工作中要培养较强的表达与沟通能力，养成协作配合的团队意识，具有爱岗敬业、团结协作的
职业精神，能胜任图纸会审的岗位工作。

✈ **项目导读** ━━━━━

　　剪力墙是钢筋混凝土高层建筑中的竖向承重构件，剪力墙结构的优点是侧向刚度较大，在高层建
筑结构抗震设计时，剪力墙的主要作用是抵抗水平地震作用，因此又称为抗震墙。剪力墙外表看起来是
一堵钢筋混凝土墙，其实它是由墙柱、墙身、墙梁三种构件组成的一个整体，剪力墙设计与框架柱或梁
类构件设计有显著区别，柱、梁属于杆类构件，而剪力墙属于平面整体构件。学习剪力墙平法识图时，
要重点查看剪力墙柱、剪力墙身、剪力墙梁的构件组成、钢筋布置与连接构造，注意分清墙柱与框架柱
的区别以及墙梁与框架梁的区别。

👁 **看一看** ━━━━━

　　图4-1是钢筋混凝土剪力墙施工的
实物照片，可以扫一扫二维码4.1观看剪
力墙结构空间布置的案例视频，请仔细
观察剪力墙中的墙柱、墙身和墙梁的布
置方式及钢筋构造特点。

4.1 视频
剪力墙结构的空间布置

图4-1　剪力墙结构的钢筋布置

❓ **想一想** ━━━━━

　　◆ 剪力墙有哪些构件组成？
　　◆ 剪力墙身中有哪些钢筋？如何进行布置？
　　◆ 剪力墙柱与框架柱钢筋构造有什么区别？
　　◆ 剪力墙结构的墙梁与框架梁有什么不同？

4.1 剪力墙平法识图规则

4.1.1 剪力墙构件的组成

　　在剪力墙平法施工图中，为表达清楚、简便，剪力墙结构可视为由剪力墙柱、剪力墙身、剪力墙
梁三类构件组成。

　　在高层建筑结构抗震设计时，剪力墙的主要作用是抵抗水平地震作用。《抗震设计规范》规定，剪
力墙墙肢两端和洞口两侧应设置边缘构件，即墙柱。剪力墙的边缘构件分为约束边缘构件和构造边缘构
件两类。约束边缘构件是指用箍筋约束的暗柱、端柱和翼墙，其特点是约束范围大、箍筋较多、对混
凝土的约束较强；而构造边缘构件的箍筋数量和约束范围都小于约束边缘构件，
对混凝土的约束程度较弱。

　　约束边缘构件包括约束边缘暗柱、约束边缘端柱、约束边缘翼墙、约束边
缘转角墙四种。构造边缘构件包括构造边缘暗柱、构造边缘端柱、构造边缘翼
墙、构造边缘转角墙四种。边缘构件的截面示意图参见表4-1。

4.2 微课
剪力墙平法制图规则

表 4-1　剪力墙边缘构件分类

类型	截面示意图	构造说明
约束边缘构件	(a) 约束边缘暗柱　(b) 约束边缘端柱 (c) 约束边缘翼墙　(d) 约束边缘转角墙	（1）约束边缘构件需要注明阴影部分尺寸 （2）剪力墙平面布置图中应注明约束边缘构件沿墙肢长度 l_c （3）在剪力墙平面布置图中需注写约束边缘构件非阴影区内布置的拉筋或箍筋直径，与阴影区箍筋直径相同时，可不注
构造边缘构件	(a) 构造边缘暗柱　(b) 构造边缘端柱 (c) 构造边缘翼墙 （括号中数值用于高层建筑） (d) 构造边缘转角墙 （括号中数值用于高层建筑）	构造边缘构件需注明阴影部分尺寸

💡 **特别提示**

　　一般来说，约束边缘构件应用在抗震等级较高的建筑，而构造边缘构件应用在抗震等级较低的建筑。有的工程同一位置的墙柱，在底部的几层（称为底部加强区）采用约束边缘构件（编号为YBZ），而上面的楼层却采用构造边缘构件（编号为GBZ）。因此，在审阅剪力墙结构图纸时要特别注意判别。

4.1.2　剪力墙构件钢筋骨架的组成

　　剪力墙外表看起来就是一堵钢筋混凝土墙，其实它内部是由墙柱、墙身、墙梁、墙洞等构件及其各类钢筋构成。剪力墙的组成构件及其钢筋分类如图4-2所示。

4.1.3　剪力墙编号规定

　　按平法设计绘制结构施工图时，应将所有剪力墙构件按平法图集的规定进行编号。编号由类型代号和序号组成，剪力墙柱编号见表4-2，剪力墙身编号见表4-3，剪力墙梁编号见表4-4。

4.1.4　剪力墙平法施工图制图规则

　　剪力墙平法施工图系在剪力墙平面布置图上采用列表注写方式或截面注写方式表达。剪力墙平面布置图可采用适当比例单独绘制，也可与柱或梁平面布置图合并绘制。当剪力墙较复杂或采用截面注写方法时，应按结构标准层分别绘制剪力墙平面布置图。在剪力墙平法施工图中，应按规定注明各结构层的楼面标高、结构层高及相应的结构层号，还应注明上部结构嵌固部位位置。

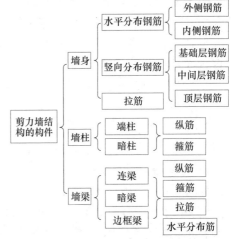

图 4-2　剪力墙的组成构件及其钢筋分类

表 4-2 剪力墙柱编号

墙柱类型	代号	序号	墙柱详称	说 明
约束边缘构件	YBZ	××	约束边缘暗柱	设置在剪力墙边缘（端部）起到改善受力性能作用的墙柱。用于抗侧力大和抗震等级高的剪力墙，其配筋要求比构造边缘构件更严，配筋范围更大
			约束边缘端柱	
			约束边缘翼墙（柱）	
			约束边缘转角墙（柱）	
构造边缘构件	GBZ	××	构造边缘暗柱	设置在剪力墙边缘（端部）的墙柱
			构造边缘端柱	
			构造边缘翼墙（柱）	
			构造边缘转角墙（柱）	
非边缘暗柱	AZ	××	非边缘暗柱	在剪力墙的非边缘处设置的与墙厚等宽的墙柱
扶壁柱	FBZ	××	扶壁柱	在剪力墙的非边缘处设置的凸出墙面的墙柱

表 4-3 剪力墙身编号

类型	代号	序号	钢筋排数	说 明
剪力墙身	Q	××	（×× 排）	剪力墙身指剪力墙除去端柱、边缘暗柱、边缘翼墙、边缘转角墙后的墙身部分

表 4-4 剪力墙梁编号

墙梁类型	代号	序号	特 征
连梁	LL	××	设置在剪力墙洞口上方，两端与剪力墙相连，且跨高比小于5，梁宽与墙厚相同
连梁（跨高比不小于5）	LLk	××	跨高比不小于5的连梁按框架梁设计时采用
连梁（对角暗撑配筋）	LL（JC）	××	跨高比不大于2，且连梁宽不小于400mm时可设置
连梁（交叉斜筋配筋）	LL（JX）	××	跨高比不大于2，且连梁宽不小于250mm时可设置
连梁（集中对角斜筋配筋）	LL（DX）	××	跨高比不大于2，且连梁宽不小于400mm时宜设置
暗梁	AL	××	设置在剪力墙楼面和屋面位置，梁宽与墙厚相同
边框梁	BKL	××	设置在剪力墙楼面和屋面位置，梁宽大于墙厚

4.1.4.1 列表注写方式

列表注写方式，系分别在剪力墙柱表、剪力墙身表和剪力墙梁表中，对应于剪力墙平面布置图上的编号，用绘制截面配筋图并注写几何尺寸与配筋具体数值的方式，来表达剪力墙平法施工图。剪力墙平法施工图列表注写方式示例如图4-3所示。

（1）墙柱列表注写内容

① 注写墙柱编号，按表4-2规定编号，绘制该墙柱的截面配筋图，标注墙柱几何尺寸。

② 注写各段墙柱的起止标高，自墙柱根部往上以变截面位置或截面未变但配筋改变处为界分段注写。墙柱根部标高一般指基础顶面标高（部分框支剪力墙结构则为框支梁顶面标高）。

③ 注写各段墙柱的纵向钢筋和箍筋，注写值应与在表中绘制的截面配筋图对应一致。纵向钢筋注总配筋值；墙柱箍筋的注写方式与柱箍筋相同。对于约束边缘构件，在剪力墙平面布置图中需注写非阴影区内布置的拉筋或箍筋直径、间距，与阴影区箍筋布置相同时可不注。

剪力墙柱列表注写方式示例如图4-4所示。

（2）墙身列表注写内容

① 注写墙身编号，符合表4-3的规定，由墙身代号、序号以及墙身所配置的水平与竖向分布钢筋的排数组成，其中排数注写在括号内（当排数为2时可不注），表达形式为：Q××（×× 排）。

② 注写各段墙身起止标高，自墙身根部往上以变截面位置或截面未变但配筋改变处为界分段注写。墙身根部标高一般指基础顶面标高（部分框支剪力墙结构则为框支梁的顶面标高）。

③ 注写水平分布钢筋、竖向分布钢筋和拉结筋的具体数值。注写数值为一排水平分布钢筋和竖向分布钢筋的规格与间距，具体设置几排已经在墙身编号后面表达当内外排竖向分布钢筋配筋不一致时，应单独注写内、外排钢筋的具体数值。

拉结筋应注明布置方式"矩形"或"梅花"布置，用于剪力墙分布钢筋的拉结方式，见图4-5（图中 a 为竖向分布钢筋间距，b 为水平分布钢筋间距）。

剪力墙身列表注写方式示例如图4-3所示。

剪力墙梁表

编号	所在楼层号	梁顶相对标高高差	梁截面 b×h	上部纵筋	下部纵筋	侧面纵筋	箍筋
LL1	2~9	0.800	300×2000	4Φ25	4Φ25	同墙体水平分布筋	Φ10@100(2)
	10~16	0.800	250×2000	4Φ22	4Φ22	22Φ12	Φ10@100(2)
	屋面1		250×1200	4Φ20	4Φ20	18Φ12	Φ10@100(2)
LL2	3	-1.200	300×2520	4Φ25	4Φ25	18Φ12	Φ10@150(2)
	4	-0.900	300×2070	4Φ25	4Φ25	16Φ12	Φ10@150(2)
	5~9	-0.900	300×1770	4Φ25	4Φ25	16Φ12	Φ10@150(2)
	10~屋面1	-0.900	250×1770	4Φ22	4Φ22	16Φ12	Φ10@150(2)
LL3	2		300×2070	4Φ25	4Φ25	18Φ12	Φ10@100(2)
	3		300×1770	4Φ25	4Φ25	16Φ12	Φ10@100(2)
	4~9		250×1170	4Φ22	4Φ22	10Φ12	Φ10@100(2)
	10~屋面1		250×1170	4Φ20	4Φ20	10Φ12	Φ10@125(2)
LL4	2		250×2070	4Φ25	4Φ25	18Φ12	Φ10@125(2)
	3		250×1770	4Φ22	4Φ22	16Φ12	Φ10@125(2)
	4~屋面1		250×1170	4Φ20	4Φ20	10Φ12	Φ10@125(2)
AL1	2~9		300×600	3Φ20	3Φ20	同墙体水平分布筋	Φ8@150(2)
	10~16		250×500	3Φ18	3Φ18		Φ8@150(2)
BKL1	屋面1		500×750	4Φ22	4Φ22	4Φ16	Φ10@150(2)

注：当剪力墙厚度发生变化时，连梁LL宽度随随端墙厚度变化。

剪力墙身表

编号	标高	墙厚	水平分布筋	垂直分布筋	拉筋(矩形)
Q1	-0.030~30.270	300	Φ12@200	Φ12@200	Φ6@600@600
	30.270~59.070	250	Φ10@200	Φ10@200	Φ6@600@600
Q2	-0.030~30.270	250	Φ10@200	Φ10@200	Φ6@600@600
	30.270~59.070	200	Φ10@200	Φ10@200	Φ6@600@600

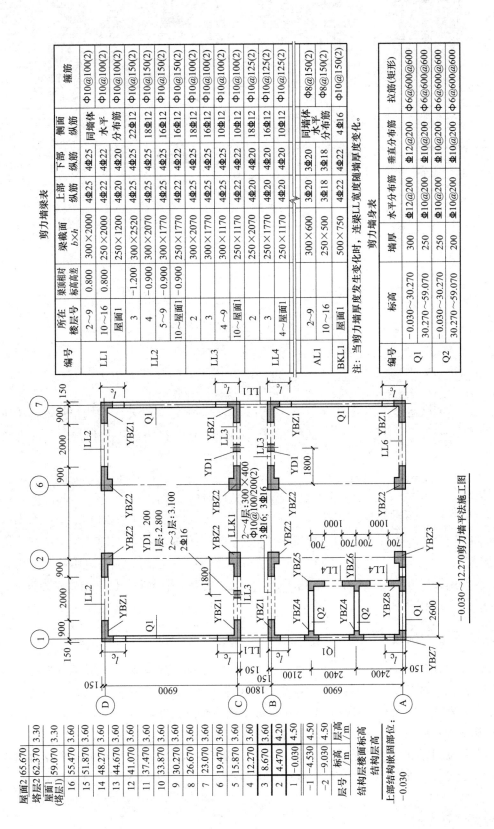

-0.030~12.270剪力墙平法施工图

图 4-3 剪力墙平法施工图列表注写方式示例

层号	标高 /m	层高 /m
屋面2(塔层2)	65.670	
塔层1	62.370	3.30
16	59.070	3.30
15	55.470	3.60
14	51.870	3.60
13	48.270	3.60
12	44.670	3.60
11	41.070	3.60
10	37.470	3.60
9	33.870	3.60
8	30.270	3.60
7	26.670	3.60
6	23.070	3.60
5	19.470	3.60
4	15.870	3.60
3	12.270	3.60
2	8.670	3.60
1	4.470	4.20
-1	-0.030	4.50
-2	-4.530	4.50
	-9.030	4.50

结构层楼面标高
结构层高
上部结构嵌固部位：-0.030

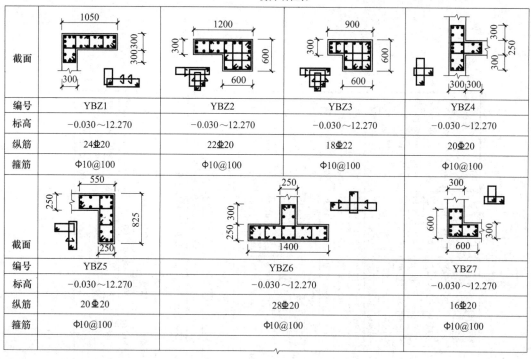

截面				
编号	YBZ1	YBZ2	YBZ3	YBZ4
标高	$-0.030\sim12.270$	$-0.030\sim12.270$	$-0.030\sim12.270$	$-0.030\sim12.270$
纵筋	24Φ20	22Φ20	18Φ22	20Φ20
箍筋	Φ10@100	Φ10@100	Φ10@100	Φ10@100
截面				
编号	YBZ5	YBZ6		YBZ7
标高	$-0.030\sim12.270$	$-0.030\sim12.270$		$-0.030\sim12.270$
纵筋	20Φ20	28Φ20		16Φ20
箍筋	Φ10@100	Φ10@100		Φ10@100

图 4-4 剪力墙柱列表注写方式示例

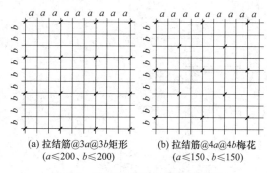

(a) 拉结筋@3a@3b矩形
($a\leqslant200$，$b\leqslant200$)

(b) 拉结筋@4a@4b梅花
($a\leqslant150$，$b\leqslant150$)

图 4-5 剪力墙身拉结筋设置形式

（3）墙梁列表注写内容

① 注写墙梁编号，按表 4-4 规定编号。

② 注写墙梁所在楼层号。

③ 注写墙梁顶面标高高差，系指相对于墙梁所在结构层楼面标高的高差值。高于者为正值，低于者为负值，当无高差时不注。

④ 注写墙梁截面尺寸 $b\times h$，以及上部纵筋、下部纵筋和箍筋的具体数值。

⑤ 墙梁侧面纵筋的配置，当墙身水平分布钢筋满足连梁和暗梁侧面纵向构造钢筋的要求时，该筋配置同墙身水平分布钢筋，表中不注，施工按标准构造详图的要求即可；当墙身水平分布钢筋不满足连梁侧面纵向构造钢筋的要求时，应在表中补充注明梁侧面纵筋的具体数值，纵筋沿梁高方向均匀布置。梁侧面纵向钢筋在支座内锚固要求同连梁中受力钢筋。

剪力墙梁列表注写方式示例如图 4-3 所示。

特别提示

1. 在墙身编号中，如若干墙柱的截面尺寸与配筋均相同，仅截面与轴线的关系不同时，可将其编为同一墙柱号；又如若干墙身的厚度尺寸和配筋均相同，仅墙厚与轴线的关系不同或墙身长度不同时，也可将其编为同一墙身号，但应在图中注明与轴线的几何关系。

2. 当墙身所设置的水平与竖向分布钢筋的排数为 2 时可不注。

3. 对于分布钢筋网的排数规定：当剪力墙厚度不大 400mm 时，应配置双排；当剪力墙厚度大于 400mm，但不大于 700mm 时，宜配置三排；当剪力墙厚度大于 700mm 时，宜配置四排。

4.1.4.2 截面注写方式

截面注写方式，系在按标准层绘制的剪力墙平面布置图上，以直接在墙柱、墙身、墙梁上注写截面尺寸和配筋具体数值的方式来表达剪力墙平法施工图。剪力墙平法施工图截面注写方式示例如图 4-6 所示。

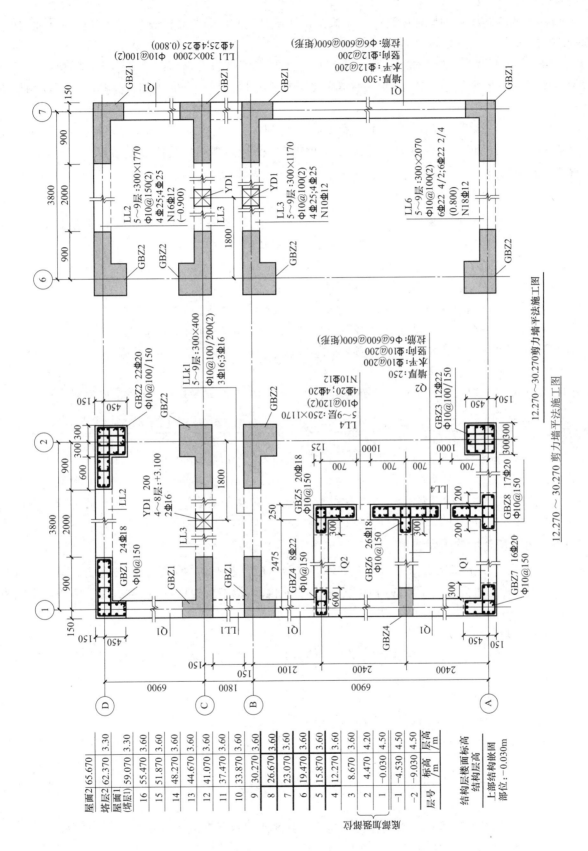

图 4-6　剪力墙平法施工图截面注写方式示例

剪力墙平面布置图需选用适当比例放大绘制，其中对墙柱应绘制配筋截面图，对所有墙柱、墙身、墙梁分别按表 4-2 ~ 表 4-4 的规定进行编号，并分别在相同编号的构件中选择其中一个构件进行注写，其注写内容规定如下：

（1）墙柱　从相同编号的墙柱中选择一个截面，注明几何尺寸，标注全部纵筋及箍筋的具体数值，其箍筋的表达方式与柱箍筋相同。

（2）墙身　从相同编号的墙身中选择一道墙身，按顺序引注的内容为：墙身编号（应包括注写在括号内墙身所配置的水平与竖向分布钢筋的排数）、墙厚尺寸以及水平分布钢筋、竖向分布钢筋和拉筋的具体数值。

（3）墙梁　从相同编号的墙梁中选择一根墙梁，按顺序引注的内容为：墙梁编号、墙梁所在层及截面尺寸 $b \times h$、墙梁箍筋、上部纵筋、下部纵筋和墙梁顶面标高高差的具体数值。其中，具体注写规定同墙梁列表注写方式。

4.1.4.3　剪力墙洞口的表示方法

无论采用列表注写方式还是截面注写方式，剪力墙上的洞口均可在剪力墙平面布置图上原位表达（如图 4-3 和图 4-6 中的 YD1 所示）。洞口的具体表示方法如下：

1）在剪力墙平面布置图上绘制洞口示意，并标注洞口中心的平面定位尺寸。

2）在洞口中心位置引注共四项内容，具体规定如下：

① 洞口编号：矩形洞口为 JD×× （×× 为序号），圆形洞口为 YD×× （×× 为序号）。

② 洞口几何尺寸：矩形洞口为洞宽 × 洞高（$b \times h$），圆形洞口为洞直径 D。

③ 洞口所在层及洞口中心相对标高，相对标高指相对于本结构层楼（地）面标高的洞口中心高度，应为正值。

④ 洞口每边补强钢筋，根据洞口尺寸分几种不同情况。具体内容详见 22G101-1 标准图集说明。

练一练

【实例 4-1】　解释图 4-3 中编号 YD1 所示的剪力墙洞口平法标注内容。

【识图解析】　YD1 表示设置 1 号圆形洞口，直径为 200mm，1 层洞口中心高度距该结构层楼面 2800mm，2 ~ 3 层洞口中心高度距结构层楼面 3100mm，洞口上下每侧各设置 2Φ16 的补强纵筋。

4.1.4.4　地下室外墙的表示方法

地下室外墙仅适用于起挡土作用的地下室外围护墙。地下室外墙中墙柱、连梁及洞口等的表示方法同地上剪力墙。地下室外墙的平面注写方式包括集中标注和原位标注两部分内容。地下室外墙平法施工图示例如图 4-7 所示。

（1）地下室外墙的集中标注内容

1）注写地下室外墙编号，包括代号、序号、墙身长度（注为 ×× ~ ×× 轴），外墙编号表达为 DWQ××。

2）注写地下室外墙厚度 $b_w = \times \times \times$。

3）注写地下室外墙的外侧、内侧贯通筋和拉筋，具体规定如下：

① 以 OS 代表外墙外侧贯通筋。其中，外侧水平贯通筋以 H 打头注写，外侧竖向贯通筋以 V 打头注写。

② 以 IS 代表外墙内侧贯通筋。其中，内侧水平贯通筋以 H 打头注写，内侧竖向贯通筋以 V 打头注写。

③ 以 tb 打头注写拉结筋直径、钢筋种类及间距，并注明"矩形"或"梅花"。

（2）地下室外墙的原位标注内容

地下室外墙的原位标注，主要表示在外墙外侧配置的水平非贯通筋或竖向非贯通筋。当地下室外墙仅设置贯通筋，未设置附加非贯通筋时，则仅做集中标注。

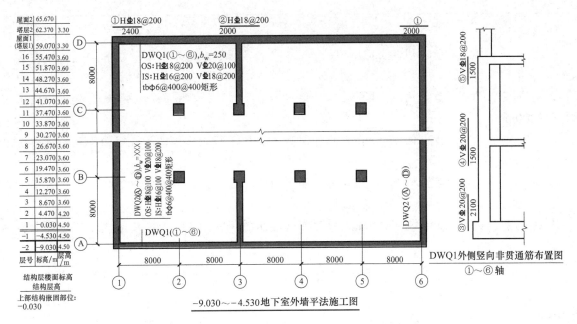

图 4-7 地下室外墙平法施工图平面注写示例

1）外侧水平非贯通筋　当配置水平非贯通筋时，在地下室墙体平面图上原位标注。在地下室外墙外侧绘制粗实线段代表水平非贯通筋，在其上注写钢筋编号并以 H 打头注写钢筋种类、直径、分布间距，以及自支座中线向两边跨内的伸出长度值。当自支座中线向两侧对称伸出时，可仅在单侧标注跨内伸出长度，另一侧不注，此种情况下非贯通筋总长度为标注长度的 2 倍。边支座处非贯通钢筋的伸出长度值从支座外边缘算起。

地下室外墙外侧非贯通筋通常采用"隔一布一"方式与集中标注的贯通筋间隔布置，其标注间距应与贯通筋相同，两者组合后的实际分布间距为各自标注间距的 1/2。

2）外侧竖向非贯通筋　当在地下室外墙外侧底部、顶部、中层楼板位置配置竖向非贯通筋时，应补充绘制地下室外墙竖向剖面图并在其上原位标注。表示方法为在地下室外墙竖向剖面图外侧绘制粗实线段代表竖向非贯通筋，在其上注写钢筋编号并以 V 打头注写钢筋种类、直径、分布间距，以及向上（下）层的伸出长度值，并在外墙竖向剖面图名下注明分布范围（××～××轴）。

💡 **特别提示**

外墙外侧竖向非贯通筋向层内的伸出长度值注写方式：

①地下室外墙底部非贯通筋向层内的伸出长度值从基础底板顶面算起。

②地下室外墙顶部非贯通筋向层内的伸出长度值从顶板底面算起。

③中层楼板处非贯通筋向层内的伸出长度值从板中间算起，当上下两侧伸出长度值相同时可仅注写一侧。

✍ **练一练**

【实例 4-2】　请按照地下室外墙平法制图规则，解释图 4-7 中 DWQ1 集中标注及原位标注所注写各种信息的含义。

【识图解析】

（1）集中标注

表示1号地下室外墙,长度范围为①～⑥轴之间	DWQ1(①～⑥),b_w=250	墙厚为250mm
外侧水平贯通筋为直径Φ18,间距200mm,竖向贯通筋为直径Φ20,间距200mm	OS：HΦ18@200　VΦ20@200 IS：HΦ16@200　VΦ18@200 tbϕ6@400@400矩形	内侧水平贯通筋为直径Φ16,间距200mm,竖向贯通筋为直径Φ18,间距200mm
		拉筋为直径ϕ6,矩形布置,水平间距为400mm,竖向间距为400mm

（2）原位标注

① 号钢筋：为直径Φ18 间距 200mm 的外侧水平非贯通筋，从①轴墙外边缘向跨内伸出长度为 2400mm。

② 号钢筋：为直径Φ18 间距 200mm 的外侧水平非贯通筋，从③轴墙中心线向两侧跨内均伸出长度为 2000mm。

③ 号钢筋：为直径Φ20 间距 200mm 的外侧竖向非贯通筋，从基础底板顶面算起向上层内伸出长度为 2100mm。

④ 号钢筋：为直径Φ20 间距 200mm 的外侧竖向非贯通筋，从楼板中间算起向上、下层内各伸出长度为 1500mm。

⑤ 号钢筋：为直径Φ18 间距 200mm 的外侧竖向非贯通筋，从地下室顶板底面算起向下层内伸出长度为 1500mm。

4.2 剪力墙柱钢筋构造详解

👁 看一看

图 4-8 是剪力墙结构钢筋施工的实物照片，可以扫一扫二维码 4.3 观看剪力墙柱钢筋构造三维模型图，请仔细观察剪力墙柱（边缘构件）纵筋和箍筋的布置方式与构造特点，并在学习本节剪力墙柱标准构造详图时进行图物对照。

4.3 彩图
剪力墙边缘构件
纵向钢筋构造

图 4-8　剪力墙柱的纵向钢筋布置

4.2.1　剪力墙边缘构件纵向钢筋构造

剪力墙柱包括暗柱和端柱两类，在 22G101-1 标准图集中统称为边缘构件，并且把它们划分为约束边缘构件（YBZ）和构造边缘构件（GBZ）两大类。

剪力墙边缘构件（墙柱）钢筋包括纵筋和箍筋，局部还可能有拉筋。在框架-剪力墙结构中，剪力墙的端柱担当框架结构中框架柱的作用，这时候端柱的钢筋构造应该遵照框架柱的钢筋构造。

4.2.1.1　剪力墙边缘构件纵筋在基础中的锚固构造

一般钢筋混凝土剪力墙的基础类型有条形基础、筏板基础、箱形基础等。根据 22G101-3 标准图集，边缘构件纵向钢筋在基础内的锚固构造与框架柱相同，是按照边缘构件的插筋保护层厚度、基础高度 h_j、受拉钢筋锚固长度 l_{aE} 的不同给出了四种锚固构造，详见表 4-5。

4.2.1.2　剪力墙边缘构件纵筋连接构造

剪力墙边缘构件相邻纵筋应交错连接，分为绑扎搭接、机械连接、焊接三种情况，约束边缘构件阴影部分和构造边缘构件的纵向钢筋连接构造如图 4-9 所示。当上层钢筋直径大于下层钢筋直径时，剪力墙边缘构件的纵向钢筋连接构造如图 4-10 所示。

当剪力墙边缘构件的纵向钢筋采用绑扎搭接时，连接位置在楼板顶面或者基础顶面以上，搭接长度应 $\geq l_{lE}$（l_{lE} 为抗震搭接长度），相邻纵筋搭接范围错开距离 $\geq 0.3 l_{lE}$；当采用机械连接时，连接位置在楼板顶面或者基础顶面以上 $\geq 500mm$，相邻纵筋连接点错开距离 $\geq 35d$（d 为纵筋最大直径）；当采用焊接连接时，连接位置在楼板顶面或者基础顶面以上 $\geq 500mm$，相邻纵筋连接点错开距离 $\geq 35d$ 且 $\geq 500mm$。

表 4-5　剪力墙边缘构件纵筋在基础中的锚固构造

适用情况	构 造 详 图	构 造 说 明
基础高度 满足直锚 ($h_j > l_{aE}$)	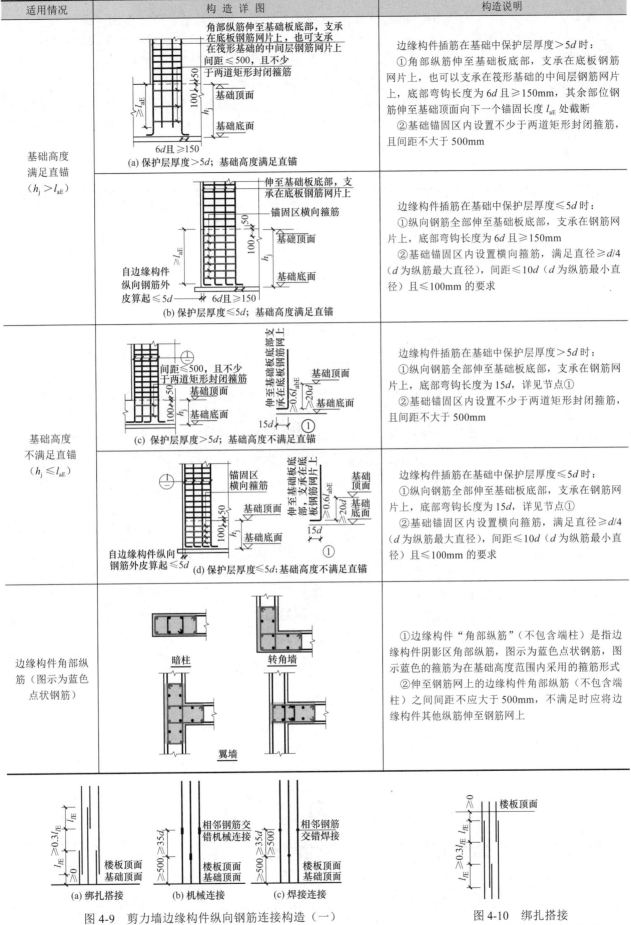(a) 保护层厚度>5d；基础高度满足直锚	边缘构件插筋在基础中保护层厚度>5d 时： ①角部纵筋伸至基础板底部，支承在底板钢筋网片上，也可以支承在筏形基础的中间层钢筋网上，底部弯钩长度为 6d 且≥150mm，其余部位钢筋伸至基础顶面向下一个锚固长度 l_{aE} 处截断 ②基础锚固区内设置不少于两道矩形封闭箍筋，且间距不大于 500mm
	(b) 保护层厚度≤5d；基础高度满足直锚	边缘构件插筋在基础中保护层厚度≤5d 时： ①纵向钢筋全部伸至基础板底部，支承在钢筋网片上，底部弯钩长度为 6d 且≥150mm ②基础锚固区内设置横向箍筋，满足直径≥d/4（d 为纵筋最大直径），间距≤10d（d 为纵筋最小直径）且≤100mm 的要求
基础高度 不满足直锚 ($h_j \leq l_{aE}$)	(c) 保护层厚度>5d；基础高度不满足直锚	边缘构件插筋在基础中保护层厚度>5d 时： ①纵向钢筋全部伸至基础板底部，支承在钢筋网片上，底部弯钩长度为 15d，详见节点① ②基础锚固区内设置不少于两道矩形封闭箍筋，且间距不大于 500mm
	(d) 保护层厚度≤5d；基础高度不满足直锚	边缘构件插筋在基础中保护层厚度≤5d 时： ①纵向钢筋全部伸至基础板底部，支承在钢筋网片上，底部弯钩长度为 15d，详见节点① ②基础锚固区内设置横向箍筋，满足直径≥d/4（d 为纵筋最大直径），间距≤10d（d 为纵筋最小直径）且≤100mm 的要求
边缘构件角部纵筋（图示为蓝色点状钢筋）	暗柱　转角墙 翼墙	①边缘构件"角部纵筋"（不包含端柱）是指边缘构件阴影区角部纵筋，图示为蓝色点状钢筋，图示蓝色的箍筋为在基础高度范围内采用的箍筋形式 ②伸至钢筋网上的边缘构件角部纵筋（不包含端柱）之间间距不应大于 500mm，不满足时应将边缘构件其他纵筋伸至钢筋网上

图 4-9　剪力墙边缘构件纵向钢筋连接构造（一）

图 4-10　绑扎搭接
（适用于当上层钢筋直径大于下层钢筋直径时）

4.2.2 剪力墙边缘构件箍筋和拉筋构造

剪力墙的边缘构件分为约束边缘构件和构造边缘构件两类。约束边缘构件是指用箍筋约束的暗柱、端柱和翼墙，其约束范围大、箍筋较多；而构造边缘构件的箍筋数量和约束范围都小于约束边缘构件。下面分别介绍约束边缘构件和构造边缘构件的钢筋构造。

4.4 彩图
约束边缘构件箍筋和拉筋构造

（1）约束边缘构件（YBZ）箍筋和拉筋构造

约束边缘构件包括约束边缘暗柱、约束边缘端柱、约束边缘翼墙、约束边缘转角墙四种形式。约束边缘构件的箍筋与拉筋设置又分两种情况，一种是非阴影区设置拉筋，另一种是非阴影区外围设置封闭箍筋，其具体构造做法参见表4-6。

表4-6　约束边缘构件（YBZ）箍筋和拉筋构造

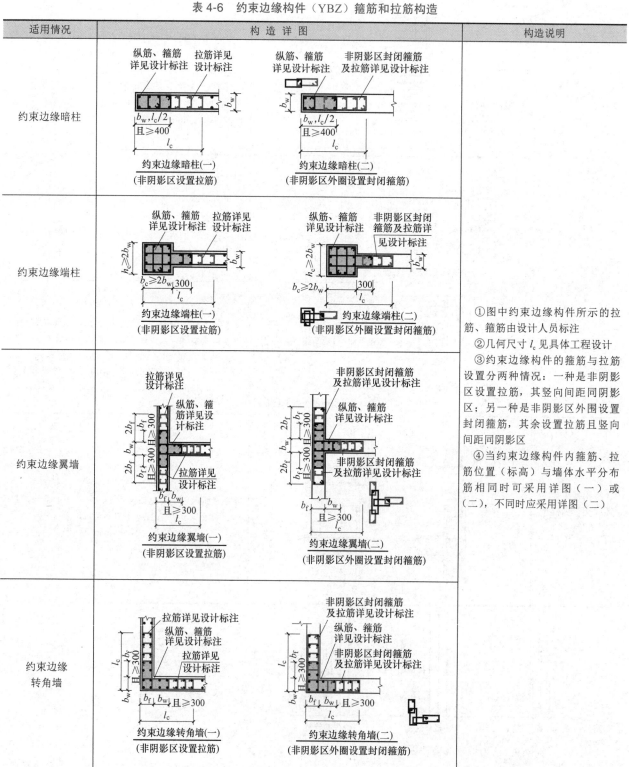

适用情况	构造详图	构造说明
约束边缘暗柱		
约束边缘端柱		①图中约束边缘构件所示的拉筋、箍筋由设计人员标注 ②几何尺寸 l_c 见具体工程设计 ③约束边缘构件的箍筋与拉筋设置分两种情况：一种是非阴影区设置拉筋，其竖向间距同阴影区；另一种是非阴影区外围设置封闭箍筋，其余设置拉筋且竖向间距同阴影区 ④当约束边缘构件内箍筋、拉筋位置（标高）与墙体水平分布筋相同时可采用详图（一）或（二），不同时应采用详图（二）
约束边缘翼墙		
约束边缘转角墙		

（2）构造边缘构件（GBZ）、扶壁柱（FBZ）、非边缘暗柱（AZ）钢筋构造

构造边缘构件包括构造边缘暗柱、构造边缘端柱、构造边缘翼墙、构造边缘转角墙四种形式，构造边缘构件（GBZ）及扶壁柱（FBZ）、非边缘暗柱（AZ）等钢筋构造参见表4-7。

4.5彩图
构造边缘构件钢筋构造

表4-7　构造边缘构件、扶壁柱、非边缘暗柱钢筋构造

适用情况	构造详图	构造说明
构造边缘暗柱	纵筋、箍筋及拉筋详见设计标注　$\geq b_w$且≥ 400　b_w **构造边缘暗柱(一)**　纵筋、箍筋及拉筋详见设计标注　b_w　$\geq b_w$且≥ 400　拉结筋　墙体水平分布钢筋　**构造边缘暗柱(二)**　纵筋、箍筋及拉筋详见设计标注　$\geq b_w$且≥ 400　b_w　墙体水平分布钢筋端部90°弯折后勾住对边竖向钢筋　**构造边缘暗柱（三）**	①构造边缘构件可设置封闭箍筋，如图（一）所示 ②用于非底部加强部位可设置拉筋，如图（二）、（三）所示。此时，墙体水平分布钢筋可直接贯通构造边缘构件，或在构造边缘构件端部90°弯折后勾住对边竖向钢筋 ③构造边缘暗柱（二）、构造边缘翼墙（二）中墙体水平分布筋宜在构造边缘范围外错开搭接；当施工条件受限时，墙体水平分布筋可在同一截面搭接，搭接长度应$\geq l_{lE}$
构造边缘翼墙	纵筋、箍筋及拉筋详见设计标注　b_w　$b_f(\geq 300)$　$\geq b_w \geq b_f$且≥ 400　**构造边缘翼墙（一）**（括号内数字用于高层建筑）　拉结筋　b_w　纵筋、箍筋及拉筋详见设计标注　$b_f(\geq 300)$　$\geq b_w、b_f$且≥ 400　墙体水平分布钢筋　**构造边缘翼墙(二)**（括号内数字用于高层建筑）　纵筋、箍筋及拉筋详见设计标注　b_w　$b_f(\geq 300)$　$\geq b_w \geq b_f$且≥ 400　墙体水平分布钢筋端部90°弯折后勾住对边竖向钢筋　**构造边缘翼墙（三）**（括号内数字用于高层建筑）	
构造边缘转角墙	≥ 400　$b_w \geq 200(\geq 300)$　b_f　$\geq 400 \geq 200(\geq 300)$　纵筋、箍筋详见设计标注　**构造边缘转角墙（一）**（括号内数字用于高层建筑）　拉结筋　≥ 400　$b_w \geq 200(\geq 300)$　$b_f \geq 200(\geq 300)$　≥ 400　纵筋、箍筋详见设计标注　拉结筋　墙体水平分布钢筋端部90°弯折后勾住对边竖向钢筋　**构造边缘转角墙（二）**（括号内数字用于高层建筑）	
构造边缘端柱、扶壁柱、非边缘暗柱	h_c　b_c　纵筋、箍筋详见设计标注　**构造边缘端柱**　h_c　b_c　纵筋、箍筋详见设计标注　**扶壁柱FBZ**　b_w　h　纵筋、箍筋详见设计标注　**非边缘暗柱AZ**	构造边缘端柱、扶壁柱、非边缘暗柱可设置封闭箍筋，详见设计标注

💡 **特别提示**

1. 约束边缘构件与构造边缘构件的共同点：在暗柱的端部或角部都有一个阴影部分（即配箍区域），其纵筋、箍筋及拉筋由设计人员标注。

2. 约束边缘构件与构造边缘构件的不同点：约束边缘构件除了阴影部分（即配箍区域）以外，在阴影部分与墙身之间还存在一个非阴影区（即扩展部位的虚线区域）。这部分区域的配筋特点，一是加密拉筋，普通墙身的拉筋是"隔一拉一"或"隔二拉一"，而这个非阴影区内是每个竖向分布筋都设置拉筋，非阴影区也可以外围设置封闭箍筋。二是非阴影区（墙柱扩展部位）的水平分布筋和竖向分布筋与剪力墙身的配筋相同，某些情况也可以适当加密墙身竖向分布筋。

3. 边缘构件中端柱的纵向钢筋和箍筋构造与框架柱相同。

图 4-11 是剪力墙身钢筋布置的实物照片，还可以扫一扫相关二维码观看剪力墙身钢筋构造三维模型图，请仔细观察剪力墙身水平分布钢筋和竖向分布钢筋的布置方式与构造特点，并在学习本节剪力墙身钢筋的标准构造详图时进行图物对照。

图 4-11　剪力墙身的钢筋布置

剪力墙身的钢筋设置包括水平分布筋、竖向分布筋（即垂直分布筋）和拉筋，这三种钢筋形成了剪力墙身的钢筋网，如图 4-12 所示。一般剪力墙身设置两层或两层以上的钢筋网，而各排钢筋网的钢筋直径和间距是一致的，剪力墙身钢筋的配置参见表 4-8。剪力墙身水平分布筋布置在外侧，竖向分布筋放在水平分布筋的内侧，采用拉筋把外层钢筋网和内层钢筋网连接起来，凡是拉筋都应该拉住纵横两个方向的钢筋。

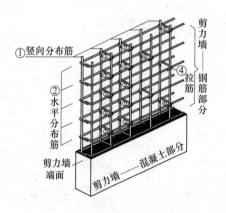

图 4-12　剪力墙身钢筋构造轴测图

表 4-8　剪力墙身配筋表

编号	标高 /m	墙厚 /mm	水平分布筋	垂直分布筋	拉筋（双向）
Q1	−0.030 ～ 30.270	300	⊈12@200	⊈12@200	Φ6@600@600
	30.270 ～ 59.070	250	⊈10@200	⊈10@200	Φ6@600@600
Q2	−0.030 ～ 30.270	250	⊈10@200	⊈10@200	Φ6@600@600
	30.270 ～ 59.070	200	⊈10@200	⊈10@200	Φ6@600@600

4.3.1　剪力墙身水平分布钢筋构造

剪力墙根据不同的墙厚分别设置双排（当墙厚≤400mm 时）、三排（当 400mm＜墙厚≤700mm 时）或四排（当墙厚＞700mm 时）配筋，如图 4-13 所示，中间排水平分布钢筋端部构造同内侧钢筋，拉筋应与剪力墙每排的竖向分布钢筋和水平分布钢筋绑扎。剪力墙设有边缘暗柱、端柱、翼墙、转角墙时，剪力墙身水平钢筋要满足相应的锚固与搭接的构造要求。

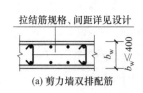

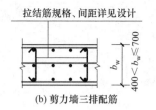

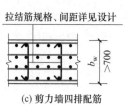

（a）剪力墙双排配筋　　　　　（b）剪力墙三排配筋　　　　　（c）剪力墙四排配筋

图 4-13　剪力墙多排配筋构造

4.3.1.1　端部有暗柱时水平分布钢筋构造

剪力墙端部有暗柱时，剪力墙水平分布筋伸到暗柱端部纵筋的内侧，然后弯折 $10d$。剪力墙水平分布筋在直墙端部暗柱中的构造，如图 4-14 所示。

4.3.1.2　转角墙水平分布钢筋构造

剪力墙水平分布筋在暗柱转角墙中的构造有三种：一是剪力墙的外侧水平分布筋从转角的一侧连续通过转弯，在墙体配筋量较小一侧与该侧的水平分布筋搭接，搭接长度 $\geqslant 1.2 l_{aE}$，上下相邻两层水平分布筋交错搭接，错开距离 $\geqslant 500mm$，如图 4-15（a）所示；二是剪力墙

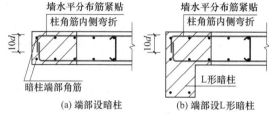

（a）端部设暗柱　　　　　（b）端部设L形暗柱

图 4-14　端部有暗柱时剪力墙身水平分布钢筋构造

的外侧水平分布筋分别在转角的两侧暗柱以外进行搭接，搭接长度 $\geqslant 1.2 l_{aE}$，上下相邻两层水平分布筋在转角两侧交错搭接，如图 4-15（b）所示；三是剪力墙的外侧水平分布筋在转角处搭接，搭接长度为 $1.6 l_{aE}$，如图 4-15（c）所示。

在暗柱转角墙中，剪力墙内侧水平分布筋均伸至在暗柱外侧做 90°弯折，弯折长度为 $15d$。斜交转角墙的钢筋构造做法如图 4-15（d）所示。

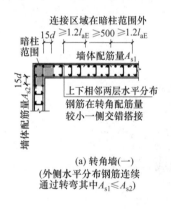

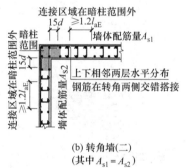

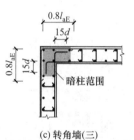

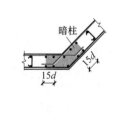

（a）转角墙（一）
（外侧水平分布钢筋连续通过转弯其中 $A_{s1} \leqslant A_{s2}$）　　（b）转角墙（二）
（其中 $A_{s1} = A_{s2}$）　　（c）转角墙（三）
（外侧水平分布钢筋在转角处搭接）　　（d）斜交转角墙

图 4-15　转角墙水平分布钢筋构造

4.3.1.3　翼墙水平分布钢筋构造

剪力墙端部两侧的水平分布筋伸至翼墙对边，顶着翼墙暗柱外侧纵筋的内侧弯折 $15d$。当剪力墙两侧墙厚不同（水平变截面）时，其中一侧墙水平分布筋可在变厚度处截断或者弯折通过。翼墙水平分布钢筋构造具体做法详见图 4-16。

4.3.1.4　有端柱墙水平分布钢筋构造

① 剪力墙水平分布筋在端柱端部墙中的构造，如图 4-17 所示。当剪力墙端柱两侧凸出墙宽时，水平分布筋伸至端柱对边后弯折 $15d$；当端柱一侧与墙平齐时，剪力墙水平分布筋伸至端柱对边且 $\geqslant 0.6 l_{abE}$，再弯折 $15d$。

② 剪力墙水平分布筋在端柱转角墙中的构造，如图 4-18 所示。剪力墙水平分布筋在端柱转角墙中的构造按照端柱与墙的不同位置分三种，不论何种情况，剪力墙水平分布筋均要伸至对边后再弯折 $15d$，且伸至对边直锚长度 $\geqslant 0.6 l_{abE}$。位于端柱纵向钢筋内侧的墙水平分布钢筋伸入端柱的长度 $\geqslant l_{aE}$ 时，可直锚。其他情况，

4.6彩图
转角墙水平分布
钢筋构造

剪力墙水平分布钢筋应伸至端柱对边紧贴角筋做90°弯钩，弯折长度为15d。

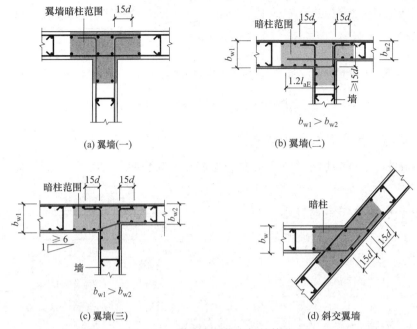

(a) 翼墙(一)

(b) 翼墙(二)

(c) 翼墙(三)

(d) 斜交翼墙

图 4-16　翼墙水平分布钢筋构造

4.7 彩图
有端柱剪力墙水平
分布钢筋构造

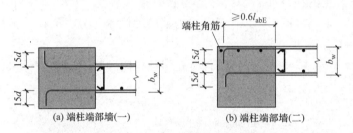

(a) 端柱端部墙(一)

(b) 端柱端部墙(二)

图 4-17　端柱端部墙水平分布钢筋构造

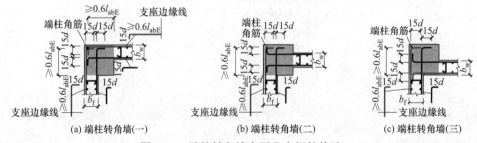

(a) 端柱转角墙(一)

(b) 端柱转角墙(二)

(c) 端柱转角墙(三)

图 4-18　端柱转角墙水平分布钢筋构造

③ 剪力墙水平分布筋在端柱翼墙中的构造，如图 4-19 所示。剪力墙水平分布筋在端柱翼墙中的构造按照端柱与墙的不同位置分三种，不论何种情况，剪力墙水平分布筋均要伸至对边后再弯折15d。当水平分布筋伸至对边直锚长度 $\geq l_{aE}$ 时可不设弯钩。

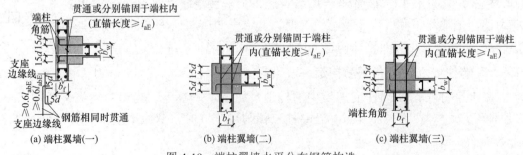

(a) 端柱翼墙(一)

(b) 端柱翼墙(二)

(c) 端柱翼墙(三)

图 4-19　端柱翼墙水平分布钢筋构造

4.3.1.5　剪力墙水平分布钢筋搭接方式

剪力墙相邻上、下层水平分布钢筋要交错搭接，且搭接长度 $\geq 1.2l_{aE}$，两个搭接区域间距 $\geq 500mm$，具体构造如图 4-20 所示。

4.3.2 剪力墙身竖向分布钢筋构造

4.3.2.1 剪力墙竖向分布钢筋在基础中的锚固构造

根据 22G101-3 标准图集，剪力墙身竖向分布钢筋在基础内的锚固构造按照墙插筋保护层的厚度、基础高度 h_j 是否满足直锚要求（受拉钢筋锚固长度 l_{aE}），给出了三种锚固构造做法，详见表 4-9。

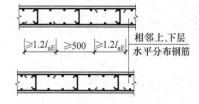

图 4-20　剪力墙水平分布钢筋交错搭接

4.8 彩图
墙身竖向分布钢筋在基础中构造

表 4-9　剪力墙竖向分布钢筋在基础中的锚固构造

适用情况	构 造 详 图	构 造 说 明
墙插筋保护层厚度 $>5d$	"隔二下一"伸至基础板底部，支承在底板钢筋网片上，也可支承在筏形基础的中间层钢筋网片上　间距≤500，且不少于两道水平分布钢筋与拉结筋 1—1 基础高度满足直锚 间距≤500，且不少于两道水平分布钢筋与拉结筋 1a—1a 基础高度不满足直锚	基础高度满足直锚时： ①墙身竖向分布钢筋按照"隔二下一"原则，1/3 钢筋伸至基础板底部，支承在钢筋网片上，也可支承在筏形基础的中间层钢筋网上，底部弯钩长度为 6d 且≥150mm，其余 2/3 钢筋伸入基础内，直锚长度≥l_{aE} ②基础锚固区内设置间距≤500mm，且不少于两道水平分布钢筋与拉结筋 基础高度不满足直锚时： ①墙身竖向分布钢筋全部伸至基础板底部，支承在钢筋网片上，底部弯钩长度为 15d，详见节点① ②基础锚固区内设置间距≤500mm，且不少于两道水平分布钢筋与拉结筋
墙插筋保护层厚度 ≤5d 注：1—1 剖面和 1a—1a 剖面构造同上	伸至基础板底部，支承在底板钢筋网片上 锚固区横向钢筋 2—2 基础高度满足直锚 锚固区横向钢筋 2a—2a 基础高度不满足直锚	基础高度满足直锚时： ①墙身外侧竖向分布钢筋全部伸至基础板底部，支承在钢筋网片上，底部弯钩长度为 6d 且≥150mm ②基础锚固区内设置横向钢筋，横向钢筋直径≥d/4（d 为纵筋最大直径），间距≤10d（d 为纵筋最小直径）且≤100mm 的要求 基础高度不满足直锚时： ①墙身外侧竖向分布钢筋全部伸至基础板底部，支承在钢筋网片上，底部弯钩长度为 15d，详见节点① ②基础锚固区内设置横向钢筋，横向钢筋直径≥d/4（d 为纵筋最大直径），间距≤10d（d 为纵筋最小直径）且≤100mm 的要求
墙外侧纵筋与底板钢筋搭接	间距≤500，且不少于两道水平分布钢筋与拉结筋　基础底板底部钢筋　墙外侧纵筋　基础顶面　基础顶面　基础底面	①墙外侧纵筋伸至基础底部与基础底板钢筋搭接，搭接长度≥l_{lE}，且墙外侧纵筋伸至基础底部后弯折长度≥15d ②墙内侧纵筋构造同以上墙身竖向钢筋构造 ③基础锚固区内设置间距≤500mm，且不少于两道水平分布钢筋与拉结筋 ④采用此种搭接连接时，设计人员应在图纸中注明

4.3.2.2 剪力墙竖向分布钢筋连接构造

剪力墙竖向分布钢筋通常采用绑扎搭接、机械连接、焊接三种方式进行连接，具体构造要求见表4-10。

表4-10　剪力墙竖向分布钢筋连接构造

适用情况	构造详图	构造说明
绑扎搭接	一、二级抗震等级剪力墙底部加强部位竖向分布钢筋搭接构造	一、二级抗震等级剪力墙底部加强部位相邻竖向分布钢筋应交错搭接，两个搭接区域间距不小于500mm，搭接长度为≥$1.2l_{aE}$，连接位置在基础顶面或楼板顶面以上距离≥0
	一、二级抗震等级剪力墙非底部加强部位或三、四级抗震等级剪力墙竖向分布钢筋可在同一部位搭接	一、二级抗震等级剪力墙非底部加强部位或三、四级抗震等级剪力墙，其竖向分布钢筋可在同一位置进行搭接，搭接长度为≥$1.2l_{aE}$，连接位置在基础顶面或楼板顶面以上距离≥0
	一、二级抗震等级剪力墙底部加强部位竖向分布钢筋搭接构造（适用于上层钢筋直径大于下层钢筋直径时）	当剪力墙竖向分布钢筋上层钢筋直径大于下层钢筋直径时：对于一、二级抗震等级剪力墙底部加强部位相邻竖向分布钢筋应交错搭接，并将上层竖向分布钢筋连接位置下移至下层墙上端，在楼板底面以下与下层较小直径竖向分布钢筋连接
机械连接	相邻钢筋交错机械连接　各级抗震等级剪力墙竖向分布钢筋机械连接构造	剪力墙竖向分布筋采用机械连接时，各级抗震等级剪力墙相邻竖向分布钢筋均要交错连接，两个连接点间距不小于35d，最下部连接点距基础顶面或楼板顶面不小于500mm
焊接连接	相邻钢筋交错焊接　各级抗震等级剪力墙竖向分布钢筋焊接连接构造	剪力墙竖向分布筋采用焊接时，各级抗震等级剪力墙相邻竖向分布钢筋均要交错连接，两个连接点间距不小于35d且≥500mm，最下部连接点距基础顶面或楼板顶面不小于500mm

4.9 彩图
剪力墙变截面处
竖向钢筋构造

4.3.2.3 剪力墙变截面处竖向钢筋构造

剪力墙楼层变截面通常是上层墙截面比下层墙截面向内缩进，即上层墙厚度变小，其纵向钢筋在楼层节点内有直通或非直通两种构造，而且还区分上层墙截面是双侧缩进或单侧缩进等不同情况，具体构造做法详见表4-11（变截面处竖向钢筋包含墙柱和墙身的竖向钢筋变截面构造）。

表4-11　剪力墙变截面处竖向钢筋构造

适用情况	构造详图	构造说明
上下层墙体外侧平齐	楼板　墙水平分布钢筋　墙身或边缘构件	①下层墙体内侧的竖向钢筋伸到楼板顶部以下，然后向对边做90°弯折，水平弯锚长度≥12d ②上层墙体内侧的竖向钢筋插入下层楼板顶部以下$1.2l_{aE}$处截断 ③下层墙体外侧的竖向钢筋直通到上层墙内

适用情况	构 造 详 图	构 造 说 明
上下层墙体中心线重合，下层墙体厚度大	楼板 ≥12d 墙水平分布钢筋 墙身或边缘构件 1.2l_aE	①下层墙体两侧的竖向钢筋伸到楼板顶部以下，然后向对边90°弯折，水平锚长度≥12d ②上层墙体两侧的竖向钢筋插入下层楼板顶部以下1.2l_aE处截断
上下层墙体中心线重合，下层墙体厚度大，且Δ≤30	楼板 Δ Δ≤30 ≥6Δ 墙水平分布钢筋 墙身或边缘构件	下层墙体的竖向钢筋不截断，而是以小于1/6斜率的方式弯曲伸到上一楼层墙体中
上下层墙体内侧平齐	楼板 ≥12d 墙水平分布钢筋 墙身或边缘构件 1.2l_aE	①下层墙体内侧的竖向钢筋直通到上层墙内 ②下层墙体外侧的竖向钢筋伸到楼板顶部以下，然后向对边做90°弯折，水平锚长度≥12d ③上层墙体外侧的竖向钢筋插入下层楼板顶部以下1.2l_aE处截断

4.3.2.4　剪力墙竖向钢筋顶部构造

剪力墙竖向钢筋锚入屋面板或楼板时，伸至板顶后做90°弯钩，弯折长度不小于12d，如图4-21（a）、（b）所示；当顶部设有边框梁时，如果梁高度满足直锚要求，剪力墙竖向钢筋伸入边框梁内锚固长度为l_{aE}，如图4-21（c）所示；当梁高不满足直锚要求时，竖向钢筋伸至梁顶后做90°弯钩，弯折长度不小于12d，如图4-21（d）所示。

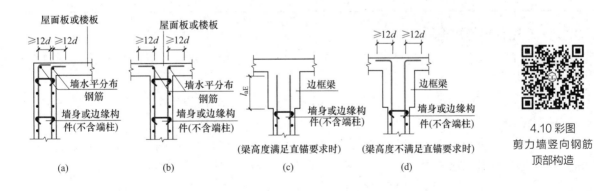

图4-21　剪力墙竖向钢筋顶部构造

💡 **特别提示**

1. 在剪力墙暗柱内不布置剪力墙身竖向分布钢筋。

2. 剪力墙身第一道竖向分布钢筋的起步距离在《混凝土结构施工钢筋排布规则与构造详图》18G901-1标准图集中表示为"距墙柱最外侧纵筋中心的距离是竖向分布筋间距s"。

👁 **看一看**

图 4-22 是剪力墙连梁钢筋施工的实物照片，请仔细观察剪力墙连梁的纵筋和箍筋的布置方式与构造特点，并在学习本节剪力墙梁钢筋的标准构造详图时进行图物对照。

图 4-22　剪力墙连梁的钢筋布置

4.4.1　剪力墙连梁钢筋构造

剪力墙连梁 LL 的钢筋种类包括上部纵筋、下部纵筋、箍筋、拉筋、侧面纵筋等，并在剪力墙梁表中进行标注，见表 4-12 示例。

表 4-12　剪力墙梁表

编号	所在楼层号	梁顶相对标高高差 /m	梁截面 $b \times h$ /(mm×mm)	上部纵筋	下部纵筋	侧面纵筋	墙梁箍筋
LL1	2～9	0.800	300×2000	4⏀25	4⏀25	同墙体水平分布筋	Φ10@100（2）
	10～16	0.800	250×2000	4⏀22	4⏀22		Φ10@100（2）
	屋面1		250×1200	4⏀20	4⏀20		Φ10@100（2）
LL2	3	-1.200	300×2520	4⏀25	4⏀25	22⏀12	Φ10@150（2）
	4	-0.900	300×2070	4⏀25	4⏀25	18⏀12	Φ10@150（2）
	5～9	-0.900	300×1770	4⏀25	4⏀25	16⏀12	Φ10@150（2）
	10～屋面1	-0.900	250×1770	4⏀22	4⏀22	16⏀12	Φ10@150（2）

4.4.1.1　连梁的纵筋构造

剪力墙连梁有端部洞口、中间单洞口、中间双洞口三种情况，其纵向钢筋的具体构造做法如图 4-23 所示。

剪力墙连梁以墙柱为支座，连梁纵向钢筋的锚固起点应当从墙柱的边缘算起。连梁纵筋锚入墙柱的锚固方式及锚固长度具体如下：

（1）直锚的条件　当端部洞口连梁的纵向钢筋在端支座（暗柱或端柱）的直锚长度≥l_{aE}，且≥600mm 时可不必弯锚，而直锚；在中间洞口连梁支座，纵向钢筋伸入中间支座的直锚长度为≥l_{aE}，且≥600mm。

（2）弯锚的条件　当端部墙肢较短时，即墙柱的长度＜l_{aE} 或＜600mm 时，连梁纵向钢筋伸至墙外侧纵筋的内侧，且进入墙柱内直锚段长度满足≥$0.4l_{abE}$（顶层≥$0.6l_{abE}$）后弯折 15d。

4.4.1.2　连梁的箍筋构造

剪力墙连梁的箍筋构造详见图 4-23，其构造要点说明如下：

① 楼层连梁的箍筋只在洞口范围内布置，洞口范围内的第一根箍筋在距离支座边缘 50mm 处设置。

② 顶层连梁的箍筋在全梁范围内布置，洞口范围内的第一根箍筋在距离支座边缘 50mm 处设置；在顶层连梁纵向钢筋伸入墙内的锚固长度范围内，还应配置间距为 150mm（设计时不必标注）的构造箍筋，

箍筋直径应与该连梁跨内的箍筋直径相同，支座范围内的第一根箍筋在距离支座边缘100mm处设置。

③在顶层如果为双洞口连梁，在两洞口之间的连梁也要连续布置箍筋。

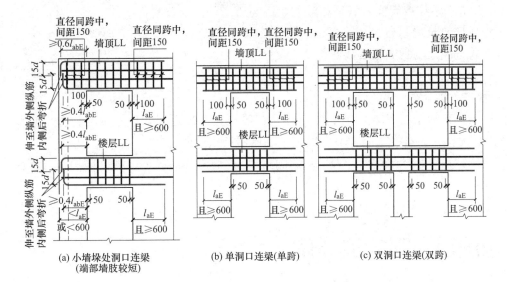

4.11 彩图
剪力墙连梁配筋构造

图4-23 剪力墙连梁配筋构造

4.4.1.3 连梁的侧面纵筋和拉筋构造

剪力墙连梁是上下楼层门窗洞口之间的那部分墙体，是一种特殊的深梁，因此连梁截面较高，连梁的侧面应设置纵向构造钢筋，详见具体工程设计。当设计未注写时，墙身水平分布钢筋可作为连梁的侧面纵筋在连梁范围内拉通连续配置，具体构造如图4-24所示。

连梁的拉筋直径规定为：当梁宽≤350mm时为6mm；当梁宽>350mm时为8mm。拉筋间距为2倍箍筋间距，竖向沿侧面水平筋"隔一拉一"，如图4-24所示。

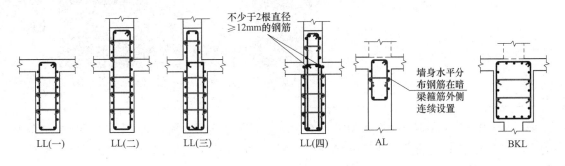

图4-24 连梁、暗梁和边框梁侧面纵筋和拉筋构造

> **特别提示**
>
> 1.剪力墙连梁其实是一种特殊的墙身，它是上下楼层门窗洞口之间的那部分水平的窗间墙，因此，剪力墙水平分布钢筋从连梁的外侧通过连梁（图4-24）。而且当设计未注写连梁的侧面纵筋时，墙身水平分布钢筋可作为连梁的侧面纵筋在连梁范围内拉通连续配置。
>
> 2.和框架梁相比，剪力墙连梁的跨高比都比较小（属深梁），因而连梁容易出现剪切破坏。所以有的连梁内需设置交叉斜筋、对角斜筋或对角暗撑进行加强构造。

4.4.2 剪力墙暗梁钢筋构造

暗梁是剪力墙的一部分，相当于剪力墙的一道水平加强带。暗梁一般设置在靠近楼板底部的位置，就像砖混结构的圈梁一样，增强剪力墙的整体刚度和抗震能力。

剪力墙暗梁AL的钢筋包括上部纵筋、下部纵筋、箍筋、拉筋、侧面纵筋等，如图4-24所示。其构造要点说明如下：

①暗梁的纵筋是布置在墙身上的钢筋，因此遵循剪力墙水平分布钢筋构造。暗梁的纵筋是沿墙肢方向贯通布置，而且在墙肢端部暗柱或端柱内满足相应的收边构造。

②暗梁的箍筋也是沿墙肢全长均匀布置，不存在箍筋加密区和非加密区。

③暗梁的侧面纵筋和拉筋构造与剪力墙连梁相同。

4.4.3 剪力墙边框梁钢筋构造

边框梁与暗梁有许多共同之处，都是剪力墙的一部分，一般设置在靠近屋面板底部的位置，也像砖混结构的圈梁一样，但是边框梁的宽度比剪力墙厚度大，梁侧面突出墙面。

剪力墙边框梁 BKL 的钢筋包括上部纵筋、下部纵筋、箍筋、拉筋及侧面纵筋，其钢筋构造与暗梁基本相同，如图 4-24 所示。

4.5 剪力墙洞口补强构造详解

👁 看一看

图 4-25 是剪力墙设置洞口处钢筋布置的实物照片，可以扫一扫二维码 4.12 观看剪力墙洞口补强钢筋构造三维模型图，请仔细观察剪力墙洞口补强钢筋的布置方式与构造特点，并在学习本节剪力墙洞口补强标准构造详图时进行图物对照。

图 4-25　剪力墙洞口补强钢筋的布置

4.12 彩图
剪力墙洞口补强钢筋构造

由于剪力墙结构中门窗洞口左右两侧设置墙柱，上下设置连梁，所以门窗洞口已经是加强构造。这里所说的"洞口"是指剪力墙身上开的小洞口，剪力墙洞口构造分为矩形洞口和圆形洞口两大类。剪力墙洞口钢筋种类包括补强钢筋或补强暗梁中的纵向钢筋、箍筋和拉筋。

4.5.1 剪力墙矩形洞口构造

剪力墙矩形洞口补强钢筋构造见表 4-13。

表 4-13　剪力墙矩形洞口补强钢筋构造

适用情况	构造详图	构造说明
洞口宽和高均≤800mm 时	洞口每侧补强钢筋按设计注写值	洞口每侧补强钢筋按设计要求注写具体数值；补强钢筋伸入墙体的锚固长度为 l_{aE}

适用情况	构 造 详 图	构 造 说 明
洞口宽和高均 >800mm 时	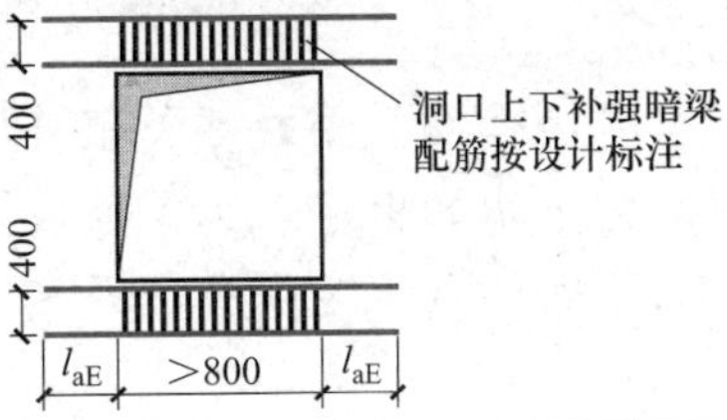	在洞口上、下设置补强暗梁，暗梁高为400mm，暗梁配筋按设计标注。暗梁纵筋伸入墙体的锚固长度为 l_{aE} 当洞口上边或下边为剪力墙连梁时，不再重复设置补强暗梁，洞口竖向两侧设置剪力墙边缘构件，详见剪力墙墙柱设计

4.5.2 剪力墙圆形洞口构造

剪力墙圆形洞口补强钢筋构造见表 4-14。

表 4-14 剪力墙圆形洞口补强钢筋构造

适用情况	构 造 详 图	构 造 说 明
洞口直径 $D \leqslant 300mm$ 时	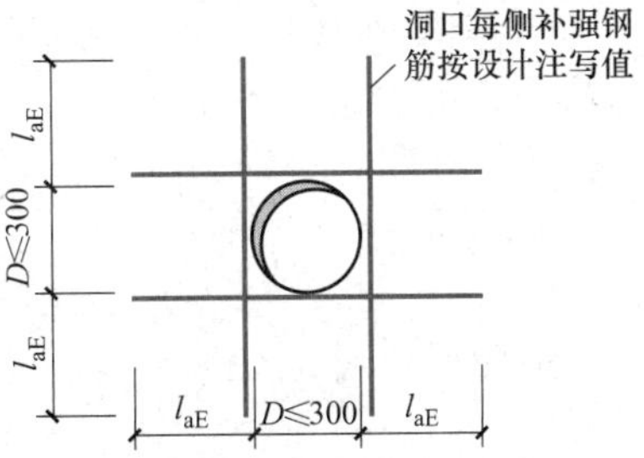	洞口每侧补强钢筋按设计要求注写具体数值；补强钢筋伸入洞边墙体的最小锚固长度为 l_{aE}
洞口直径 $300mm < D \leqslant 800mm$ 时	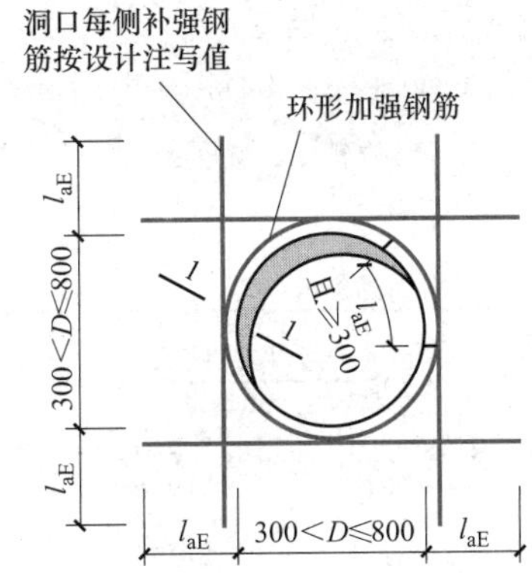	洞口沿 X、Y 方向每侧补强钢筋按设计要求注写具体数值；补强钢筋伸入洞边墙体的最小锚固长度为 l_{aE}。在圆形洞口四周设置环形加强钢筋，其闭合搭接长度为 l_{aE} 且 ≥300mm，具体构造做法见下图 1—1 剖面所示
洞口直径 $D > 800mm$ 时	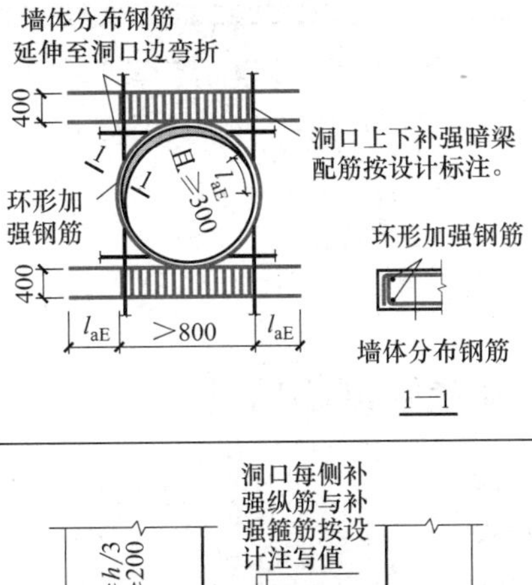	在洞口上、下设置补强暗梁，暗梁高为400mm，暗梁配筋按设计标注。暗梁纵筋伸入洞边墙体的最小锚固长度为 l_{aE} 在圆形洞口四周设置环形加强钢筋，其闭合搭接长度为 l_{aE} 且 ≥300mm，具体构造做法见 1—1 剖面所示 当洞口上边或下边为剪力墙连梁时，不再重复设置补强暗梁，洞口竖向两侧设置剪力墙边缘构件，详见剪力墙墙柱设计
连梁中部圆形洞口（圆形洞口预埋钢套管）	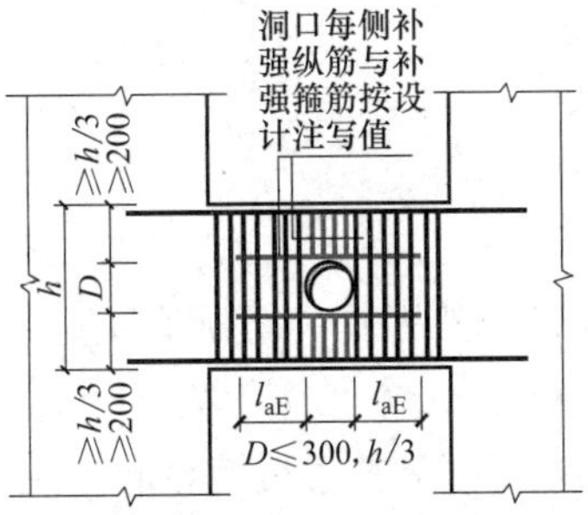	洞口每侧补强纵筋与补强箍筋（被洞口切断的箍筋）按设计要求注写具体数值；补强纵筋锚入连梁内的最小长度为 l_{aE}

地下室外墙仅适用于起挡土作用的地下室外围护墙，因而地下室外墙钢筋中，一般竖向钢筋是受力筋设置在外层，水平钢筋设置在内层。当具体工程如果将水平钢筋设置在外层的，应按设计要求进行施工。扶壁柱、内墙是否作为地下室外墙的平面外支承应由设计人员根据工程具体情况确定并进行说明。

4.6.1　地下室外墙水平钢筋构造

地下室外墙水平钢筋分为外侧水平贯通筋、外侧水平非贯通筋及内侧水平贯通筋，地下室外墙水平钢筋具体构造如图 4-26 所示。

（1）外侧水平贯通筋

地下室外墙外侧水平贯通筋在距支座边缘 $\min\{l_{nx}/3, H_n/3\}$ 处不能进行钢筋连接（其中 l_{nx} 为相邻水平跨的较大净跨值，H_n 为本层净高），具体构造见图 4-26 中"非连接区"；当扶壁柱、内墙不作为地下室外墙的平面外支承时，水平贯通筋的连接区域不受限制。

当外墙转角两边墙体外侧水平钢筋直径及间距相同时可连通设置；当水平钢筋直径及间距不同时，在转角两侧锚入转角墙长度为 $0.8l_{aE}$，具体构造见图 4-26 节点①。

（2）外侧水平非贯通筋

地下室外墙外侧是否设置水平非贯通筋由设计人员根据计算确定，外侧水平非贯通筋的直径、间距及长度由设计人员在设计图纸中标注。

（3）内侧水平贯通筋

地下室外墙内侧水平贯通筋在转角处，伸至外侧水平钢筋内侧做 90° 弯钩，弯折长度为 15d；内侧水平贯通筋在支座处及距支座边缘 $\min\{l_{nx}/4, H_n/4\}$ 范围内为连接区，具体构造见图 4-26 中"内侧水平贯通筋连接区"。

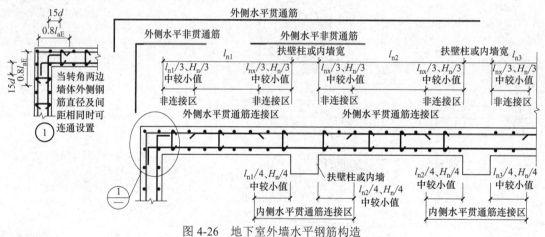

图 4-26　地下室外墙水平钢筋构造

4.13 彩图
地下室外墙钢筋构造

4.6.2　地下室外墙竖向钢筋构造

地下室外墙竖向钢筋分为外侧竖向贯通筋、外侧竖向非贯通筋及内侧竖向贯通筋。地下室外墙竖向钢筋具体构造如图 4-27 所示。

（1）竖向钢筋连接构造

地下室外墙外侧竖向贯通筋，在距上、下层水平支座边缘 $H_x/3$ 处不能进行钢筋连接（其中 H_x 为本层净高或上、下层净高的较大值）；外侧竖向非贯通筋的直径、间距及长度由设计人员在设计图纸中标注；内侧竖向贯通筋在上、下层水平支座处及距支座边缘 $H_x/4$ 范围内为连接区，具体构造见图 4-27 中"内侧竖向贯通筋连接区"。地下室外墙基础插筋与剪力墙身基础插筋构造相同。

（2）外墙顶部构造

外墙和顶板的连接做法详见图4-27中节点②、③所示，②、③节点的选用由设计人员在图纸中注明。

当地下室顶板作为外墙的简支支承时，内外侧竖向钢筋均伸至板顶做90°弯钩，弯折长度为12d。

当地下室顶板作为外墙的弹性嵌固支承（连续传力）时，板上部水平钢筋伸入墙外侧做90°弯钩，弯折长度为15d且伸至板底，墙外侧竖向钢筋伸至板顶水平弯折后向板内延伸，与板上部水平钢筋进行搭接，自板底算起弯折搭接长度为 l_1（l_{lB}）；墙内侧竖向钢筋伸至板顶做90°弯钩，弯折长度为15d，板下部钢筋伸至墙内的直锚长度 $\geqslant 5d$ 且至少到墙中线。

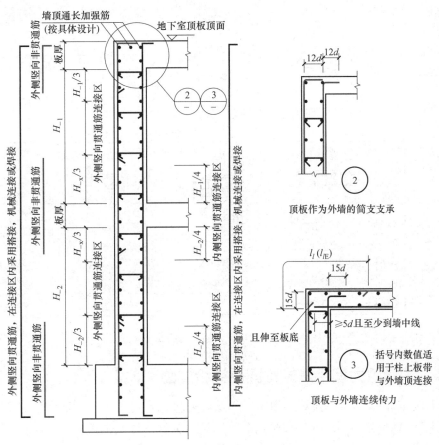

图4-27 地下室外墙竖向钢筋构造

4.7 项目实战 剪力墙平法施工图识图与绘图

剪力墙结构在高层房屋建筑中应用很广泛，在平法施工图中将剪力墙分为墙柱、墙身和墙梁三种组成构件，其构件种类多、组成形式与钢筋布置较为复杂，对于初学者来说剪力墙平法识图是个难点。本节引入剪力墙项目案例，按照剪力墙平法制图规则，同时与标准图集中的构造详图相配合，深入识读剪力墙墙柱、墙身和墙梁等组成构件的类型、标高范围、定位尺寸、钢筋布置和构造做法。对照"1+X"建筑工程识图（结构）职业技能考核要求，通过绘制剪力墙基本构件的配筋示意图，进一步熟悉剪力墙平法的识图内容并进行钢筋详图的构造分析，逐步提高平法识图能力。

4.7.1 剪力墙平法施工图实例

【工程概况】图4-28为某工程标高 -0.030 ～ 12.270m 剪力墙结构平面布置图（局部），以及对应的剪力墙梁表、剪力墙身表和剪力墙柱表。该工程结构形式为钢筋混凝土框架—剪力墙结构，地下二层，地上十六层，底部加强部位为底部两层，结构层楼面标高及结构层高等信息详见图中列表。剪力墙结构抗震等级为三级，此标高范围内所有构件混凝土强度等级为C30，受力钢筋采用HRB400级（Φ），箍筋或拉筋采用HPB300级（φ），环境类别为一类。

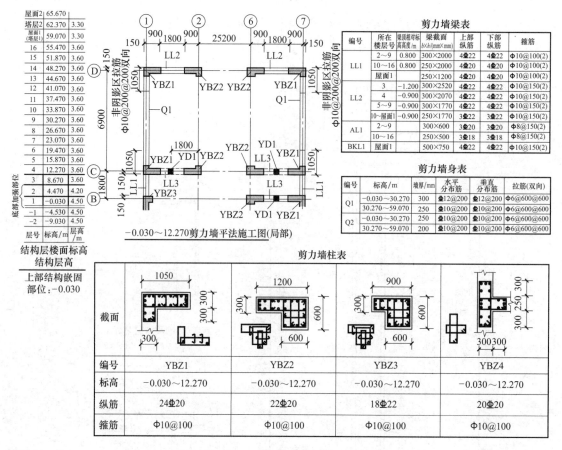

图4-28 某工程剪力墙平法施工图实例

4.7.2 任务 识读剪力墙平法施工图及补绘详图

【任务要求】图4-28剪力墙平法施工图采用的是列表注写方式，认真查阅平面布置图以及剪力墙柱表、墙身表、墙梁表等各类构件的平法标注内容，运用剪力墙平法制图规则，针对图中墙柱YBZ1、墙梁LL1及墙身Q1三种构件进行平法识图解读，对照22G101-1图集中剪力墙构件的标准构造详图进行构造分析，读懂各种构件钢筋布置与连接锚固的构造要求，并补充绘制构件配筋示意图，完成表4-15布置的剪力墙平法施工图识图任务记录单，巩固所学的剪力墙平法识图规则和识图方法。

表4-15 剪力墙平法施工图识图任务记录单

构件编号/类型	识图内容/补绘详图		标注释义/构造解读
YBZ1/约束边缘构件	编号	YBZ1	编号：约束边缘构件，序号为1，该墙柱为约束边缘转角墙；起止标高：该段墙柱高度从-0.030m到12.270m处；截面尺寸：转角墙厚300mm，阴影区暗柱为L形，具体各边尺寸见左详图；约束边缘构件沿墙肢长度l_c为1050mm，而非阴影区长度为1050-300-300=450mm；
	标高	-0.030～12.270	
	纵筋	24Φ20	
	箍筋	Φ10@100	

构件编号 / 类型	识图内容 / 补绘详图	标注释义 / 构造解读
YBZ1/ 约束边缘构件	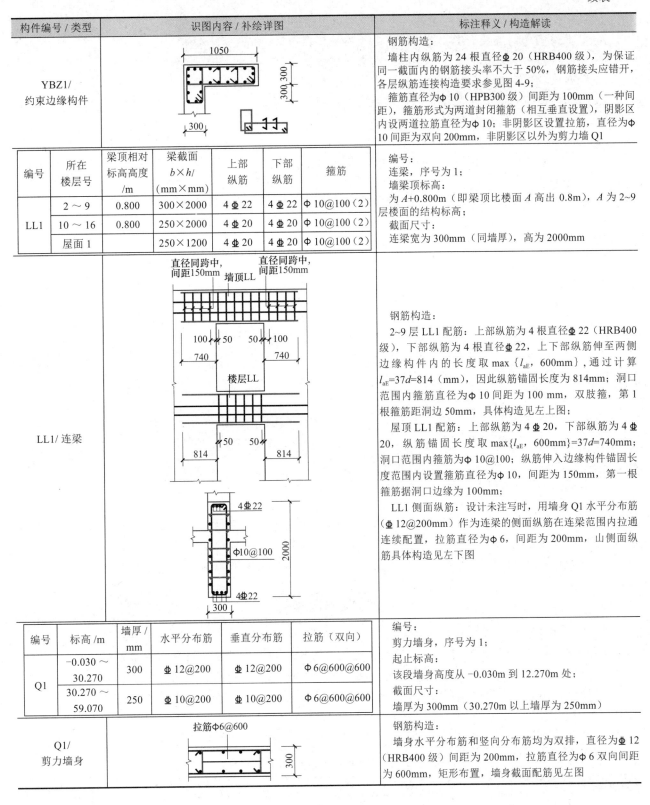	钢筋构造： 墙柱内纵筋为 24 根直径 ϕ 20（HRB400 级），为保证同一截面内的钢筋接头率不大于 50%，钢筋接头应错开，各层纵筋连接构造要求参见图 4-9； 箍筋直径为 ϕ 10（HPB300 级）间距为 100mm（一种间距），箍筋形式为两道封闭箍筋（相互垂直设置），阴影区内设两道拉筋直径为 ϕ 10；非阴影区设置拉筋，直径为 ϕ 10 间距为双向 200mm，非阴影以外为剪力墙 Q1

编号	所在楼层号	梁顶相对标高高度 /m	梁截面 $b \times h$ /(mm×mm)	上部纵筋	下部纵筋	箍筋
LL1	2~9	0.800	300×2000	4 ϕ 22	4 ϕ 22	ϕ 10@100 (2)
	10~16	0.800	250×2000	4 ϕ 20	4 ϕ 20	ϕ 10@100 (2)
	屋面 1		250×1200	4 ϕ 20	4 ϕ 20	ϕ 10@100 (2)

编号：
连梁，序号为 1；
墙梁顶标高：
为 A+0.800m（即梁顶比楼面 A 高出 0.8m），A 为 2~9 层楼面的结构标高；
截面尺寸：
连梁宽为 300mm（同墙厚），高为 2000mm

LL1/ 连梁		钢筋构造： 2~9 层 LL1 配筋：上部纵筋为 4 根直径 ϕ 22（HRB400 级），下部纵筋为 4 根直径 ϕ 22，上下部纵筋伸至两侧边缘构件内的长度取 max $\{l_{aE}$, 600mm$\}$，通过计算 l_{aE}=37d=814（mm），因此纵筋锚固长度为 814mm；洞口范围内箍筋直径为 ϕ 10 间距为 100 mm，双肢箍，第 1 根箍筋距洞边 50mm，具体构造见左上图； 屋顶 LL1 配筋：上部纵筋为 4 ϕ 20，下部纵筋为 4 ϕ 20，纵筋锚固长度取 max$\{l_{aE}$, 600mm$\}$=37d=740mm；洞口范围内箍筋为 ϕ 10@100；纵筋伸入边缘构件锚固长度范围内设置箍筋直径为 ϕ 10，间距为 150mm，第一根箍筋据洞口边缘为 100mm； LL1 侧面纵筋：设计未注写时，用墙身 Q1 水平分布筋（ϕ 12@200mm）作为连梁的侧面纵筋在连梁范围内拉通连续配置，拉筋直径为 ϕ 6，间距为 200mm，山侧面纵筋具体构造见左下图

编号	标高 /m	墙厚 /mm	水平分布筋	垂直分布筋	拉筋（双向）
Q1	−0.030 ~ 30.270	300	ϕ 12@200	ϕ 12@200	ϕ 6@600@600
	30.270 ~ 59.070	250	ϕ 10@200	ϕ 10@200	ϕ 6@600@600

编号：
剪力墙身，序号为 1；
起止标高：
该段墙身高度从 −0.030m 到 12.270m 处；
截面尺寸：
墙厚为 300mm（30.270m 以上墙厚为 250mm）

Q1/ 剪力墙身	拉筋 ϕ 6@600	钢筋构造： 墙身水平分布筋和竖向分布筋均为双排，直径为 ϕ 12（HRB400 级）间距为 200mm，拉筋直径为 ϕ 6 双向间距为 600mm，矩形布置，墙身截面配筋见左图

技能训练

知识自测

一、单项选择题

1. 剪力墙水平分布筋在端部为暗柱时伸至柱端后弯折，弯折长度为（　　　）。

A. 6d   B. 10d   C. 12d   D. 15d

2.关于剪力墙墙身竖向钢筋构造，下列做法中正确的是（   ）。

A.剪力墙竖向钢筋采用绑扎搭接时，必须在楼面以上≥500mm时搭接

B.剪力墙竖向钢筋采用机械连接时，没有非连接区域，可以在楼面处连接

C.剪力墙竖向钢筋顶部构造为到顶层屋面板上部伸入一个锚固长度l_{aE}

D.三、四级抗震等级剪力墙竖向钢筋可在同一部位搭接

3.剪力墙连梁内纵向钢筋的锚固长度为l_{aE}且不小于（   ）。

A. 500mm   B. 450mm   C. 600mm   D. 750mm

4.剪力墙中水平分布筋在距离基础梁或板顶面以上（   ）时，开始布置第一道。

A. 50mm   B.水平分布筋间距/2   C. 100mm   D. 150mm

5.剪力墙竖向钢筋与暗柱边（   ）距离排放第一根剪力墙竖向钢筋。

A. 50mm   B. 1/2竖向分布钢筋间距

C.竖向分布钢筋间距   D. 150mm

6.剪力墙洞口处的补强钢筋每边伸过洞口（   ）。

A. 500mm   B. 15d   C. l_{aE} D.洞口宽/2

7.剪力墙水平分布筋在基础部位设置方式为（   ）。

A.在基础部位应布置不小于两道水平分布筋和拉筋

B.水平分布筋在基础内间距应为500mm

C.水平分布筋在基础内间距应小于等于250mm

D.基础部位内不应布置水平分布筋

8.关于地下室外墙下列说法错误的是（   ）。

A.地下室外墙的代号是DWQ   B. h表示地下室外墙的厚度

C. OS表示外墙外侧贯通筋   D. IS表示外墙内侧贯通筋

二、简答题

1.简述剪力墙布置两排配筋、三排配筋和四排配筋的条件。

2.剪力墙身竖向分布筋连接方式有几种？分别有什么构造要求？

3.剪力墙柱内是否有墙身的水平筋、竖向筋和拉筋？连梁范围内是否有墙身的水平筋、竖向筋和拉筋？

4.剪力墙梁有哪几种？

专项实训

【任务要求】认真阅读《混凝土结构施工图实训图册》某酒店工程施工图中地下室外墙配筋图，以其中Ⓐ轴上的地下室外墙DTQ1为识图项目，运用剪力墙平法制图规则，看懂图中地下室外墙平法标注的基本信息及各类钢筋构造，完成下面布置的剪力墙构件平法识图与绘图的实训任务：

① 查看该工程地下室外墙配筋图，对照22G101-1图集中地下室外墙的表示方法与标准构造详图进行识图与构造分析；

② 填写表4-16给出的剪力墙平法施工图识图任务记录单，并补充绘制DTQ1截面配筋示意图。

表4-16 剪力墙平法施工图识图任务记录单

构件编号/类型	识图内容/补绘详图	标注释义/构造解读
	地下室外墙平面布置图 地下室外墙配筋表	编号： 起止标高： 截面尺寸：
	补充绘制DTQ1截面配筋示意图	钢筋构造：

项目5 板式楼梯平法识图

学习目标

通过本项目的学习，学生需掌握板式楼梯的分类以及各类型梯板平法施工图制图规则和识图方法，能看懂楼梯的构件布置与配筋构造。通过项目实战案例，学生能够对接"1+X"建筑工程识图（结构）职业技能考核要求，完成识读与绘制板式楼梯平面布置图及截面配筋详图的实训任务，具备熟练的板式楼梯平法识图能力。

"1+X"建筑工程识图（结构）技能考核要求	知识目标	能力目标
• 能识读现浇混凝土板式楼梯的截面尺寸、标高范围及配筋表达； • 能识读板式楼梯梯板的受力钢筋与分布钢筋的钢筋布置与锚固构造要求； • 能根据任务要求，应用CAD绘图软件绘制中型建筑工程板式楼梯施工图的指定内容	• 了解楼梯的组成构件、布置方式及分类； • 掌握板式楼梯的类型及各类梯板平法施工图制图规则和识图方法； • 重点掌握AT～CT型梯梯板下部纵筋、上部纵筋及分布筋等钢筋标准详图的构造要求与做法	• 能识别板式楼梯的组成构件与梯板类型； • 能正确执行国家设计规范及标准图集的相关规则与规定； • 能读懂板式楼梯平法施工图的标注信息及图示内容，完成楼梯识图任务； • 能完成AT～CT型楼梯板截面配筋详图的绘图任务（课后应用CAD软件练习并完善绘图任务）

素质拓展

智能建造　机遇挑战

建筑信息化的发展阶段依次是"手工""自动化""信息化""网络化"。2000年的"甩图板"运动使得CAD技术实现了工程设计领域从手工到自动化的革命，2008年参与"水立方"建设的BIM技术开启了我国从自动化到信息化的转变。建筑信息化技术的发展大大提高了建筑业生产效率、节约成本、保证质量，有效应对在工程项目策划与设计、施工管理、材料采购、运行和维护等全生命周期内进行信息共享、传递、协同、决策等任务上的优势。

着力推动高质量发展，推动新型工业化，加快建设网络强国、数字中国。目前我国建筑业发展迅速，规模不断扩大，为符合节能减排需求和集约式经济增长模式的发展方向，建筑智能化是大势所趋，智能化建筑业产业也是21世纪人类社会进步、生产力发展的必然需要，随着信息化的发展环境逐步改善，智能建造的应用前景将更加广阔。

建筑智能化的发展对我们建筑类专业的学生来说既是机遇也是挑战，对于这个新兴而又快速发展的领域，同学们在校学习期间需要做好充足的准备。一方面要关注现有的政策导向，BIM技术就是当下以及未来建筑业发展的一个趋势；另一方面，要不断更新观念，掌握更多的新技术和新技能。对于BIM技术，不仅要学，还要主动地学；不仅要用，更要全方位、全生命周期地用。同学们只有不断提升自我，增强实力，踏入行业后尽快将新技术应用到工程实践中，才能在未来激烈的人才竞争中立于不败之地。

楼梯是房屋竖向交通和疏散的重要组成部分，在实际工程中应用非常广泛。楼梯的组成及外形与普通楼板不同，一般楼梯由踏步梯段、休息平台、栏杆（或栏板）等组成。现浇混凝土楼梯根据梯段的传力特点与结构形式的不同，可分为不同的类型，其中板式楼梯最为常用。本项目针对现浇混凝土板式楼梯的类型、组成构件、平法识图规则以及梯板配筋构造详图等进行详细解读与构造分析。

👁 看一看

图 5-1 是板式楼梯空间布置透视图，图 5-2 是现浇混凝土板式楼梯的施工照片，请仔细观察板式楼梯的空间布置与组成构件，以及楼梯踏步段的支撑形式与特点。

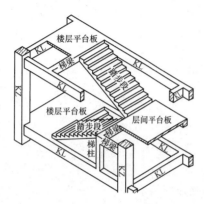

图 5-1　板式楼梯空间布置透视图

图 5-2　现浇混凝土板式楼梯

👁 想一想

◆ 板式楼梯的组成构件有哪些？

◆ 板式楼梯的传力途径是怎样的？其踏步段斜板是几边支承板？

◆ 楼梯板的受力钢筋应如何正确布置？

5.1 楼梯的类型

5.1微课
板式楼梯平法
制图规则

5.1.1　楼梯的分类

楼梯是多、高层房屋的竖向通道，一般楼梯由梯段、休息平台、栏杆（或栏板）几部分组成，其平面布置、踏步尺寸、栏杆形式等由建筑设计确定。为了满足承重及防火要求，多采用钢筋混凝土楼梯。

楼梯按施工方法的不同，可分为现浇整体式楼梯和装配式楼梯；按梯段的不同可分为单跑楼梯、双跑楼梯和多跑楼梯；按梯段的结构形式又可分为板式楼梯、梁式楼梯、剪刀式楼梯和螺旋式楼梯等，其中板式楼梯最为常用。国家标准 22G101-2 图集只适用于现浇混凝土板式楼梯。

5.1.2　板式楼梯的组成构件及识图内容

板式楼梯所包含的组成构件一般有踏步段斜板、层间梯梁、层间平板（休息平台）、楼层梯梁和楼层平板以及梯柱（框架结构梁上起柱）等，如图 5-1 所示。板式楼梯各构件的平法施工图主要包括以下识图内容：

1）踏步段梯板平法识图　按照22G101-2图集的平法制图规则和各类型梯段板配筋构造详图执行。

2）梯梁（TL）钢筋构造识图　当梯梁支撑在梯柱（包括梁上起柱KZ）上时，按照22G101-1图集中框架梁的配筋构造做法，箍筋宜全长加密；当梯梁支承在梁上时，按照非框架梁的配筋构造做法。

3）楼层平板（PTB）和层间平板（PTB）识图　按照楼板构件的平法制图规则和构造详图执行。

4）梯柱（TZ）钢筋构造识图　框架结构常见的梯柱为梁上起柱KZ，应按照框架柱的平法制图规则和构造详图执行。

5.1.3　板式楼梯的类型

国家标准22G101-2图集中板式楼梯主要有两组表现形式，共包含14种楼梯类型。第一组形式是由一跑踏步段梯板为主体组成楼梯构件，梯板的两端分别以低端梯梁和高端梯梁为支座，除踏步段之外，梯段板还可包括低端平板、高端平板及中位平板，具体类型有AT～ET型板式楼梯，如图5-3所示。第二组形式是由两跑踏步段梯板直接与楼层平板和层间平板连成一体组成材料构件，整体支撑在上下端及周边支座上，主要类型有FT、GT型板式楼梯，本项目不做讲解。

楼梯编号由梯板代号和序号组成，例如AT××、BT××、ATa××等。不同类型的板式楼梯所包括的组成构件各不相同，其中AT～CT型楼梯在工程中较为常见，本项目进行重点讲解，其他类型楼梯参见22G101-2图集中相关内容。

5.1.3.1　AT～ET型板式楼梯具备的特征

AT～ET型板式楼梯代号代表一段支撑在上（高端梯梁）下（低端梯梁）支座的梯段板，梯板的主体是踏步段，除踏步段之外，梯板可与低端平板、高端平板以及中位平板连成一体，各型楼梯截面形状与支座位置示意图如图5-3所示。AT～ET型梯板的截面特征详见表5-1。

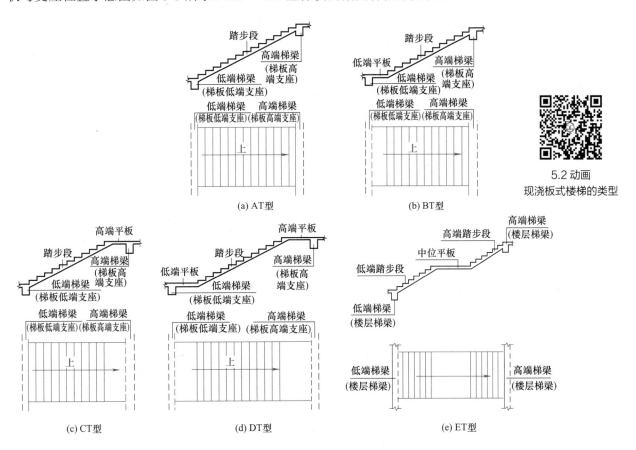

图5-3　板式楼梯类型示意图（AT～ET型）

表 5-1　AT～ET 型梯板特征

梯板代号	梯板构成方式
AT	踏步段
BT	低端平板、踏步段
CT	踏步段、高端平板
DT	低端平板、踏步段和高端平板
ET	低端踏步段、中位平板和高端踏步段

5.1.3.2　有抗震构造措施的板式楼梯类型

结构抗震设计时，板式楼梯一般不参与结构整体抗震计算，配筋时也不考虑抗震构造要求。研究发现地震中无滑动支座的楼梯为偏心受拉构件，为了保证框架整体具备较高的抗震性能，22G101-2 图集中给出了七种采取抗震构造措施的板式楼梯类型，分别为 ATa、ATb、ATc、BTb、CTa、CTb 及 DTb。其主要特征如下：

① AT×～DT× 型板式楼梯代号所代表的楼梯截面形状与 AT～DT 型板式楼梯完全相同，但是 AT×～DT× 型楼梯是一端带滑动支座（ATc 型除外）的板式楼梯。ATa、CTa 型楼梯低端设滑动支座支承在梯梁上；ATb、BTb、CTb 及 DTb 型楼梯低端设滑动支座支承在梯梁的挑板上，如图 5-4 所示。ATc 型楼梯未设滑动支座，但用于参与结构整体抗震计算并采取相应抗震构造措施。

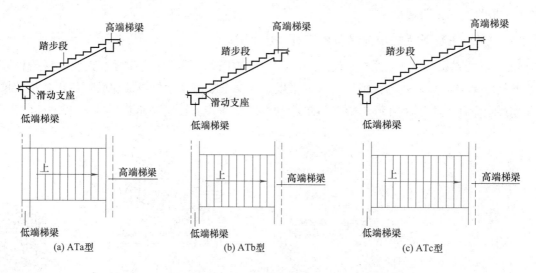

图 5-4　ATa、ATb、ATc 型楼梯截面形状与支座位置示意图

② 滑动支座采用何种做法应由设计指定。滑动支座垫板可选用聚四氟乙烯板，做法如图 5-5 所示。也可选用钢板或厚度大于 0.5mm 的塑料片（详见图集中相关做法），或其他能起到有效滑动的材料，其连接方式由设计者另行处理。

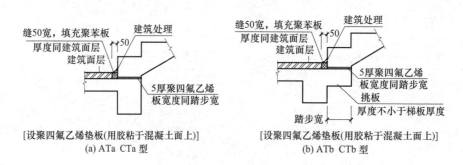

图 5-5　楼梯滑动支座构造详图

③ AT×～DT× 型梯板均采用双层双向配筋。

5.2 板式楼梯平法识图规则

现浇混凝土板式楼梯平法施工图有平面注写、剖面注写和列表注写三种表达方式，设计者可根据工程具体情况任选一种。22G101-2图集制图规则主要表述梯板的表达方式，与楼梯相关的平台板、梯梁、梯柱的注写方式参见22G101-1图集。楼层平台梁板的配筋可在楼梯平面布置图中表达，也可在各楼层梁板平法施工图中表达出来，而层间平台梁板的配筋一般在楼梯平面布置图中表达。

5.2.1 平面注写方式

板式楼梯平面注写方式是在楼梯平面布置图上以标注截面尺寸和配筋具体数值的方式来表达楼梯施工图，包括集中标注和外围标注两部分，如图5-6所示。

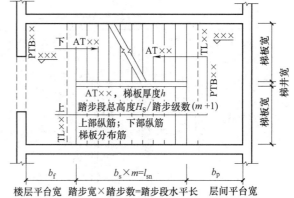

图5-6　AT型楼梯平面注写方式

5.2.1.1 集中标注的主要内容

楼梯集中标注的内容有五项，具体规定如下：

① 梯板类型代号与序号，如AT××。

② 梯板厚度，标注 $h=×××$。当为带平板的梯板且梯段板厚度和平板厚度不同时，可在梯段板厚度后面括号内以字母P打头标注平板厚度。例如：$h=100$（P120），100表示梯段斜板厚度，120表示梯板平板段的厚度。

③ 踏步段总高度和踏步级数，之间以"/"分隔。

④ 梯板支座上部纵筋、下部纵筋，之间以"；"分隔。

⑤ 梯板分布筋，以F打头标注分布钢筋具体值，该项也可以在图中统一说明。

【例5-1】 平面图中梯板类型及配筋的完整标注示例如下（AT型）：

AT3，$h=120$	——梯板类型及编号，梯板板厚
1800/12	——踏步段总高度/踏步级数
$\Phi 10@200$；$\Phi 12@150$	——梯板上部纵筋；下部纵筋
F $\phi 8@250$	——梯板分布钢筋（可统一说明）

5.2.1.2 外围标注的主要内容

如图5-6所示，楼梯外围标注的内容包括楼梯间平面尺寸、楼层结构标高、层间结构标高、楼梯的上下方向、梯板的平面几何尺寸、平台板配筋、梯梁及梯柱配筋等。

各种类型楼梯的平面注写具体要求与适用条件详见22G101-2图集中相关内容。

5.2.2 剖面注写方式

剖面注写方式是在楼梯平法施工图中绘制楼梯平面布置图和楼梯剖面图，注写方式分平面注写和剖面注写两部分，如图 5-7 所示。具体规定如下：

1）楼梯平面布置图注写内容，包括楼梯间平面尺寸、楼层结构标高、层间结构标高、楼梯的上下方向、梯板的平面几何尺寸、梯板类型及编号、平台板配筋、梯梁及梯柱配筋等。

2）楼梯剖面图注写内容，包括梯板集中标注、梯梁和梯柱编号、梯板水平及竖向尺寸、楼层结构标高、层间结构标高等。楼梯的剖面注写示意图如图 5-7 所示。

3）梯板集中标注的内容有四项，具体规定如下：

① 梯板类型及编号，如 AT××。

② 梯板厚度，注写为 h=×××。当梯板由踏步段和平板构成，且踏步段梯板厚度和平板厚度不同时，可在梯板厚度后面括号内以字母 P 打头注写平板厚度。

③ 梯板配筋，注明梯板上部纵筋和下部纵筋，用分号"；"分隔。

④ 梯板分布筋，以 F 打头注写分布钢筋具体值，该项也可在图中统一说明。

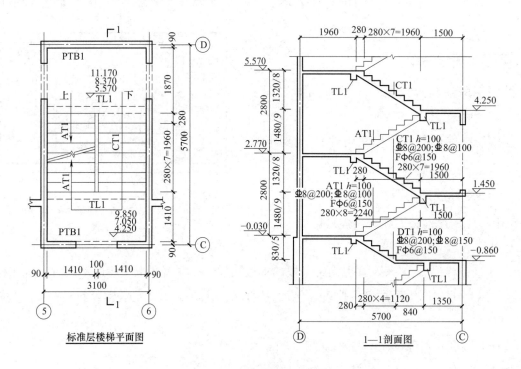

图 5-7　楼梯的剖面注写方式

5.2.3 列表注写方式

列表注写方式是采用列表形式注写梯板截面尺寸和配筋具体数值的方式来表达楼梯施工图。列表注写方式的具体要求同剖面注写方式，仅将剖面注写方式中的梯板配筋集中标注项改为列表注写项即可，例如图 5-7 中梯板 AT1 的列表注写内容参见表 5-2。

表 5-2　梯板截面尺寸和配筋表

楼板编号	踏步段总高度 /mm 踏步级数	板厚 h/mm	上部纵筋	下部纵筋	分布筋
AT1	1480/9	100	Φ8@200	Φ8@100	Φ6@150

图 5-8 是现浇混凝土板式楼梯的现场施工照片，请仔细观察板式楼梯的配筋构造，弄清楼梯板内的受力钢筋、分布钢筋的布置方式与构造特点，并在学习本节板式楼梯标准构造详图时进行图物对照。

图 5-8　板式楼梯中的钢筋布置

5.3.1　板式楼梯的平面布置与适用条件

常见的 AT～CT 型板式楼梯代表一段支撑在上（高端梯梁）下（低端梯梁）支座的梯段板，楼梯类型之间的差别主要在于梯段板与平台板的连接形式，梯板的主体是踏步段（AT 型），除踏步段之外，梯板可与低端平板（BT 型）、高端平板（CT 型）连成一体。

以 AT 型楼梯为例，其适用条件为：两梯梁之间的梯板全部由踏步段构成，即踏步段斜板两端均以梯梁为支座，凡是满足该条件的梯板均为 AT 型楼梯。

由 AT 型梯板可组成各种楼梯间平面布置，包括双跑楼梯（图 5-7）、双分平行楼梯和剪刀楼梯等（图 5-9）。

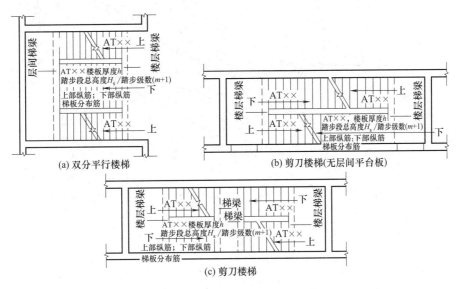

图 5-9　楼梯的平面布置（双分平行楼梯和剪刀楼梯）

5.3.2　板式楼梯的配筋构造

板式楼梯梯板的钢筋包括下部纵筋、上部纵筋、梯板分布筋等，以 AT 型楼梯为例表达梯板钢筋构造，如图 5-10 所示。其构造要求说明如下：

①下部纵筋在端部锚固要求伸过支座中线且不小于 $5d$。

②上部纵筋需伸至支座对边再向下弯折 $15d$，当有条件时可直接伸入平台板内锚固，如图 5-10 中虚线所示，从支座内边算起总锚固长度不小于 l_a。

③ 上部纵筋支座内锚固长度 $0.35l_{ab}$ 用于设计按铰接的情况，括号内数据 $0.6l_{ab}$ 用于设计考虑充分发挥钢筋抗拉强度的情况，具体工程中设计应指明采用何种情况。

④ 上部纵筋向跨内的水平延伸长度为 $l_n/4$，l_n 为踏步段水平投影长度。

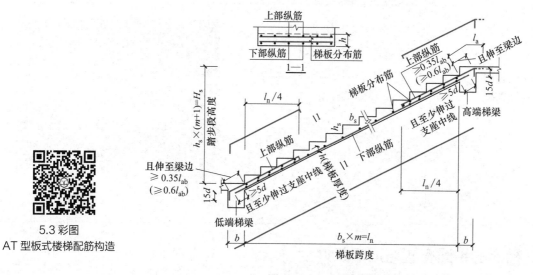

5.3 彩图
AT 型板式楼梯配筋构造

图 5-10　AT 型楼梯板配筋构造

BT 型、CT 型楼梯板的配筋构造，分别参见图 5-11、图 5-12。

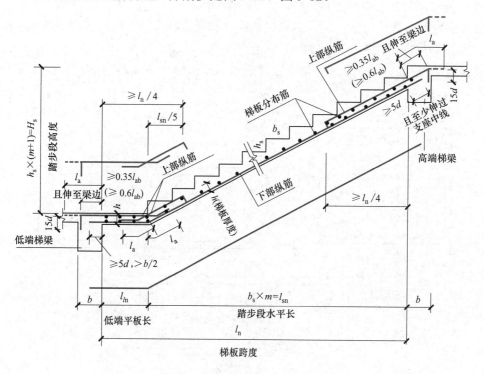

图 5-11　BT 型楼梯板配筋构造

特别提示

为了满足建筑上的要求，有时梯段板需要采用折板的形式，如 BT 型及 CT 型楼梯。由于折线形板在曲折处形成内折角，配筋时若钢筋沿内折角连续配置，则此处受拉钢筋将产生较大的向外合力，可能使该处混凝土保护层崩落，钢筋被拉出而失去作用。因此，在梯板的内折角处应将受力钢筋分离式布置，并分别满足钢筋的锚固要求（不小于 l_a），详见 BT 型楼梯低端平板及 CT 型楼梯高端平板的内折角处配筋构造做法。

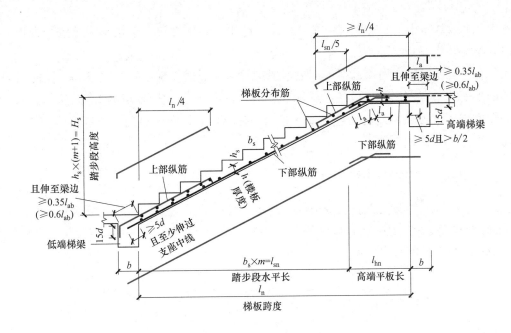

图 5-12　CT 型楼梯板配筋构造

5.3.3　各型楼梯第一跑与基础连接构造

现浇混凝土板式楼梯最下部第一跑一般支承于条形基础或基础梁上，楼梯第一跑与基础的连接构造如图 5-13 所示。其中滑动支座采用何种做法应根据设计指定做法确定，滑动支座垫板可选用聚四氟乙烯板，也可选用其他能起到有效滑动的材料。

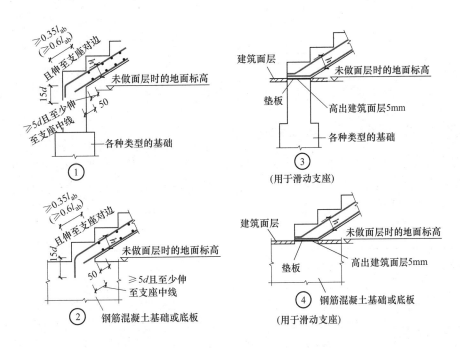

图 5-13　各型楼梯第一跑与基础连接构造

5.4　项目实战　板式楼梯平法施工图识图与绘图

板式楼梯的平法施工图主要包括梯板、层间梯梁、层间平板、楼层梯梁和楼层平板以及梯柱等组成构件，本节依据 22G101-2 图集重点练习楼梯梯板的平法识图方法，与楼梯相关的平台板、梯梁、梯柱的识图内容参见本书其他相关部分。

下面引入 AT 型板式楼梯为项目案例，根据现浇混凝土板式楼梯平法制图规则，同时对照图集中各种类型楼梯的配筋构造详图，把梯板的所有钢筋准确布置出来并且找到锚固构造做法，并通过绘制楼梯截面配筋详图完整表达出来，还可以进一步计算钢筋设计尺寸，通过绘图训练逐步达到"1+X"建筑工程识图职业技能的考核要求。

5.4.1 板式楼梯平法施工图实例

【工程概况】图 5-14 为某工程施工图中标准层板式楼梯的平法施工图，该楼梯为 AT 型板式楼梯，不考虑抗震构造措施。梯板混凝土强度等级为 C30，受力钢筋采用 HRB400 级（Φ），分布筋采用 HPB300 级（φ）。楼梯平面布置详见图 5-14。

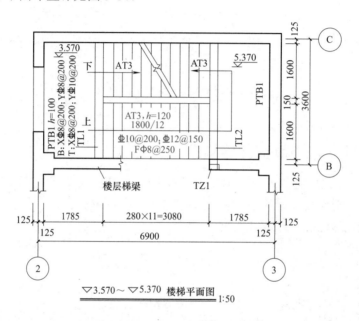

图 5-14 某工程板式楼梯的平法施工图

5.4.2 任务一 识读板式楼梯平法施工图

【任务要求】图 5-14 中的楼梯平法施工图采用平面注写方式，首先根据 22G101-2 标准图集中板式楼梯平法制图规则，读懂 AT3 的平面注写信息，找全楼梯的基本尺寸和配筋信息，然后完成表 5-3 布置的板式楼梯平法施工图识图任务记录单。

表 5-3 板式楼梯平法施工图识图任务记录单

工程名称		某工程		楼梯梯板编号/类型		AT3/AT 型板式楼梯
识读工程基本信息	抗震措施		无			
	材料选用	混凝土	混凝土强度等级为 C30			
		钢筋	受力钢筋采用 HRB400 级（Φ），分布筋 HPB300 级（φ）			
	环境类别/混凝土保护层		环境类别为一类；踏步段梯板受力筋的混凝土保护层最小厚度为 15mm			
	钢筋的连接方式		纵筋的连接接头宜采用搭接连接			
识读梯板基本信息	标高范围/m		3.570～5.370	踏步段总高度/mm/踏步级数		1800/12
	梯板厚 h/mm		120	踏步尺寸 $b×h$/mm		280×150
	梯板净跨度 l_n/mm		3080	梯板净宽度 b_n/mm		1600

识读梯板配筋信息	梯板下部钢筋	下部纵筋	Φ12@150
		分布筋	Φ8@250
	梯板上部钢筋（低端、高端）	上部纵筋（非贯通）	Φ10@200
		分布筋	Φ8@250
项目组别		项目组长	记录人

5.4.3　任务二　绘制梯板截面钢筋布置详图

【任务要求】针对图 5-14 中的板式楼梯平法实例图，将梯板的平面注写信息与平法图集中不同类型楼梯的配筋构造详图进行对号入座，然后按照传统表示方法绘制梯板 AT3 截面钢筋布置详图，重点解决梯板内各种钢筋的布置方式以及钢筋截断与锚固的详细构造做法，同时标注必要的标高、尺寸、配筋值等信息，通过绘图训练可以有效解决楼梯"平法"识图难题。

绘制图 5-14 中梯板 AT3 截面钢筋布置详图的主要步骤如下：

① 查看楼梯平面布置图的外围标注以及梯板 AT3 的平面注写内容，找全楼梯的基本尺寸和配筋信息（参见表 5-3 板式楼梯平法施工图识图任务记录单）。

② 按比例绘制梯板 AT3 的踏步段垂直剖面外轮廓线以及高端、低端梯梁与平板的轮廓线，注意正确度量高、低梯梁标高差和各级踏步尺寸及斜梯段倾角。

③ 对照图 5-10 AT 型楼梯板配筋构造详图，在梯板轮廓线内画出斜梯板的下部纵筋、上部纵筋及分布筋的钢筋布置示意图。

④ 正确表达出斜梯板内钢筋截断与锚固的详细构造做法：梯板下部纵筋两端分别锚入高端梯梁和低端梯梁，锚固长度要满足伸过支座中线且 ≥ 5d；上部纵筋在支座内需伸至对边再向下弯折 15d，计算上部纵筋向梯板跨内的水平延伸长度 $l_n/4$，并标注在配筋详图中。

按以上步骤绘制的 AT3 截面钢筋布置详图如图 5-15 所示。

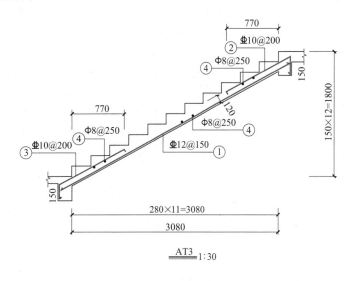

图 5-15　AT3 截面钢筋布置详图

技能训练

知识自测

一、判断题

1. AT 型楼梯全部由踏步段构成。　　　　　　　　　　　　　　　　（　　）

2. CT 型梯板由低端平板、踏步板和高端平板构成。　　　　　　　　（　　）

3. 在 22G101-2 图集中共有十二种楼梯类型。　　　　　　　　　　　（　　）

4. 梯板分布筋以 F 打头标注分布钢筋具体值，该项必须在平法图中集中标注出来。　（　　）

5. 在集中标注时，踏步段总高度和踏步级数之间以"；"分隔。　　　（　　）

6. 剖面注写方式是绘制楼梯平面布置图和楼梯剖面图，注写方式分平面注写和剖面注写两部分。
　　　　　　　　　　　　　　　　　　　　　　　　　　　　　　　（　　）

7. ATa 型和 ATb 型楼梯为带滑动支座的板式楼梯。 （　　）

8. 板式楼梯的梯板分布筋只布置在下部纵筋的内侧。 （　　）

二、简答题

1. 板式楼梯的基本构件有哪些？

2. 板式楼梯平法施工图的表示方法有哪几种？

3. 梯板下部纵筋的锚固长度需要满足哪些要求？怎么确定梯板上部纵筋的锚固长度？

【**任务要求**】认真阅读《混凝土结构施工图实训图册》某酒店工程施工图中 2# 楼梯结构施工图，以其中 2# 楼梯板 ATb3 为识图项目，运用板式楼梯平法制图规则，看懂该楼梯的平面布置、梯板类型、截面尺寸及钢筋构造，完成下面布置的板式楼梯平法识图与绘图的实训任务：

① 填写表 5-4 给出的板式楼梯平法施工图识图任务记录单；

② 用传统表示方法绘制梯板 ATb3 截面钢筋布置详图，能够正确表达斜梯板内上部与下部纵筋截断与锚固的详细构造做法，并标注必要的标高、尺寸、配筋值等信息。

表 5-4　板式楼梯平法施工图识图任务记录单

工程名称			楼梯梯板编号 / 类型		
识读工程基本信息	抗震措施				
	材料选用	混凝土			
		钢筋			
	环境类别 / 混凝土保护层				
	钢筋的 连接方式				
识读梯板基本信息	标高范围 /m		踏步段总高度 /mm / 踏步级数		
	梯板厚 h/mm		踏步尺寸 $b \times h$/mm		
	梯板净跨度 l_n		梯板净宽度 b_n/mm		
识读梯板配筋信息	梯板下部钢筋	下部纵筋			
		分布筋			
	梯板上部钢筋 （低端、高端）	上部纵筋（贯通）			
		分布筋			
	附加纵筋	梯板角部上、下纵筋			
项目组别		项目组长		记录人	

项目6 基础平法识图

学习目标

通过本项目的学习，学生需掌握各类基础平法施工图的制图规则和识图方法，能看懂基础构件的平面布置、竖向尺寸与配筋构造。通过项目实战案例，学生能够对接"1+X"建筑工程识图（结构）职业技能考核要求，完成各类基础平法施工图识图与绘图的实训任务，具备熟练的基础平法识图能力。

"1+X"建筑工程识图（结构）技能考核要求	知识目标	能力目标
• 能识读地基基础设计等级、基础类型、基础构件截面尺寸及标高； • 能识读基础配筋构造、柱（墙）纵筋在基础中锚固构造等； • 能根据任务要求，应用CAD绘图软件绘制中型建筑工程基础施工图的指定内容	• 了解基础的各种形式及受力特性，包括独立基础、条形基础、筏形基础、桩基础等； • 掌握独立基础、条形基础、梁板式筏形基础平法施工图制图规则和识图方法； • 掌握独立基础、条形基础、梁板式筏形基础的平面布置方式，以及基础底板、基础梁等基础构件的钢筋布置与构造要求	• 能识别一般建筑结构的基础类型与组成构件； • 能正确执行国家设计规范及标准图集的相关规则与规定； • 能读懂独立基础、条形基础、梁板式筏形基础平法施工图的图示内容，完成基础识图任务； • 能完成独立基础、条形基础底板钢筋布置详图的绘制任务（课后应用CAD软件练习并完善绘图任务）

素质拓展

大厦起于基石　识图练就本领

对于土建类相关专业学生而言，从事建筑施工、工程造价、工程监理等岗位工作必须看懂"平法"结构施工图。因此，施工图识读与审核技能是工程建设领域按图施工、按图算量、按图验收等职业岗位的核心能力，是毕业生适应新形势下建筑业转型升级和信息化建设等行业发展需求必备的专业技能。

2019年1月国家人力资源和社会保障部按照新职业的标准，拟定出了15个新职业，"建筑信息模型（BIM）技术员"为新增职业之一。这一新兴职业的就业岗位分为BIM模型生产、BIM信息应用、BIM专业分析和BIM管理，对BIM岗位人才需求较大的地区主要有上海、北京、广州、深圳、武汉等大城市。建筑信息模型（BIM）技术员是近两年建筑行业需求较大、薪资较高的新兴职业。从事其岗位工作就需要具备熟练的工程识图能力。

在建筑业向信息化、产业化、智能化转型升级的新形势下，建筑企业对土建施工人员的专业技能和工作能力要求越来越高，在选聘人才的时候尤为重视应聘者的识图、审图及绘图能力。如果毕业生的工程识图能力较强、基本功过硬，在就业时就会占有较大的竞争优势。所以，同学们应该尽早做好职业规划，要怀抱梦想又脚踏实地，敢想敢为又善作善成，在校期间练就过硬的专业技能和本领，具备较强的就业能力和可持续发展能力，在毕业三至五年后尽快成长为掌握现代建筑业关键技术和职业技能的造价师、建造师，成为能适应产业转型升级和企业技术创新需要的高素质技术技能人才。

基础是埋在地面以下建筑物底部的承重构件，承受墙、柱传来的上部结构全部荷载，并将其扩散到地基土层或岩石层中。常见基础的形式有独立基础、条形基础、筏形基础及桩基础等。由于基础的组成及传力与上部结构构件不同，而且其结构施工图内容较为抽象和复杂，所以对于初学者来说，掌握基础平法识图比较困难。本项目针对独立基础、条形基础及梁板式筏形基础的平面布置、组成构件、平法识图规则以及配筋构造详图等进行详细解读与构造分析。

👁 看一看

图 6-1 和图 6-2 是钢筋混凝土独立基础的施工照片，可以扫一扫二维码 6.1 观看独立基础施工过程动画，请仔细观察柱下独立基础的空间布置、外形特征以及钢筋构造特点。

6.1 动画
独立基础空间布置
与施工过程

图 6-1　钢筋混凝土独立基础　　　　图 6-2　独立基础底板钢筋施工

❓ 想一想

◆ 钢筋混凝土基础的类型有哪些？

◆ 独立基础按截面形状分几种类型？

◆ 独立基础底板的钢筋如何正确布置？

6.1　独立基础平法识图规则

6.1.1　独立基础平法施工图的表示方法

独立基础平法施工图采用平面注写、截面注写和列表注写三种表达方式，设计者可根据具体工程情况选择一种，或两种方式相结合进行独立基础的施工图设计。独立基础平法施工图一般包含如下内容：

1）当绘制独立基础平面布置图时，应将独立基础平面与基础所支承的柱一起绘制。当设置基础联系梁时，可根据图面的疏密情况，将基础联系梁与基础平面布置图合并绘制，或将基础联系梁布置图单独绘制。

2）在独立基础平面布置图上，应标注基础定位尺寸；当独立基础的柱中心线或杯口中心线与建筑轴线不重合时，应标注其定位尺寸。编号相同且定位尺寸相同的基础，可仅选择一个进行标注。

6.1.2　独立基础的平面注写方式

独立基础的平面注写方式，分为集中标注和原位标注两部分内容。独立基础平面注写方式示例如图 6-3 所示。

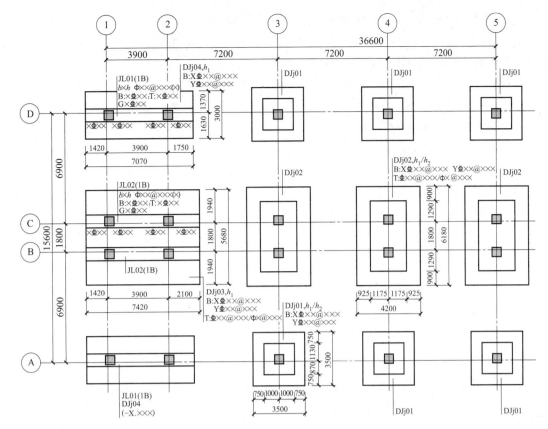

图 6-3 独立基础平法施工图平面注写方式示例

6.1.2.1 独立基础编号

独立基础是指钢筋混凝土柱下单独基础，可分为普通独立基础和杯口独立基础，按其截面形状又可分为阶形独立基础和锥形独立基础。各种独立基础应按表 6-1 规定进行编号。

6.1.2.2 独立基础的集中标注

普通独立基础和杯口独立基础的集中标注，系在基础平面图上集中引注"基础编号、截面竖向尺寸、配筋"三项必注内容，以及基础底面标高（与基础底面基准标高不同时）和必要的文字注解两项选注内容。素混凝土普通独立基础的集中标注，除无基础配筋内容外均与钢筋混凝土普通独立基础相同。

本节仅按普通独立基础对平法制图规则进行说明，杯口独立基础的平法制图规则内容参见国家建筑标准设计图集 22G101-3，独立基础集中标注的具体内容规定如下：

（1）注写独立基础编号（必注内容，见表 6-1）

表 6-1 独立基础编号

类型	基础底板截面形状	代号	序号
普通独立基础	阶形	DJj	××
	锥形	DJz	××
杯口独立基础	阶形	BJj	××
	锥形	BJz	××

独立基础底板的截面形状通常有两种，分别采用如下编号：

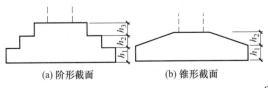

(a) 阶形截面   (b) 锥形截面

图 6-4 普通独立基础竖向尺寸

① 阶形截面代号后面加"j"，如 DJj××；

② 锥形截面代号后面加"z"，如 DJz××。

（2）注写独立基础截面竖向尺寸（必注内容）

① 当基础为阶形截面时，注写 $h_1 / h_2 / \cdots\cdots$，如图 6-4（a）所示。

【例 6-1】 当阶形截面普通独立基础 DJj×× 的竖向尺寸注写为 400/300/300 时，表示 h_1=400mm，h_2=300mm，h_3=300mm，基础底板总高度为 1000mm。此例基础为三阶；当为更多阶时，各阶尺寸自下而上用"/"分隔顺写。当基础为单阶时，其竖向尺寸仅为一个，即为基础总高度。

② 当基础为锥形截面时，注写为 h_1/h_2，如图 6-4（b）所示。

【例 6-2】 当锥形截面普通独立基础 DJz×× 的竖向尺寸注写为 350/300 时，表示 h_1=350mm，h_2=300mm，基础底板总高度为 650mm。

（3）注写独立基础配筋（必注内容）

1）注写独立基础底板配筋。普通独立基础的底部双向配筋注写规定如下：

① 以 B 代表各种独立基础底板的底部配筋。

② X 向配筋以 X 打头、Y 向配筋以 Y 打头注写；当两向配筋相同时，则以 X & Y 打头注写。

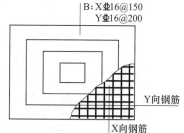

图 6-5　独立基础底板底部双向配筋示意图

如图 6-5 所示，当独立基础底板配筋标注为"B：X Φ16@ 150，Y Φ16@200"时，表示基础底板底部配置 HRB400 级钢筋，X 向钢筋直径为 16mm，分布间距 150mm；Y 向钢筋直径为 16mm，分布间距 200mm。

2）注写普通独立基础带短柱竖向尺寸及钢筋。当独立基础埋深较大，设置短柱时，短柱配筋应注写在独立基础中。具体注写规定如下：

① 以 DZ 代表普通独立基础短柱。

② 先注写短柱纵筋，再注写箍筋，最后注写短柱标高范围。注写为：角筋 /x 边中部筋 /y 边中部筋，箍筋，短柱标高范围。

如图 6-6 所示，当短柱配筋标注为"DZ：4Φ20/5Φ18/5Φ18，Φ10@100，-2.500 ～ -0.050"时，表示独立基础的短柱设置在 -2.500 ～ -0.050m 高度范围内，配置 HRB400 级竖向钢筋和 HPB300 级箍筋。其竖向钢筋角筋为 4Φ20、x 边中部筋为 5Φ18、y 边中部筋为 5Φ18；其箍筋直径为 10mm，间距 100mm。

（4）注写基础底面标高（选注内容）

当独立基础的底面标高与基础底面基准标高不同时，应将独立基础底面标高直接注写在"（ ）"内。

（5）必要的文字注解（选注内容）

当独立基础的设计有特殊要求时，宜增加必要的文字注解。例如，基础底板配筋长度是否采用减短方式等，可在该项内注明。

6.1.2.3　独立基础的原位标注

独立基础的原位标注，系在基础平面布置图上标注独立基础的平面尺寸。对相同编号的基础，可选择一个进行原位标注；当平面图形较小时，可将所选定进行原位标注的基础按比例适当放大；其他相同编号者仅注编号。

普通独立基础原位标注的具体内容为：原位标注 x、y，x_i、y_i（i=1，2，3……）。其中，x、y 为普通独立基础两向边长，x_i、y_i 为阶宽或锥形平面尺寸。当设置短柱时，尚应标注短柱对轴线的定位情况，用 x_{DZi} 表示。

非对称阶形截面普通独立基础的原位标注，如图 6-7 所示；设置短柱独立基础的原位标注，如图 6-8 所示；对称锥形截面普通独立基础的原位标注，如图 6-9（a）所示；非对称锥形截面普通独立基础的原位标注，如图 6-9（b）所示。

普通独立基础采用平面注写方式的集中标注和原位标注综合设计表达示意，如图 6-10 所示。

6.1.2.4　多柱独立基础的平面注写方式

独立基础通常为单柱独立基础，也可为多柱独立基础（双柱或四柱等）。多柱独立基础的编号、几何尺寸和配筋的标注方法与单柱独立基础相同。

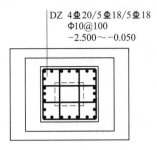

图 6-6　独立基础短柱配筋
示意图

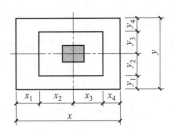

图 6-7　非对称阶形截面普通
独立基础的原位标注

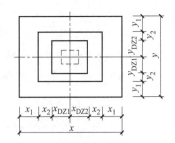

图 6-8　设置短柱独立基础
的原位标注

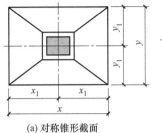

（a）对称锥形截面

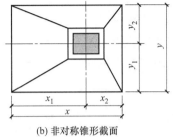

（b）非对称锥形截面

图 6-9　坡形截面普通独立基础的原位标注

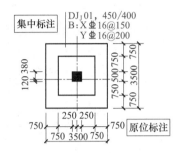

图 6-10　独立基础平法施工图设计实例

练一练

【实例 6-1】　图 6-10 为独立基础平法施工图设计实例，按照基础平面注写方式制图规则，解释图中 DJj01 所注写的集中标注和原位标注各种信息的含义。

【识图解析】　图中 DJj01 截面所注写的标注内容释义如图 6-11 所示。

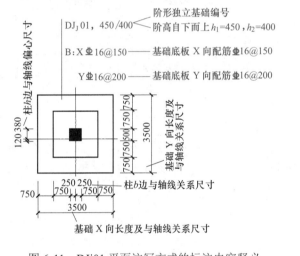

图 6-11　DJj01 平面注写方式的标注内容释义

当为双柱独立基础且柱距较小时，通常仅配置基础底部钢筋；当柱距较大时，除基础底部配筋外，尚需在两柱间配置基础顶部钢筋或设置基础梁；当为四柱独立基础时，通常可设置两道平行的基础梁，需要时可在两道基础梁之间配置基础顶部钢筋。

多柱独立基础顶部配筋和基础梁的注写方法规定如下：

（1）注写双柱独立基础底板顶部配筋

双柱独立基础的顶部配筋，通常对称分布在双柱中心线两侧，以大写字母"T"打头，注写为：双柱间纵向受力钢筋 / 分布钢筋。当纵向受力钢筋在基础底板顶面非满布时，应注明其总根数。

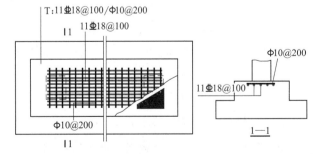

图 6-12　双柱独立基础顶部配筋示意图

如图 6-12 所示，双柱独立基础的顶部配筋标注为"T: 11 Φ 18@100/ Φ10@200"，表示独立基础顶部配置纵向受力钢筋 HRB400 级，直径为 18mm，共设置 11 根，间距 100mm；分布筋为 HPB300 级，直径为 10mm，间距200mm。

（2）注写双柱独立基础的基础梁配筋

当双柱独立基础为基础底板与基础梁相结合时，注写基础梁的编号、几何尺寸和配筋。如JL××（1）表示该基础梁为1跨，两端无外伸；JL××（1A）表示该基础梁为1跨，一端有外伸；JL××（1B）表示该基础梁为1跨，两端均有外伸。

通常情况下，双柱独立基础宜采用端部有外伸的基础梁，基础底板则采用受力明确、构造简单的单向受力配筋与分布筋。基础梁宽度宜比柱截面宽出不小于100mm（每边不小于50mm）。

基础梁的注写规定与条形基础的基础梁注写规定相同，详见本项目6.4节的相关内容。基础梁的注写示意如图6-13所示。

（3）注写双柱独立基础的底板配筋

双柱独立基础底板配筋的注写，可以按独立基础底板的注写规定。

采用平面注写方式表达的双柱独立基础设计施工图示例，如图6-14所示。

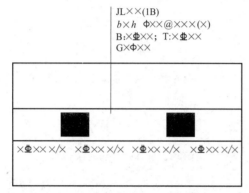

图6-13　双柱独立基础的基础梁配筋注写示意图

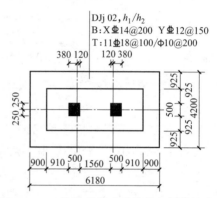

图6-14　双柱独立基础平法施工图设计实例

6.1.3　独立基础的截面注写方式

独立基础采用截面注写方式，应在基础平面布置图上对所有基础按表6-1进行编号，标注独立基础的平面尺寸，并用剖面号引出对应的截面图，对相同编号的基础，可选择一个进行标注。

对单个基础进行截面标注的内容和形式，与传统"单构件正投影表示方法"基本相同。对于已在基础平面布置图上原位标注清楚的该基础的平面几何尺寸，在截面图上可不再重复表达，具体表达内容可参照22G101-3图集中相应的标准构造。

6.1.4　独立基础的列表注写方式

独立基础采用列表注写方式，应在基础平面布置图上对所有基础按表6-1进行编号。对多个同类基础，可采用列表注写（结合平面和截面示意图）的方式进行集中表达。表中内容为基础截面的几何数据和配筋等，在平面和截面示意图上应标注与表中栏目相对应的代号。普通独立基础列表的具体内容规定如下。

（1）编号　阶形截面编号为DJj××，锥形截面编号为DJz××。

（2）几何尺寸　水平尺寸x、y，x_i、y_i（$i=1$，2，3……）；竖向尺寸$h_1/h_2/$……。

（3）配筋　B：XΦ××@×××，YΦ××@×××。

普通独立基础列表格式见表6-2。表中可根据实际情况增加栏目，例如：当基础底面标高与基础底面基准标高不同时，加注基础底面标高；当为双柱独立基础时，加注基础顶部配筋或基础梁几何尺寸和配筋；当设置短柱时增加短柱尺寸及配筋等。

民用建筑结构一般采用普通独立基础，常见独立基础的类型及其钢筋构造情况见图6-17。

表 6-2 普通独立基础几何尺寸和配筋表

基础编号 / 截面号	截面几何尺寸						底部配筋（B）	
	x	y	x_i	y_i	h_1	h_2	X 向	Y 向

6.2 独立基础标准构造详解

👁 看一看

图 6-15 和图 6-16 是钢筋混凝土独立基础施工的现场照片，仔细观察基础底板的钢筋布置与构造特点，并在学习本节独立基础标准构造详图时进行图物对照。

图 6-15 独立基础底板配筋长度减短 10% 构造做法　　图 6-16 双柱普通独立基础钢筋布置

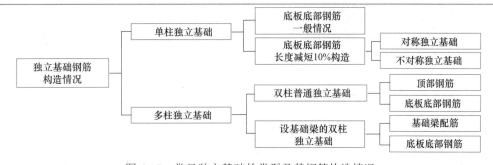

图 6-17 常见独立基础的类型及其钢筋构造情况

6.2.1 单柱独立基础底板配筋构造

单柱独立基础底板配筋构造如图 6-18 所示［图 6-18（a）适用于 DJj，图 6-18（b）适用于 DJz］。独立基础底板双向均应配置受力钢筋，基础几何尺寸和配筋按具体结构设计确定，其构造要点如下：

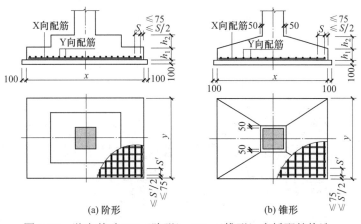

（a）阶形　　　　　　（b）锥形

图 6-18 独立基础 DJj（阶形）、DJz（锥形）底板配筋构造

6.2 彩图
独立基础底板
配筋构造

① 独立基础底板双向交叉钢筋长向设置在下，短向设置在上。

② 基础底板第一根钢筋距构件边缘的起步距离为≤75mm 且≤ $S/2$（S 为钢筋间距），即 min{75，$S/2$}。

③ 当独立基础底板边长≥2500mm 时，除外侧钢筋外，底板配筋长度可取相应方向底板长度的 0.9 倍，并交错放置，四边最外侧钢筋不缩短，如图 6-19（a）所示。

④ 对于非对称独立基础底板长度≥2500mm，但该基础某侧从柱中心至基础底板边缘的距离＜1250mm 时，钢筋在该侧不应减短，如图 6-19（b）所示。

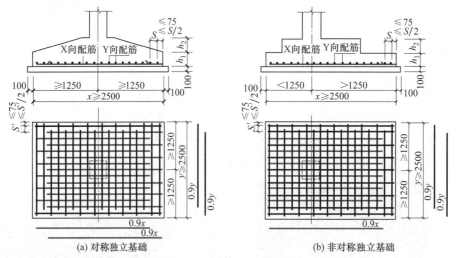

图 6-19　独立基础底板配筋长度减短 10% 构造

> **特别提示**
>
> 　　独立基础底板的受力情况如同地基净反力作用的倒置悬臂板。在地基净反力（基础自重及基础上的土重所产生的均布压力与其相应的地基反力相抵消后，地基净反力竖直向上作用于基础底板）作用下，基础底板在两个方向均发生向上的弯曲，相当于固定在柱边的梯形悬臂板，底板在柱边下部受拉，上部受压。因此，基础底板长边方向悬臂长度大，弯矩大，长向钢筋设置在下，短向钢筋设置在上，与普通楼板的受力及配筋特征完全不同。

6.2.2　双柱普通独立基础配筋构造

6.2.2.1　双柱普通独立基础底部与顶部配筋构造

双柱普通独立基础底板的截面形状可为阶梯截面 DJj 或锥形截面 DJz，其底部与顶部配筋构造如图 6-20 所示。

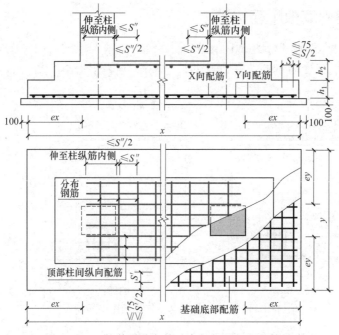

图 6-20　双柱普通独立基础底部与顶部配筋构造

双柱普通独立基础底部双向交叉钢筋，根据基础两个方向从柱外缘至基础外缘的伸出长度 *ex* 与 *ey* 的大小，较大者方向的钢筋设置在下，较小者方向的钢筋设置在上。

6.2.2.2 设置基础梁的双柱普通独立基础配筋构造

对于设置基础梁的双柱普通独立基础底板配筋与柱下条形基础底板配筋相同，即短边钢筋为受力筋，与之垂直的长边钢筋为分布筋。底部短向受力筋设置在基础梁纵筋之下，与基础梁箍筋的下水平段位于同一层面。双柱独立基础所设置的基础梁宽度，宜比柱截面宽度≥100mm（每边≥50mm）。

设置基础梁的双柱普通独立基础配筋构造如图 6-21 所示。

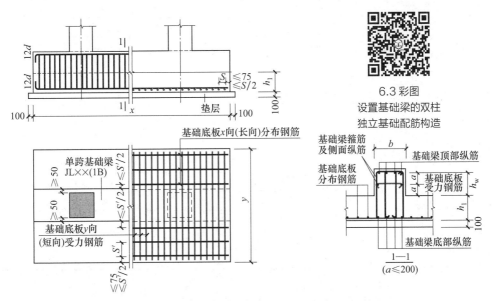

6.3 彩图
设置基础梁的双柱
独立基础配筋构造

图 6-21 设置基础梁的双柱普通独立基础配筋构造

6.3 项目实战 独立基础平法施工图识图与绘图

独立基础是框架结构、框架—剪力墙结构常用的基础类型，独立基础的构造特点：一是属于"点"式构件，一般坐落在一个十字轴线交点上，如果坐落在几个轴线交点上承载几个独立柱，称为多柱独立基础。二是基础底板内的纵横两个方向均为受力钢筋，且长边方向的钢筋设置在下，短边方向的钢筋设置在上。下面给出独立基础平法识图实例，正确把握基础平法施工图制图规则，通过绘制基础的平面布置图及剖面配筋详图，认清基础底板钢筋布置方式与构造做法，经过真操实练逐步达到"1+X"建筑工程识图职业技能的考核要求。

6.3.1 独立基础平法施工图实例

【工程概况】在某综合楼工程施工图中截取了编号为 DJz01 的独立基础平法设计图，如图 6-22 所示。该工程结构形式为钢筋混凝土框架结构，框架抗震等级为三级，框架柱与基础混凝土强度等级均为 C30，基础环境类别为二 a 类，受力钢筋采用 HRB400 级（Φ）。基础底面基准标高为 −1.500m，基础底板钢筋的混凝土保护层厚度取 40mm，基础下部做 100mm 厚 C20 素混凝土垫层。

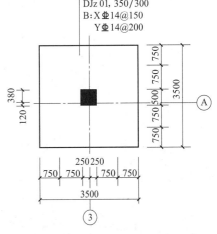

图 6-22 某工程独立基础 DJz01 平法
施工图实例

6.3.2 任务一 识读独立基础平法施工图

【任务要求】图 6-22 中独立基础 DJz01 采用的是平面注写

方式，包括集中标注与原位标注两部分内容。依据 22G101-3 标准图集中独立基础平法制图规则，读懂 DJz01 的平面注写信息，找全独立基础的定位尺寸和底板配筋信息，完成表 6-3 布置的独立基础平法施工图识图任务记录单，巩固所学的独立基础平法识图规则和识图方法。

表 6-3　独立基础平法施工图识图任务记录单

工程名称		某综合楼	独立基础编号/类型	DJz01/锥形独立基础
识读工程基本信息	抗震等级		框架抗震等级为三级	
	材料选用	基础底板	基础混凝土强度等级为 C30	
			受力钢筋为 HRB400 级钢筋（Φ）	
		垫层	C20 素混凝土	
	环境类别/混凝土保护层		基础环境类别为二 a 类；基础底板钢筋的混凝土保护层厚度为 40mm	
	地基持力层		略	
识读基础基本信息	基础底面标高		−1.500m	基础总高度/mm	650
	基础底板尺寸/mm		X 向 3500	基础竖向尺寸 h_1/h_2/mm	h_1=350（下部）h_2=300
			Y 向 3500		
	垫层宽度/mm		超出基础底板各边缘 100	垫层厚度/mm	100
	基础轴线定位		该基础位于③轴和Ⓐ轴相交处，底板 Y 向尺寸与Ⓐ轴不居中		
识读基础配筋信息	底板底部钢筋（双向）		X 向纵筋（下）	Φ14@150	
			Y 向纵筋（上）	Φ14@200	
	钢筋的布置方式		独立基础底板边长 3500mm ≥ 2500mm	底板配筋长度减短 10%	
项目组别		项目组长	记录人	

6.3.3　任务二　绘制独立基础钢筋布置详图

【任务要求】针对图 6-22 中的独立基础平法施工图，用学过的独立基础平法制图规则并配合基础底板配筋构造详图，将基础的平面注写信息与配筋构造进行对号入座，然后绘制 DJz01 的基础平面布置详图及剖面配筋详图。要求正确表达基础平面及竖向尺寸，确定底板钢筋相关构造要求并标注在详图中，然后进一步计算底板钢筋设计长度及数量，通过绘图训练可以深入读懂"平法"识图内容。

完成后的 DJz01 基础平面布置及剖面配筋详图如图 6-23 所示，主要绘图步骤如下：

① 先根据图中原位标注画出该基础的平面布置详图，包括框架柱截面、锥形基础上表面（比柱外边扩出 50mm）、基础底板、垫层等平面投影的轮廓线，并标注基础平面沿 X 向和 Y 向与轴线的定位关系及相关尺寸。

② 在基础平面布置图上做局部剖切，画出底板双向纵筋的布置情况，示意底板配筋长度减短 10% 的构造做法，并标注配筋值。

③ 根据集中标注信息绘制该锥形独立基础沿 X 向的剖面配筋详图，注意标注基础竖向高度尺寸与标高，并对照独立基础底板的配筋构造要求确定基础底部双向交叉受力钢筋的上下位置关系及距离边缘起步尺寸，具体标注内容参见图 6-23 中 1—1 剖面所示。

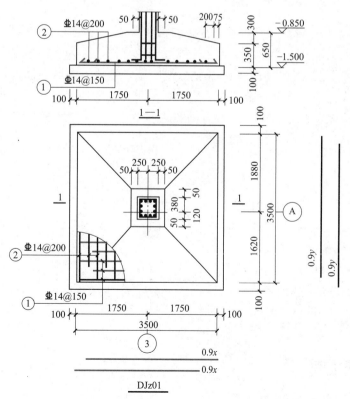

图 6-23　DJz01 基础平面布置及剖面配筋详图

④ 完成底板钢筋长度计算，包括当独立基础底板边长＞2500mm时，除外侧钢筋外，底板钢筋长度减短10％构造做法。独立基础底板钢筋长度计算过程参见表6-4。

表6-4 独立基础底板钢筋长度计算表

编号	设置部位	构造分析与长度计算
①⊈14@150（X向）	独立基础底板X向两边外侧钢筋	底板外侧钢筋满布，共2根 $l_x=3500-2×40=3420$（mm）
	除底板外侧以外，X向其余钢筋	由于X向底板边长3500mm＞2500mm，应采用底板钢筋长度减短10％构造，即 $l_x=3500×0.9=3150$（mm） X向其余钢筋根数＝$(3500-2×75)/150-1≈22$（根）
②⊈14@200（Y向）	独立基础底板Y向两边外侧钢筋	底板外侧钢筋满布，共2根 $l_y=3500-2×40=3420$（mm）
	除底板外侧以外，Y向其余钢筋	由于Y向底板边长3500mm＞2500mm，应采用底板钢筋长度减短10％构造，即 $l_y=3500×0.9=3150$（mm） Y向其余钢筋根数＝$(3500-2×75)/200-1≈16$（根）

6.4 条形基础平法识图规则

看一看

图6-24是钢筋混凝土条形基础的施工照片，可以扫一扫二维码6.4、6.5观看条形基础空间布置的视频及三维模型图，请仔细观察条形基础的外形特征以及基础底板与基础梁的配筋构造特点。

6.4 视频
条形基础空间
布置

图6-24 钢筋混凝土条形基础

6.4.1 条形基础平法施工图的表示方法

6.4.1.1 条形基础的分类

条形基础整体上可分为以下两类：

（1）梁板式条形基础 该类条形基础适用于钢筋混凝土框架结构、框架－剪力墙结构、部分框支剪力墙结构和钢结构。平法施工图将梁板式条形基础分解为基础梁和条形基础底板分别进行表达。

（2）板式条形基础 该类条形基础适用于钢筋混凝土剪力墙结构和砌体结构。平法施工图仅表达条形基础底板。

6.4.1.2 条形基础平法施工图的表示方法

条形基础平法施工图的表示方法，有平面注写和列表注写两种表达方式，设计者可根据具体工程情况选择一种，或将两种方式相结合进行条形基础的施工图设计。本节仅介绍条形基础平法施工图的平面注写方式制图规则，采用平面注写方式表达的条形基础设计施工图示例如图6-25所示。

条形基础平法施工图一般包含如下图示内容：

① 当绘制条形基础平面布置图时，应将条形基础平面与基础所支承的上部结构的柱、墙一起绘制。当基础底面标高不同时，需注明与基础底面基准标高不同之处的范围和标高。

② 当梁板式基础梁中心或板式条形基础板中心与建筑定位轴线不重合时，应标注其定位尺寸；对于编号相同的条形基础，可仅选择一个进行标注。

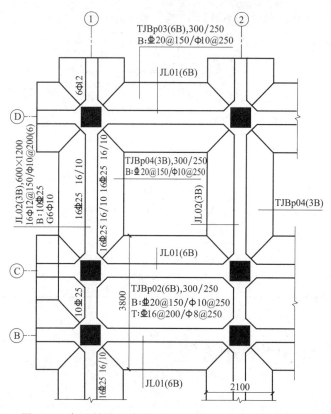

图 6-25 条形基础平法施工图平面注写方式示例（局部）

6.4.1.3 条形基础编号

条形基础通常采用坡形截面或单阶形截面。条形基础编号分为基础梁编号和条形基础底板编号，应符合表 6-5 的规定。

表 6-5 条形基础梁及底板编号

类型		代号	序号	跨数及有无外伸
基础梁		JL	××	（××）端部无外伸
条形基础底板	坡形	TJBp	××	（××A）一端有外伸
	阶形	TJBj	××	（××B）两端有外伸

> **特别提示**
>
> 不能把所有埋在地下的梁都叫做"基础梁"。严格地说，基础梁是承受上部荷载的梁。例如，条形基础的基础梁和筏形基础的基础梁，其主要作用是作为上部建筑的基础，将上部荷载传递到地基上。而基础联系梁（JLL）与基础梁受力不同，它是连接独立基础、条形基础或桩基承台的梁，不承受结构的上部荷载。

6.4.2 基础梁的平面注写方式

与框架梁的平法标注类似，基础梁 JL 的平面注写方式，分集中标注和原位标注两部分内容，当集中标注的某项数值不适用于基础梁的某部位时，则将该项数值采用原位标注，施工时，原位标注优先。基础梁的平面注写示例如图 6-25 中 JL02 所示。

6.4.2.1 基础梁的集中标注

基础梁的集中标注内容为：基础梁编号、截面尺寸、配筋三项必注内容，以及基础梁底面标高（与基础底面基准标高不同时）和必要的文字注解两项选注内容。具体规定如下：

（1）注写基础梁编号 参见表 6-5 的规定。

（2）注写基础梁截面尺寸 注写 $b×h$，表示梁截面宽度与高度。当为竖向加腋梁时，用

$b \times h$　$Yc_1 \times c_2$ 表示，其中 c_1 为腋长，c_2 为腋高。

（3）注写基础梁配筋

1）注写基础梁箍筋

① 当具体设计仅采用一种箍筋间距时，注写钢筋级别、直径、间距与肢数（箍筋肢数写在括号内）。

② 当具体设计采用两种箍筋时，用"/"分隔不同箍筋，按照从基础梁两端向跨中的顺序注写。先注写第 1 段箍筋（在前面加注箍筋道数），在斜线后再注写第 2 段箍筋（不再加注箍筋道数）。

【例 6-3】　9 Φ 16@100/ Φ 16@200（6），表示配置两种间距的 HRB400 级箍筋，直径为 16mm，从梁两端起向跨内，按箍筋间距 100mm，每端各设置 9 道，梁其余部位的箍筋间距为 200mm，均为 6 肢箍。

施工时应注意：两向基础梁相交的柱下区域，应有一向截面较高的基础梁箍筋贯通设置；当两向基础梁高度相同时，任选一向基础梁箍筋贯通设置。

2）注写基础梁底部、顶部及侧面纵向钢筋

① 以 B 打头，注写梁底部贯通纵筋（不应少于梁底部受力钢筋总截面面积的 1/3）。当跨中所注根数少于箍筋肢数时，需要在跨中增设梁底部架立筋以固定箍筋，采用"+"将贯通纵筋与架立筋相联，架立筋注写在加号后面的括号内。

② 以 T 打头，注写梁顶部贯通纵筋。注写时用分号"；"将底部与顶部贯通纵筋分隔开，如有个别跨与其不同者按原位注写的规定处理。

③ 当梁底部或顶部贯通纵筋多于一排时，用"/"将各排纵筋自上而下分开。

【例 6-4】　B：4 Φ 25；T：12 Φ 25 7/5，表示梁底部配置贯通纵筋为 4 Φ 25；梁顶部配置贯通纵筋上一排为 7 Φ 25，下一排为 5 Φ 25，共 12 Φ 25。

④ 以大写字母 G 打头，注写梁两侧面对称设置的纵向构造钢筋的总配筋值（当梁腹板净高 h_w 不小于 450mm 时，根据需要配置）。当需要配置抗扭纵向钢筋时，梁两侧面的抗扭纵向钢筋以 N 打头。

（4）注写基础梁底面标高　当条形基础的底面标高与基础底面基准标高不同时，将条形基础底面标高注写在"（　）"内。

（5）必要的文字注解　当基础梁的设计有特殊要求时，宜增加必要的文字注解。

6.4.2.2　基础梁的原位标注

基础梁的原位标注规定如下：

1）原位标注基础梁的底部纵筋，是指包含底部贯通纵筋与非贯通纵筋在内的所有纵筋。

① 当底部纵筋多于一排时，用"/"将各排纵筋自上而下分开。

② 当同排纵筋有两种直径时，用"+"将两种直径的纵筋相联，注写时角筋写在前面。

③ 当梁中间支座两边的底部纵筋配置不同时，需在支座两边分别标注；当梁中间支座两边的底部纵筋相同时，可仅在支座的一边标注。

④ 当梁支座底部全部纵筋与集中注写过的底部贯通纵筋相同时，可不再重复做原位标注。

⑤ 竖向加腋梁加腋部位钢筋，需在设置加腋的支座处以 Y 打头注写在括号内。

2）原位注写基础梁的附加箍筋或（反扣）吊筋。当两向基础梁十字交叉，但是交叉位置无柱时，应根据需要设置附加箍筋或（反扣）吊筋。

将附加箍筋或（反扣）吊筋直接画在平面图中条形基础的主梁上，原位直接引注总配筋值（附加箍筋的肢数注在括号内）。当多数附加箍筋或（反扣）吊筋相同时，可在条形基础平法施工图上统一注明。少数与统一注明值不同时，再原位直接引注。

3）原位注写基础梁外伸部位的变截面高度尺寸。当基础梁外伸部位采用变截面高度时，在该部位原位注写 $b \times h_1 / h_2$，h_1 为根部截面高度，h_2 为尽端截面高度。

4）原位注写修正内容。当在基础梁上集中标注的某项内容（如截面尺寸、箍筋、底部与顶部贯通纵筋或架立筋、梁侧面纵向构造钢筋、梁底面标高等）不适用于某跨或某外伸部位时，将其修正内容原位标注在该跨或该外伸部位，施工时原位标注取值优先。

6.4.3　条形基础底板的平面注写方式

条形基础底板 TJBp、TJBj 的平面注写方式，分集中标注和原位标注两部分内容。条形基础底板的平面注写示例如图 6-25 中 TJBp04 所示。

6.4.3.1　条形基础底板的集中标注

条形基础底板的集中标注内容为：条形基础底板编号、截面竖向尺寸、配筋三项必注内容，以及条形基础底板底面标高（与基础底面基准标高不同时）、必要的文字注解两项选注内容。素混凝土条形基础底板的集中标注，除无底板配筋内容外与钢筋混凝土条形基础底板相同。具体规定如下：

（1）注写条形基础底板编号　编号由代号和序号组成，应符合表 6-5 的规定，条形基础底板向两侧的截面形状通常有以下两种：

① 阶形截面，代号后面加 "j"，如 TJBj××（××）；

② 坡形截面，代号后面加 "p"，如 TJBp××（××）。

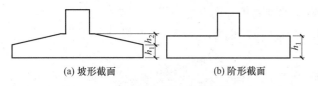

(a) 坡形截面　　　　(b) 阶形截面

图 6-26　条形基础底板截面竖向尺寸

（2）注写条形基础底板截面竖向尺寸　注写 h_1 / h_2/……，具体标注如下：

① 当条形基础底板为坡形截面时，注写为 h_1 / h_2，如图 6-26（a）所示。

【例 6-5】　当条形基础底板为坡形截面 TJBp01，其截面竖向尺寸注写为 300/250 时，表示 h_1=300mm、h_2=250mm，基础底板根部总厚度为 550mm。

② 当条形基础底板为阶形截面时，如图 6-26（b）所示。当为多阶时各阶尺寸自下而上以 "/" 分隔顺写。

（3）注写条形基础底板底部及顶部配筋

以 B 打头，注写条形基础底板底部的横向受力钢筋；以 T 打头，注写条形基础底板顶部的横向受力钢筋；注写时用 "/" 分隔条形基础底板的横向受力钢筋与纵向分布配筋，如图 6-27 所示。

如图 6-27（a）所示，当条形基础底板配筋标注为：B：Φ14@150 / φ8@250，表示条形基础底板底部配置 HRB400 级横向受力钢筋，直径为 14mm，分布间距 150mm；其上配置 HPB300 级纵向分布钢筋，直径为 8mm，间距为 250mm。

如图 6-27（b）所示，当为双梁（或双墙）条形基础底板时，除在底板底部配置钢筋外，一般尚需在两根梁或两道墙之间的底板顶部配置钢筋，其中横向受力钢筋的锚固长度从梁的内边缘（或墙边缘）起算。

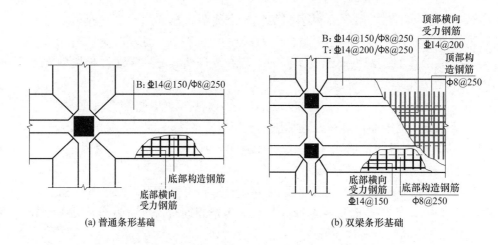

(a) 普通条形基础　　　　(b) 双梁条形基础

图 6-27　条形基础底板配筋示意

（4）注写条形基础底板底面标高　当条形基础底板的底面标高与条形基础底面基准标高不同时，应将条形基础底板底面标高注写在 "（ ）" 内。

（5）必要的文字注解　当条形基础底板有特殊要求时，应增加必要的文字注解。

6.4.3.2 条形基础底板的原位标注

条形基础底板的原位标注规定如下：

（1）原位注写条形基础底板的平面尺寸　原位标注 b、b_i（i=1，2，…）。其中，b 为基础底板总宽度，b_i 为基础底板台阶的宽度。当基础底板采用对称于基础梁的坡形截面或单阶形截面时，b_i 可不注，如图 6-28 所示。

素混凝土条形基础底板的原位标注与钢筋混凝土条形基础底板的原位标注相同。对于相同编号的条形基础底板，可仅选择一个进行标注。

（2）原位注写修正内容　当在条形基础底板上集中标注的某项内容，如底板截面竖向尺寸、底板配筋、底板底面标高等，不适用于条形基础底板的某跨或某外伸部分时，可将其修正内容原位标注在该跨或该外伸部位，施工时原位标注取值优先。

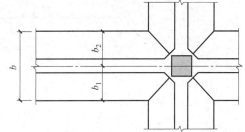

图 6-28　条形基础底板平面尺寸原位标注

6.5 条形基础标准构造详解

👁 看一看

图 6-29 是钢筋混凝土条形基础的施工照片，请仔细观察条形基础底板的配筋构造以及基础梁纵筋与箍筋的构造特点，并在理解条形基础标准构造详图时进行图物对照。

图 6-29　条形基础的钢筋布置

条形基础有梁板式条形基础（有梁式条形基础）和板式条形基础（墙下条形基础）两类，条形基础的组成及各种钢筋构造分类如图 6-30 所示。

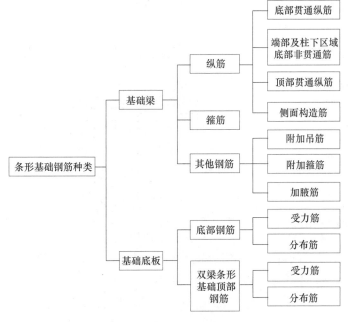

图 6-30　条形基础钢筋种类

6.5.1 条形基础底板配筋构造

条形基础是基础长度远远大于宽度的一种基础形式，根据其受力特点，条形基础底板的横向（短向）配筋为主要受力钢筋，纵向（长向）配筋为次要受力钢筋或者是分布钢筋，横向钢筋布置在下面。梁板式条形基础 TJBp 和 TJBj 剖面配筋详图如图 6-31 所示，剪力墙或砌体墙下条形基础剖面配筋详图如图 6-32 所示。条形基础底板配筋的构造要求说明如下：

① 条形基础的底板配筋有十字交接、丁字交接、转角处交接、无交接底板端部等四种节点构造做法，如图 6-33 所示。在条形基础底板两向受力钢筋交接的网状部位，分布筋与同向受力筋的构造搭接长度为 150mm。对于梁板式条形基础，基础底板分布钢筋在梁宽范围内不设置。

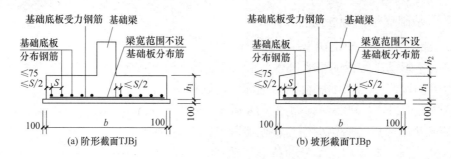

(a) 阶形截面TJBj　　　　　　　　　　(b) 坡形截面TJBp

图 6-31　梁板式条形基础 TJBp 和 TJBj 剖面配筋详图

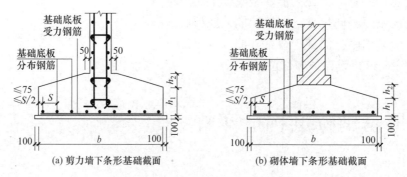

(a) 剪力墙下条形基础截面　　　　　　(b) 砌体墙下条形基础截面

图 6-32　墙下条形基础剖面配筋详图

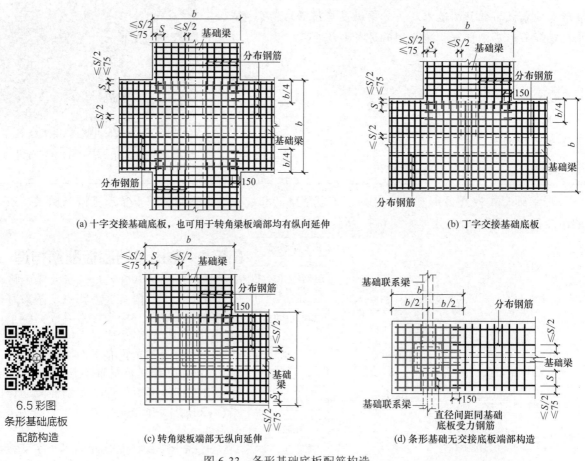

(a) 十字交接基础底板，也可用于转角梁板端部均有纵向延伸　　　　(b) 丁字交接基础底板

(c) 转角梁板端部无纵向延伸　　　　(d) 条形基础无交接底板端部构造

6.5 彩图
条形基础底板
配筋构造

图 6-33　条形基础底板配筋构造

　　② 当条形基础底板宽度 $b \geqslant 2500\text{mm}$ 时，基础底板底部横向受力钢筋长度可缩短 10% 交错布置，底板交接区的受力钢筋和无交接底板时端部第一根钢筋不应减短，如图 6-34 所示。

　　③ 当条形基础板底不平时，应将折角处的受力钢筋分离式布置，并分别满足钢筋的锚固要求（不小于 l_a），如图 6-35 所示。

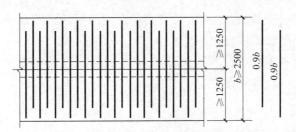

图 6-34　条形基础底板配筋长度减短 10% 构造

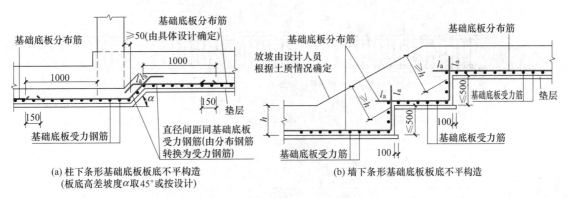

(a) 柱下条形基础底板板底不平构造
(板底高差坡度 α 取 45° 或按设计)

(b) 墙下条形基础底板板底不平构造

图 6-35　条形基础板底不平构造

6.5.2　基础梁钢筋构造

6.5.2.1　基础梁 JL 纵向钢筋与箍筋构造

基础梁 JL 的纵向钢筋包括：底部贯通纵筋、底部非贯通纵筋、顶部贯通纵筋、架立筋及侧面纵向钢筋等种类。基础梁纵向钢筋与箍筋构造如图 6-36 所示，其构造要求说明如下：

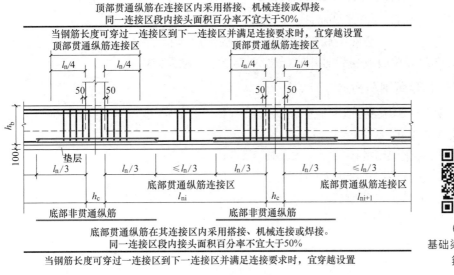

6.6 彩图
基础梁纵向钢筋与
箍筋构造

图 6-36　基础梁纵向钢筋与箍筋构造

① 基础梁顶部贯通纵筋连接区为支座两边 $l_n/4$ 再加柱宽范围，底部贯通纵筋连接区为本跨跨中的 $l_n/3$ 范围；底部非贯通纵筋自支座边向跨内延伸长度为 $l_n/3$，其中 l_n 为左右相邻两跨净跨长的较大值。

② 基础梁顶部贯通纵筋和底部贯通纵筋在连接区内采用搭接、机械连接或焊接，同一连接区段内接头面积百分率不宜大于 50%。当钢筋长度可穿过一连接区到下一连接区并满足连接要求时，宜穿越设置。

③ 当两毗邻跨的底部贯通纵筋配置不同时，应将配置较大一跨的底部贯通纵筋越过其标注的跨数终点或起点，伸至配置较小的毗邻跨的跨中连接区进行连接。

④ 基础梁相交处位于同一层面的交叉纵筋，何梁纵筋在下，何梁纵筋在上，应按具体设计说明。

⑤ 节点区内箍筋按梁端箍筋设置，梁相互交叉范围内的箍筋按截面高度较大的基础梁设置。同跨箍筋有两种时，各自设置范围按具体设计注写。

⑥ 当基础梁 JL 配置两种箍筋时，其构造如图 6-37 所示。当具体设计未注明时，基础梁的外伸部位以及端部节点内按梁端第一种箍筋设置。

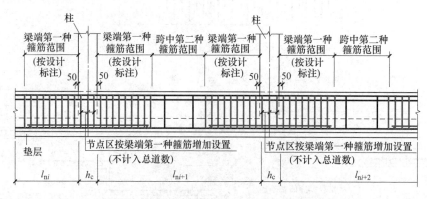

图 6-37　基础梁 JL 配置两种箍筋构造

💡 **特别提示**

　　柱下条形基础在上部结构传来的荷载作用下产生地基反力，以柱作为基础梁的不动铰支座，基础梁的受力情况如同地基净反力作用下倒置的连续梁。在地基净反力（沿梁全长作用的墙重及基础自重与其产生的相应地基反力相抵消后，地基净反力竖直向上作用于基础梁）作用下，基础梁在跨中区域顶部受拉，在支座区域底部受拉。因此，基础梁顶部钢筋按计算配筋且全部贯通设置，基础梁底部除贯通纵筋外，其支座区域底部非贯通筋向跨内延伸长度为 $l_n/3$，与普通楼面梁的受力及配筋特征完全相反。

6.5.2.2　条形基础梁端部与外伸部位钢筋构造

条形基础梁外伸部位顶部或底部纵筋伸出至梁端头后，弯折 $12d$。当从柱边算起的梁端部外伸长度不满足直锚（$l'_n+h_c<l_a$）时，基础梁底部钢筋应伸至端部后弯折 $15d$，且从柱内边算起水平段长度 $\geq 0.6l_{ab}$。条形基础梁端部等截面或变截面外伸部位钢筋构造详见图 6-38。

6.5.2.3　基础梁 JL 侧面钢筋构造

基础梁 JL 侧面钢筋包括侧面构造钢筋和侧面受扭钢筋，基础梁侧面纵向钢筋和拉筋构造如图 6-39 所示，其构造要求说明如下：

① 基础梁侧面纵向构造钢筋搭接长度与锚固长度均为 $15d$。

② 基础梁侧受扭纵筋的搭接长度为 l_l，锚固长度为 l_a，其锚固方式同基础梁上部纵筋。

③ 基础梁侧面钢筋的拉筋直径除设计注明外均为 8mm，间距为箍筋间距的 2 倍。当设有多排拉筋时，上下两排拉筋在竖向错开布置。

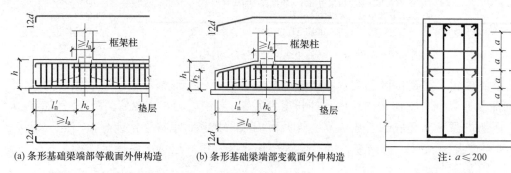

(a) 条形基础梁端部等截面外伸构造　　(b) 条形基础梁端部变截面外伸构造

图 6-38　条形基础梁 JL 端部与外伸部位钢筋构造　　　图 6-39　基础梁 JL 侧面纵筋和拉筋构造

6.5.2.4　基础梁 JL 与柱结合部侧腋构造

除基础梁比柱宽且完全形成梁包柱的情况外，所有基础梁与柱结合部位均应按图 6-40 所示加侧腋，其构造要点如下：

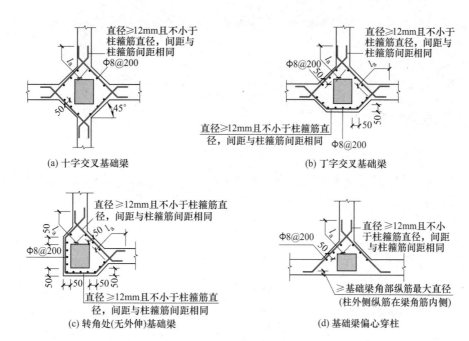

图 6-40 基础梁 JL 与柱结合部侧腋构造（各边侧腋宽出尺寸与配筋均相同）

① 基础梁与柱结合部位加腋钢筋由加腋筋及其分布筋组成，均不需要在施工图上标注，按图集上构造规定，加腋筋直径≥12mm 且不小于柱箍筋直径，间距与柱箍筋间距相同。加腋筋长度为侧腋边长加两端锚固长度 l_a，分布筋为Φ8@200。

② 各边侧腋边线与基础梁边线成45°交线，距柱边最小宽出尺寸为50mm，各边侧腋宽出尺寸均相同。

③ 当基础梁与柱等宽，或柱与梁的某一侧面相平时，存在因梁纵筋与柱纵筋同在一个平面内导致直通交叉遇阻情况，此时应适当调整基础梁宽度使柱纵筋直通锚固。

④ 当柱与基础梁结合部位的梁顶面高度不同时，梁包柱侧腋顶面应与较高基础梁的梁顶面一平（即在同一平面上），侧腋顶面至较低梁顶面高差内的侧腋，可参照角柱或丁字交叉基础梁包柱侧腋的构造进行施工。

6.6 梁板式筏形基础平法识图规则

 看一看

图 6-41 是梁板式筏形基础的施工照片，可以扫一扫二维码6.7、6.8、6.9观看筏形基础空间布置的视频及三维模型图，请仔细观察梁板式筏形基础的空间布置特征以及基础底板与基础梁的配筋构造特点。

6.7 视频
梁板式筏形基础空间布置

图 6-41 梁板式筏形基础

6.6.1 筏形基础分类及构成

6.6.1.1 筏形基础分类

筏形基础一般用于高层建筑框架结构或剪力墙结构，可分为梁板式筏形基础和平板式筏形基础。梁板式筏形基础由基础主梁、基础次梁和基础平板组成，平板式筏形基础有两种组成形式：一是由柱下板带、跨中板带组成；二是不分板带，直接由基础平板组成。筏形基础的分类及组成构件如图6-42所示。

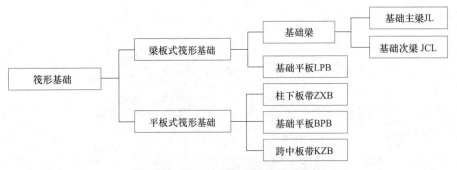

图 6-42　筏形基础的分类及组成构件

在实际工程中，主要采用梁板式筏形基础，平板式筏形基础应用相对较少，故本书只介绍梁板式筏形基础平法施工图，平板式筏形基础平法施工图相关内容参见22G101-3图集。

6.6.1.2 梁板式筏形基础构件的类型与编号

梁板式筏形基础包括基础主梁、基础次梁和基础平板等构件，按照表6-6的规定进行编号。编号规则说明如下：

表 6-6　梁板式筏形基础构件编号

构件类型	代号	序号	跨数及有无外伸
基础主梁（柱下）	JL	××	（××）或（××A）或（××B）
基础次梁	JCL	××	
梁板式筏形基础平板	LPB	××	在X、Y向配筋后表达 （××）或（××A）或（××B）

① 基础主梁或基础次梁序号中（××A）为一端有外伸，（××B）为两端有外伸，外伸不计入跨数。

【例6-6】 JL7（5B）表示第7号基础主梁，5跨，两端有外伸。

② 梁板式筏形基础平板跨数及是否有外伸分别在X、Y两向的贯通纵筋之后表达。图面从左至右为X向，从下至上为Y向。

③ 基础次梁JCL表示端支座为铰接；当基础次梁JCL端支座下部钢筋为充分利用钢筋的抗拉强度时，用JCLg表示。

④ 梁板式筏形基础主梁JL与条形基础梁JL的编号与标准构造详图完全相同。

6.6.2 梁板式筏形基础平法施工图的表示方法

梁板式筏形基础平法施工图，是在基础平面布置图上采用平面注写方式（没有截面注写方式）进行表达，一般包含如下图示内容：

1）当绘制基础平面布置图时，应将梁板式筏形基础与其所支承的柱、墙一起绘制。当基础底面标高不同时，需注明与基础底面基准标高不同之处的范围和标高。

2）通过选注基础梁底面与基础平板底面的标高高差来表达两者间的位置关系，可以明确其"高板位"（梁顶与板顶一平）、"低板位"（梁底与板底一平）以及"中板位"（板在梁的中部）三种不同位置组合的筏形基础，方便设计表达。

3）对于轴线未居中的基础梁，应标注其定位尺寸。

6.6.3 基础主梁与基础次梁的平面注写方式

与条形基础的基础梁 JL 平法标注内容类似，梁板式筏形基础的基础主梁 JL 与基础次梁 JCL 的平面注写方式分集中标注与原位标注两部分内容，施工时原位标注优先。

6.6.3.1 基础主梁与基础次梁的集中标注

基础主梁 JL 与基础次梁 JCL 的集中标注内容为：基础梁编号、截面尺寸、配筋三项必注内容，以及基础梁底面标高高差（相对于筏形基础平板底面标高）一项选注内容。具体规定如下：

（1）注写基础梁的编号

基础梁编号由类型代号和序号组成，见表 6-6。

（2）注写基础梁的截面尺寸

对于基础梁，以 $b \times h$ 表示梁截面宽度与高度；当为竖向加腋梁时，用 $b \times h$ $Yc_1 \times c_2$ 表示，其中 c_1 为腋长，c_2 为腋高。

（3）注写基础梁的配筋

1）注写基础梁箍筋

当采用一种箍筋间距时，注写钢筋级别、直径、间距与肢数（写在括号内）；当采用两种箍筋时，用"/"分隔不同箍筋，按照从基础梁两端向跨中的顺序注写。先注写第 1 段箍筋（在前面加注箍数），在斜线后再注写第 2 段箍筋（不再加注箍数）。

【例 6-7】 11 ϕ 16@100/ ϕ 16@200（4）：表示配置 HPB300 级钢筋，直径为 16mm 的箍筋，间距为两种，从梁两端起向跨内，按箍筋间距 100mm，每端各设置 11 道，其余部位箍筋间距为 200mm，均为四肢箍。

施工时应注意：两向基础主梁相交的柱下区域，应有一向截面较高的基础主梁箍筋贯通设置；当两向基础主梁高度相同时，任选一向基础主梁箍筋贯通设置。

2）注写基础梁的底部、顶部纵向钢筋

以 B 打头，先注写梁底部贯通纵筋（不应少于底部受力钢筋总截面面积的 1/3）。当跨中所注根数少于箍筋肢数时，需要在跨中加设架立筋以固定箍筋，注写时，用加号"+"将贯通纵筋与架立筋相联，架立筋注写在加号后面的括号内。

以 T 打头，注写梁顶部贯通纵筋值。注写时用分号"；"将底部与顶部纵筋分隔开，如有个别跨与其不同，则在该跨进行原位标注。

当梁底部或顶部贯通纵筋多于一排时，用斜线"/"将各排纵筋自上而下分开。

【例 6-8】 B：4 Φ 28；T：8 Φ 25 5/3，表示梁的底部配置 4 Φ 28 的贯通纵筋，梁的顶部配置贯通纵筋上一排为 5 Φ 25，下一排为 3 Φ 25，共 8 Φ 25。

3）注写基础梁的侧面纵向钢筋

以大写字母 G 打头，注写基础梁两侧面对称设置的纵向构造钢筋的总配筋值，其搭接与锚固长度可取为 15d；当需要配置抗扭纵向钢筋时，梁两个侧面的抗扭纵向钢筋以 N 打头，其锚固长度为 l_a，搭接长度为 l_l，其锚固方式同基础梁上部纵筋。

【例 6-9】 N8 Φ 16，表示梁的两个侧面共配置 8 Φ 16 的纵向抗扭钢筋，沿截面周边均匀对称设置。

（4）注写基础梁底面标高高差

基础梁底面标高高差是指相对于筏形基础平板底面标高的高差值，该项为选注值。有高差时需将高差写入括号内（如"高板位"与"中板位"基础梁的底面与基础平板底面标高的高差值），无高差时不注（如"低板位"筏形基础的基础梁）。

6.6.3.2 基础主梁与基础次梁的原位标注

基础主梁与基础次梁的原位标注规定如下：

1）注写梁支座的底部全部纵筋，即包括已经集中标注过的贯通纵筋在内的所有纵筋：

① 当梁支座的底部纵筋多于一排时，用斜线"/"将各排纵筋自上而下分开。

【例 6-10】 梁端（支座）区域底部纵筋注写为 10 Φ 25 4/6，则表示上一排纵筋为 4 Φ 25，下一排纵筋为 6 Φ 25。

② 当同排纵筋有两种直径时，用加号"+"将两种直径的纵筋相联，注写时角筋写在前面。

【例 6-11】 梁端（支座）区域底部纵筋注写为 4Φ28+2Φ25，表示一排纵筋由两种不同直径钢筋组合。

③ 当梁中间支座两边的底部纵筋配置不同时，需在支座两边分别标注；当梁中间支座两边的底部纵筋相同时，可仅在支座的一边标注配筋值。

④ 当梁端（支座）区域的底部全部纵筋与集中标注过的贯通纵筋相同时，可不再重复做原位标注。

⑤ 竖向加腋梁加腋部位钢筋，需在设置加腋的支座处以 Y 打头注写在括号内。

2）注写基础梁的附加箍筋或（反扣）吊筋。将其直接画在平面图中的主梁上，用线引注总配筋值（附加箍筋的肢数注在括号内），当多数附加箍筋或（反扣）吊筋相同时，可在基础梁平法施工图上统一注明，少数与统一注明值不同时，再原位引注。

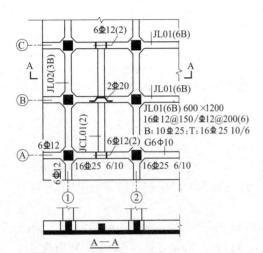

图 6-43 基础主梁与基础次梁平法施工图
平面注写方式示例（局部）

3）当基础梁外伸部位变截面高度时，在该部位原位注写 $b \times h_1/h_2$，h_1 为根部截面高度，h_2 为尽端截面高度。

4）注写修正内容。当在基础梁上集中标注的某项内容（如梁截面尺寸、箍筋、底部与顶部贯通纵筋或架立筋、梁侧面纵向构造钢筋、梁底面标高高差等）不适用于某跨或某外伸部分时，则将其修正内容原位标注在该跨或该外伸部位，施工时原位标注取值优先。

基础主梁与基础次梁按以上各项规定采用平面注写方式的综合设计表达示例，如图 6-43 所示。

6.6.3.3 基础梁底部非贯通纵筋的长度规定

为方便施工，对于基础主梁柱下区域和基础次梁支座区域底部非贯通纵筋的伸出长度 a_0 值：当配置不多于两排时，在标准构造详图中统一取值为自支座边向跨内伸出至 $l_n/3$ 位置；当非贯通纵筋配置多于两排时，从第三排起向跨内的伸出长度值应由设计者注明。l_n 的取值规定为：边跨边支座的底部非贯通纵筋，l_n 取本边跨的净跨长度值；对于中间支座的底部非贯通纵筋，l_n 取支座两边较大一跨的净跨长度值。

练一练

【实例 6-2】 图 6-43 为梁板式筏形基础平法施工图设计实例（局部），按照基础梁平面注写方式制图规则，解释图中 JL01 所注写集中标注和原位标注的含义。

【识图解析】 对照图 6-43 梁板式筏形基础（柱下）平法施工图，JL01 为基础主梁，JCL01 为基础次梁。图中 JL01 集中标注的具体含义如下：

JL01（6B）600×1200——该梁为 1 号基础主梁，纵向沿Ⓐ轴共 6 跨，两端均有外伸；梁宽为 600mm，梁高为 1200mm；

16Φ12@150/Φ12@200（6）——配置箍筋为Φ12（HRB400 级）六肢箍，有两种间距，从梁两端起向跨内按箍筋间距 150mm，每端各设置 16 道，中间其余部位箍筋间距为 200mm；

B：10Φ25；T：16Φ25 10/6——梁底部贯通纵筋为一排 10 根Φ25（HRB400 级）；梁顶部配置贯通纵筋为两排共 16 根Φ25（HRB400 级），上一排纵筋为 10 根，下一排纵筋为 6 根；

G6Φ10——梁两个侧面配置构造钢筋分三排共 6 根Φ10（HPB300 级）。

JL01 原位标注的具体含义如下：

16Φ25 6/10——①轴和②轴支座处梁底部纵筋共 16 根Φ25（HRB400 级），分两排布置，其中下一排纵筋 10 根Φ25 为梁底部贯通纵筋，上一排纵筋 6 根Φ25 为梁底部非贯通纵筋（自支座边向跨内伸出至 $l_n/3$ 位置）；

6Φ12——基础主梁 JL01 左端有外伸，外伸端梁顶部配置 6 根Φ12（HRB400 级）通长筋；

6Φ12（2）——在基础主梁 JL01 内，与基础次梁 JCL01 相交处两侧各配置 3 根Φ12 附加箍筋（双肢箍）。

6.6.4 梁板式筏形基础平板的平面注写方式

梁板式筏形基础平板 LPB 的平面注写，分为板底部与顶部贯通纵筋的集中标注与板底部附加非贯通纵筋的原位标注两部分内容。当基础平板 LPB 仅设置贯通纵筋而未设置附加非贯通纵筋时，则仅注写集中标注。采用平面注写方式表达的梁板式筏形基础平板的设计施工图示例如图 6-44 所示。

6.6.4.1 梁板式筏形基础平板的集中标注

梁板式筏形基础平板 LPB 的集中标注，应在所表达的板区双向均为第一跨（X 与 Y 双向首跨）的板上引出（图面从左至右为 X 向，从下至上为 Y 向）。板区划分条件是板厚相同、基础平板底部与顶部贯通纵筋配置相同的区域为同一板区。梁板式筏形基础平板 LPB 的平面注写规定，同样适用于钢筋混凝土墙下的基础平板。集中标注的内容规定如下：

（1）注写基础平板编号

基础平板的编号由类型代号和序号组成，见表 6-6。

（2）注写基础平板的截面尺寸

注写 $h= \times \times \times$，表示基础平板的厚度。

（3）注写基础平板的底部与顶部贯通纵筋及其跨数和外伸情况

先注写 X 向底部（B 打头）贯通纵筋与顶部（T 打头）贯通纵筋及纵向长度范围；再注写 Y 向底部（B 打头）贯通纵筋与顶部（T 打头）贯通纵筋及其跨数和外伸情况（图面从左至右为 X 向，从下至上为 Y 向）。

贯通纵筋的跨数及外伸情况注写在括号中，注写方式为"跨数及有无外伸"，其表达形式为：（××）（无外伸）、（××A）（一端有外伸）或（××B）（两端有外伸）。基础平板的跨数以构成柱网的主轴线为准，两主轴线之间无论有几道辅助轴线（例如框筒结构中混凝土内筒中的多道墙体），均可按一跨考虑。

【例 6-12】　图 6-44 中 LPB01 的集中标注为：X：BΦ22@300；TΦ22@150（6B）

Y：BΦ20@300；TΦ20@150（3B）

表示该基础平板 X 向底部配置 Φ22 间距 300mm 的贯通纵筋，顶部配置 Φ22 间距 150mm 的贯通纵筋，纵向总长度为 6 跨，两端均有外伸；Y 向底部配置 Φ20 间距 300mm 的贯通纵筋，顶部配置 Φ20 间距 150mm 的贯通纵筋，横向总长度为 3 跨，两端均有外伸。

当贯通筋采用两种规格钢筋"隔一布一"方式时，表达为 Φ xx/yy@xxx，表示直径 xx 的钢筋和直径 yy 的钢筋之间的间距为 xxx，直径为 xx 的钢筋、直径为 yy 的钢筋间距分别为 xxx 的 2 倍。

【例 6-13】　Φ10/12@100 表示贯通纵筋为 Φ10、Φ12 隔一布一，相邻 Φ10 与 Φ12 之间间距为 100mm。

6.6.4.2 梁板式筏形基础平板的原位标注

梁板式筏形基础平板 LPB 的原位标注，主要表达板底部附加非贯通纵筋。原位标注的内容规定如下：

（1）原位注写位置及内容

板底部原位标注的附加非贯通纵筋，应在配置相同跨的第一跨表达（当在基础梁悬挑部位单独配置时则在原位表达）。在配置相同跨的第一跨（或基础梁外伸部位），垂直于基础梁绘制一段中粗虚线（当该筋通长设置在外伸部位或短跨板下部时，应画至对边或贯通短跨），在虚线上注写编号（如①、②等）、配筋值、横向布置的跨数及是否布置到外伸部位。

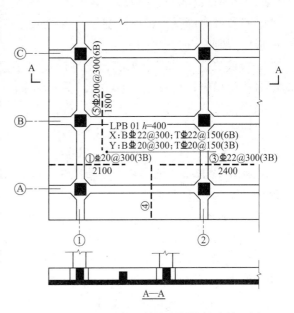

图 6-44　梁板式筏形基础平板的平法施工图
平面注写方式示例

板底部附加非贯通纵筋布置的跨数及外伸情况注写在括号中，注写方式为"跨数及有无外伸"：（××）为横向布置的跨数，（××A）为横向布置的跨数及一端基础梁的外伸部位，（××B）为横向布置的跨数及两端基础梁外伸部位。横向连续布置的跨数及是否布置到外伸部位，不受集中标注贯通纵筋的板区限制。

板底部附加非贯通纵筋自支座边线向两边跨内的伸出长度值注写在线段的下方位置。当该筋向两侧对称伸出时，可仅在一侧标注，另一侧不注：当布置在边梁下时，向基础平板外伸部位一侧的伸出长度与方式按标准构造，设计不注。底部附加非贯通筋相同者，可仅注写一处，其他只注写编号。

【例 6-14】 图 6-44 中①轴上第一跨原位注写的基础平板底部附加非贯通纵筋为①Φ20@300（3B），且线段下方一侧标注 2100：

表示该基础平板在第 1 跨至第 3 跨板支座范围且包括基础梁两端外伸部位，沿 X 向配置①号底部附加非贯通纵筋，其直径为Φ20，间距为 300mm。①号钢筋自①轴基础梁边线向两边跨内对称伸出的长度为 2100mm。

原位注写的底部附加非贯通纵筋与集中标注的底部贯通钢筋，宜采用"隔一布一"的方式布置，即基础平板（X 向或 Y 向）底部附加非贯通纵筋与贯通纵筋间隔布置，其标注间距与底部贯通纵筋相同（两者实际组合后的间距为各自标注间距的 1/2）。

【例 6-15】 图 6-44 中 LPB01 的集中标注为 X：BΦ22@300；TΦ22@150（6B），①轴上原位注写的基础平板底部附加非贯通纵筋为①Φ20@300（3B）：

表示该基础平板 6 跨范围集中标注的底部贯通纵筋为 BΦ22@300，在①轴上连续 3 跨支座处设置底部附加非贯通纵筋为①Φ20@300（3B），则该基础平板①轴上 3 跨支座处沿 X 向实际配置的底部纵筋为Φ22 和Φ20 间隔布置，相邻Φ22 与Φ20 之间的间距为 150mm。

（2）注写修正内容

当集中标注的某些内容不适用于梁板式筏形基础平板某板区的某一板跨时，应由设计者在该板跨内注明，施工时应按注明内容取用。

（3）注写必要的文字注解（选注内容）

当若干基础梁下基础平板的底部附加非贯通纵筋配置相同时（其底部、顶部的贯通纵筋可以不同），可仅在一根基础梁下做原位注写，并在其他梁上注明"该梁下基础平板底部附加非贯通纵筋同 ×× 基础梁"。

6.7 梁板式筏形基础标准构造详解

👁 看一看

图 6-45 是梁板式筏形基础的施工照片，还可以扫一扫二维码 6.8 观看梁板式筏形基础梁钢筋构造三维模型图，请仔细观察基础梁纵筋与箍筋的布置特征，并在理解筏形基础标准构造详图时进行图物对照。

图 6-45 梁板式筏形基础主梁与基础次梁的钢筋布置

本节主要介绍梁板式筏形基础的钢筋构造，梁板式筏形基础的组成及各种钢筋构造分类如图 6-46 所示。

6.7.1 基础主梁钢筋构造

6.7.1.1 基础主梁 JL 纵向钢筋与箍筋构造

基础主梁 JL 的纵向钢筋包括：底部贯通纵筋、支座底部非贯通纵筋、顶部贯通纵筋及侧面纵向钢筋等种类。梁板式筏形基础主梁 JL 纵向钢筋与箍筋构造与梁板式条形基础梁 JL 的配筋构造完全相同，详见图 6-36 所示。基础梁 JL 侧面纵向钢筋构造、基础梁 JL 与柱结合部侧腋构造等相关内容详见本书 6.5.2 节。

6.7.1.2 梁板式筏形基础梁 JL 端部与外伸部位钢筋构造

（1）端部等截面外伸构造

基础梁外伸部位顶部或底部纵筋伸出至梁端部后，弯折 12d。当从柱边算起的梁端部外伸长度不满足直锚（$l'_n + h_c < l_a$）时，基础梁底部钢筋应伸至端部后弯折 15d，且从柱内边算起水平段长度 $\geqslant 0.6 l_{ab}$。梁板式筏形基础梁端部等截面外伸构造如图 6-47（a）所示。

（2）端部变截面外伸构造

基础梁根部高度为 h_1，端部高度为 h_2。基础梁外伸部位顶部或底部纵筋伸出至梁端部后，弯折 12d。当从柱边算起的梁端部外伸长度不满足直锚（$l'_n + h_c < l_a$）时，基础梁底部钢筋应伸至端部后弯折 15d，且从柱内边算起水平段长度 $\geqslant 0.6 l_{ab}$。基础梁端部变截面外伸构造如图 6-47（b）所示。

（3）端部无外伸构造

基础梁底部下排与顶部上排纵筋伸至梁包柱侧腋端部后弯折 15d，且与梁包柱侧腋的水平构造钢筋绑扎在一起；基础梁顶部下排钢筋伸至尽端钢筋内侧后弯折 15d，当水平段长度 $\geqslant l_a$ 时可不弯折；基础梁底部上排钢筋伸至尽端钢筋内侧后弯折 15d，且满足水平段长度 $\geqslant 0.6 l_{ab}$。基础梁端部无外伸构造如图 6-47（c）所示。

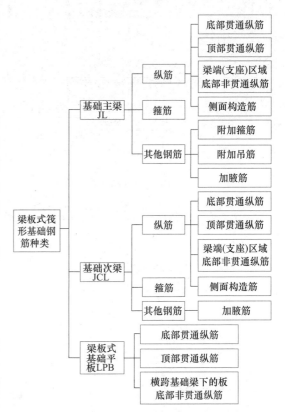

图 6-46 梁板式筏形基础的组成及钢筋种类

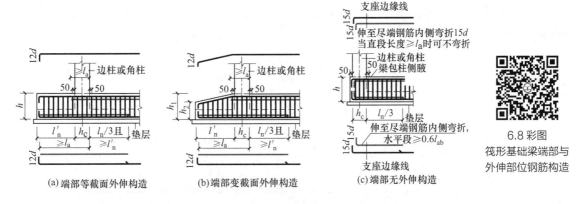

(a)端部等截面外伸构造　　(b)端部变截面外伸构造　　(c)端部无外伸构造

图 6-47 梁板式筏形基础梁 JL 端部与外伸部位钢筋构造

6.8 彩图
筏形基础梁端部与
外伸部位钢筋构造

6.7.1.3 基础梁 JL 梁底不平和变截面部位钢筋构造

当基础梁 JL 梁底不平时，梁底高差坡度 α 根据场地实际情况可取 30°、45°或 60°角。基础梁底或梁顶有高差以及变截面部位钢筋具体构造做法详见图 6-48。

6.7.1.4 基础梁附加横向钢筋构造

在基础主梁与基础次梁相交处，应设置附加横向钢筋，包括附加箍筋和附加（反扣）吊筋。

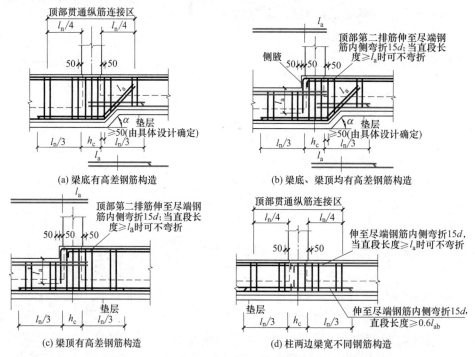

(a) 梁底有高差钢筋构造　　　　　　　　(b) 梁底、梁顶均有高差钢筋构造

(c) 梁顶有高差钢筋构造　　　　　　　　(d) 柱两边梁宽不同钢筋构造

图 6-48　基础梁 JL 梁底不平和变截面部位钢筋构造

　　附加箍筋是在基础主梁箍筋正常布置的基础上，另外附加设置的箍筋。附加箍筋应布置在基础次梁两侧 $s=2h_1+3b$ 的长度范围内，附加箍筋具体构造如图 6-49（a）所示。

　　附加吊筋在基础主梁内是反扣的，吊筋弯折角度为 60°，其直径、根数由设计标注。吊筋高度应根据基础梁高度推算，吊筋顶部平直段与基础梁顶部纵筋净距应满足规范要求，当净距不足时应置于下一排。附加（反扣）吊筋具体构造如图 6-49（b）所示。

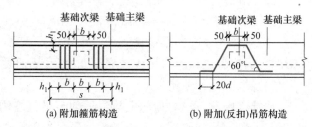

(a) 附加箍筋构造　　　　　　(b) 附加（反扣）吊筋构造

图 6-49　基础梁 JL 附加横向钢筋构造

6.7.2　基础次梁钢筋构造

6.7.2.1　基础次梁 JCL 纵向钢筋与箍筋构造

　　基础次梁 JCL 的纵向钢筋包括：底部贯通纵筋、支座底部非贯通纵筋、顶部贯通纵筋及侧面纵向钢筋等种类。基础次梁纵向钢筋与箍筋构造如图 6-50 所示，其构造要求说明如下：

顶部贯通纵筋在连接区内采用搭接、机械连接或对焊连接，同一连接区段内接头面积百分比率不宜大于50%
当钢筋长度可穿过一连接区到下一连接区并满足要求时，宜穿越设置

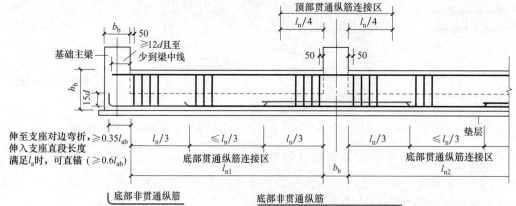

底部贯通纵筋，在其连接区内搭接，机械连接或对焊连接。同一连接区段内接头面积百分率不应大于50%
当钢筋长度可穿过一连接区到下一连接区并满足要求时，宜穿越设置

图 6-50　基础次梁 JCL（JCLg）纵向钢筋与箍筋构造

① 基础次梁顶部贯通纵筋连接区为基础主梁两边 $l_n/4$ 再加主梁宽范围，底部贯通纵筋连接区为本跨跨中的 $l_n/3$ 范围；底部非贯通纵筋自支座边向跨内延伸长度为 $l_n/3$，其中 l_n 为左右相邻两跨净跨长的较大值。

② 基础次梁顶部贯通纵筋和底部贯通纵筋在连接区内采用搭接、机械连接或焊接，同一连接区段内接头面积百分率不宜大于 50%。当钢筋长度可穿过一连接区到下一连接区并满足连接要求时，宜穿越设置。

③ 基础次梁端部无外伸时，基础梁顶部钢筋伸入支座 $\geq 12d$ 且至少到梁中线，底部钢筋伸至梁端部弯折 $15d$，且满足当支座设计按铰接时，水平段长度 $\geq 0.35l_{ab}$；当充分利用钢筋的抗拉强度时，水平段长度 $\geq 0.6l_{ab}$，如图 6-50 所示。

④ 基础次梁箍筋仅在跨内设置，节点区内不设，第一根箍筋的起步距离为 50mm。同跨箍筋有两种时，各自设置范围按具体设计注写。

> **💡 特别提示**
>
> 梁板式筏形基础在上部结构传来的荷载作用下产生地基反力，以柱（主梁）作为基础梁的不动铰支座，基础主（次）梁的受力情况如同地基净反力作用下倒置的连续梁。在地基净反力（沿梁全长作用的墙重及基础自重与其产生的相应地基反力相抵消后，地基净反力竖直向上作用于基础梁）作用下，基础主（次）梁在跨中区域顶部受拉，在支座区域底部受拉。因此，基础主（次）梁顶部钢筋按计算配筋且全部贯通设置，基础梁底部除贯通纵筋外，其支座区域底部非贯通筋向跨内延伸长度为 $l_n/3$，与普通楼面梁的受力及配筋特征完全相反。

6.7.2.2 基础次梁 JCL 端部外伸部位钢筋构造

基础次梁端部等（变）截面外伸构造中，顶部或底部纵筋伸出至梁端部后弯折 $12d$。当从基础主梁内边算起的端部外伸长度不满足直锚（$l'_n + b_b < l_a$）时，基础次梁底部钢筋应伸至端部后弯折 $15d$，且从梁内边算起水平段长度 $\geq 0.6l_{ab}$。当具体设计未注明时，基础次梁外伸部位按梁端第一种箍筋设置。梁板式筏形基础次梁端部等截面或变截面外伸部位钢筋构造如图 6-51 所示。

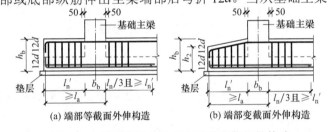

图 6-51 基础次梁 JCL 端部外伸部位钢筋构造

6.7.3 梁板式筏形基础平板钢筋构造

6.7.3.1 梁板式筏形基础平板 LPB 钢筋构造

梁板式筏形基础平板 LPB 钢筋构造分柱下区域和跨中区域。梁式筏形基础在上部结构传来的荷载作用下产生地基反力，以基础梁作为板的不动铰支座，筏形基础平板的受力情况如同地基净反力作用下倒置的连续板。基础平板同一层面的交叉纵筋，何向纵筋在下，何向纵筋在上，应按具体设计说明。筏形基础平板 LPB 配筋的构造要求说明如下：

① 在梁板式筏形基础平板 LPB 的柱下区域，筏基平板的顶部贯通纵筋连接区为柱两边 $l_n/4$ 再加柱宽范围，即（$2 \times l_n/4 + h_c$），其中 l_n 为左右相邻两跨净跨长的较大值；底部贯通纵筋连接区为本跨跨中的 $l_n/3$ 范围；底部附加非贯通筋自支座边线向跨内伸出长度见设计标注。梁板式筏形基础平板 LPB 钢筋构造（柱下区域），详见图 6-52（a）。

② 在梁板式筏形基础平板 LPB 的跨中区域，筏基平板的顶部贯通纵筋连接区为基础梁两边 $l_n/4$ 再加梁宽范围，即（$2 \times l_n/4 + b_b$），其中 l_n 为左右相邻两跨净跨长的较大值；底部贯通纵筋连接区为本跨跨中的 $l_n/3$ 范围；底部附加非贯通筋自支座边线向跨内伸出长度见设计标注。梁板式筏形基础平板 LPB

钢筋构造（跨中区域），详见图6-52（b）。

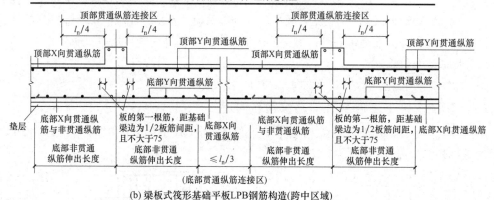

图 6-52 梁板式筏形基础平板 LPB 钢筋构造

③ 梁板式筏形基础平板顶部和底部第一根钢筋的起步距离均为距基础梁边1/2板筋间距且不大于75mm，即 $\min\{S/2,75mm\}$。

💡 **特别提示**

梁板式筏形基础平板的受力情况如同地基净反力作用的倒置连续板。在地基净反力作用下，基础平板在两个方向均发生向上的弯曲，在跨中顶部受拉，在支座底部受拉。因此，基础平板顶部钢筋全部贯通，底部除贯通纵筋外，还设置底部附加非贯通筋，与普通楼板的受力及配筋特征完全不同。

6.7.3.2 梁板式筏形基础平板 LPB 端部与外伸部位钢筋构造

梁板式筏形基础平板 LPB 端部等（变）截面外伸构造中，顶部或底部纵筋伸出至梁端部后弯折 12d。当从支座内边算起的端部外伸长度不满足直锚要求时，基础平板底部钢筋应伸至端部后弯折 15d，且从支座内边算起水平段长度 $\geq 0.6l_{ab}$。外伸部位顶部和底部第一根钢筋的起步距离均为距基础支座边1/2板筋间距，且不大于75mm。梁板式筏形基础平板端部等截面及变截面外伸构造分别如图6-53（a）、（b）所示。

梁板式筏形基础平板端部无外伸构造中，基础平板顶部钢筋伸至支座中线且 $\geq 12d$；底部钢筋伸至尽端后弯折 15d，且满足水平段长度 $\geq 0.6l_{ab}$（当设计按铰接时 $\geq 0.35l_{ab}$）。梁板式筏形基础平板端部无外伸构造如图6-53（c）所示。

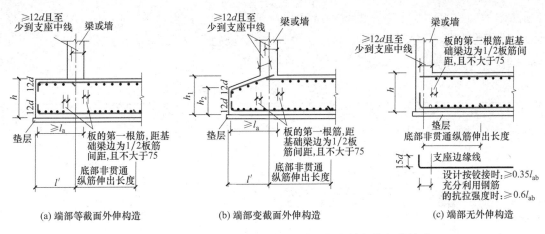

図(a) 端部等截面外伸构造

図(b) 端部变截面外伸构造

図(c) 端部无外伸构造

图 6-53　梁板式筏形基础平板 LPB 端部与外伸部位钢筋构造

6.8 项目实战　梁板式筏形基础平法施工图识图与绘图

　　梁板式筏形基础是高层框架结构及剪力墙结构房屋常用的基础类型。由于梁板式筏形基础组成构件多，基础梁板受力特征与钢筋布置较为复杂，所以对于初学者来说识图很抽象，是学习难点。本节引入梁板式筏形基础项目案例，对照"1+X"建筑工程识图（结构）职业技能考核要求，通过深入识读筏形基础的平法施工图，并练习绘制基础梁及基础平板的配筋详图，能够正确把握梁板式筏形基础的平法施工图制图规则，熟悉关键部位钢筋连接与锚固构造做法，逐步提高平法识图能力。

6.8.1　梁板式筏形基础平法施工图实例

　　【工程概况】在某酒店工程基础施工图（详见《混凝土结构施工图实训图册》）中截取了局部基础梁及基础筏板的平法施工图，如图 6-54 所示。该工程结构形式为钢筋混凝土框架结构，地下一层，地上四层，框架抗震等级为三级。基础及地下结构采用 C35 抗渗混凝土，抗渗等级为 P6，基础环境类别为二 b 类，受力钢筋采用 HRB400 级（Φ）。基础采用梁板式筏形基础，筏板厚度均为 500mm，基础筏板底面标高为 –4.900m，基础底板钢筋的混凝土保护层厚度取 40mm。

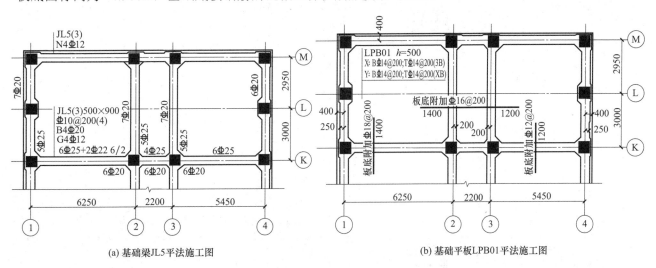

(a) 基础梁JL5平法施工图

(b) 基础平板LPB01平法施工图

图 6-54　某酒店工程梁板式筏形基础平法施工图（局部）

6.8.2　任务一　识读筏形基础梁平法施工图及补绘详图

　　【任务要求】图 6-54 是梁板式筏形基础平法施工图，依据梁板式筏形基础梁平法制图规则，解读

图 6-54（a）中基础梁 JL5 平法注写的集中标注与原位标注内容，对照 22G101-3 图集中基础梁的标准构造详图进行构造分析，读懂基础梁中纵筋与箍筋的钢筋布置与构造做法，并补充绘制截面配筋示意图，完成表 6-7 布置的基础梁平法施工图识图任务记录单。

表 6-7　基础梁平法施工图识图任务记录单

标注方法	表达内容/钢筋位置	识图内容/补绘详图	标注释义/构造解读
集中标注	基础梁编号 截面尺寸箍筋 底部贯通纵筋 梁侧面纵向构造钢筋	JL5(3)500×900 Φ10@200(4) B4Φ20 G4Φ12	编号：基础主梁，序号为5，3跨 截面尺寸：梁宽为500mm，梁高为900mm 箍筋：直径为Φ10（HRB400级），间距为200mm，四肢箍 底部贯通纵筋：4根Φ20（HRB400级） 梁侧面纵向构造钢筋：配置两排共4根Φ12（HRB400级），拉筋直径为Φ8，间距为400mm
第一跨原位标注	顶部贯通纵筋梁支座底部全部纵筋（含贯通纵筋）	 A—A	JL5 在第一跨：梁顶部贯通纵筋为两排，上一排纵筋为 6 根Φ25（HRB400级），下一排纵筋为 2 根Φ22 ①轴梁端支座底部仅有贯通纵筋为集中标注的 4 根Φ20 ②轴中间支座左侧区域底部一排共 6 根纵筋，除 4 根Φ20 贯通纵筋外，还有 2 根Φ20 为底部非贯通纵筋，其自柱边向左跨内伸出长度为 $l_n/3$＝（6250-400-450）/3＝1800（mm） JL5 在②轴中间支座左侧截面钢筋布置详见 A—A 截面配筋图
第二跨原位标注	顶部贯通纵筋梁支座底部全部纵筋（含贯通纵筋）	 B—B	JL5 在第二跨：梁顶部贯通纵筋为一排共 4 根Φ25（HRB400级） ②～③轴梁整个跨长底部纵筋贯通设置（因该跨为较小跨长，底部不设非贯通纵筋）为 6 根Φ20 JL5 第二跨钢筋布置详见 B—B 截面配筋图
第三跨原位标注	顶部贯通纵筋梁支座底部全部纵筋（含贯通纵筋）	 C—C	JL5 在第三跨：梁顶部贯通纵筋为一排共 6 根Φ25（HRB400级） ③轴中间支座右侧区域底部一排共 6 根纵筋，除 4 根Φ20 贯通纵筋外，还有 2 根Φ20 为底部非贯通纵筋，其自柱边向右跨内伸出长度为 $l_n/3$＝（5450-450-400）/3＝1533（mm） ④轴梁端支座底部仅有贯通纵筋为集中标注的 4 根Φ20 JL5 在④轴支座左侧截面钢筋布置详见 C—C 截面配筋图

6.8.3 任务二 绘制梁板式筏形基础平板配筋详图

【任务要求】认真识读图 6-54（b）中梁板式筏形基础平板 LPB01 的平法施工图，理解 LPB01 的平面注写内容，对照标准图集中梁板式筏形基础平板的钢筋构造详图，重点弄清楚基础平板顶部贯通纵筋、底部贯通纵筋及附加非贯通筋的详细构造要求，并按传统表示方法绘制筏基平板 LPB01 的平面配筋详图。要求标注必要的轴线尺寸、支座定位尺寸、配筋值等信息，并正确计算关键部位钢筋长度，通过绘图训练才能有效解决筏形基础"平法"识图难题。

首先读懂图 6-54（b）中梁板式筏基平板的集中标注与原位标注内容（其平面注写方式解读参见表 6-8），然后参照原图绘制 LPB01 的基础平面布置图。最后按传统表示方法画出基础平板顶部、底部双向贯通纵筋及其锚固示意图，以及支座底部附加非贯通纵筋，并标注相应钢筋长度尺寸，完成后的 LPB01 基础平面配筋图详见图 6-55。

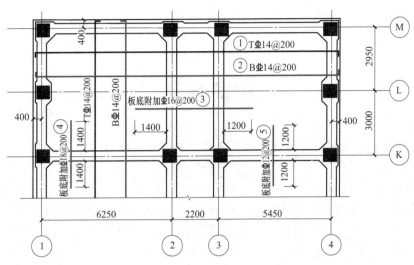

图 6-55 某酒店工程梁板式筏形基础 LPB01 平面配筋详图

基础平板中关键部位钢筋长度计算参见表 6-8。钢筋构造要点如下：该筏板厚度为 500mm，板端部两侧均有等截面外伸，外伸长度 l'=400mm，基础混凝土保护层厚度为 40mm。板底部附加非贯通纵筋自支座边线向两边跨内的伸出长度值注写在线段的下方。基础平板端部外伸部位顶部或底部纵筋伸出至梁端头后，弯折 12d（满足直锚要求）。

表 6-8 基础平板钢筋布置详图绘图任务记录单

工程名称	某酒店工程	基础平板构件编号	LPB01
梁板式筏形基础平板的平面注写方式解读			
标注方法	平面注写内容		标注释义
集中标注	LPB01 *h*=500 X: B⊈14@200; T⊈14@200(3B) Y: B⊈14@200; T⊈14@200(XB)		编号：梁板式筏基平板，序号 1 基础平板厚度：500mm 配筋：基础平板 X 向底部配置直径为 ⊈14 间距为 200mm 的贯通纵筋，顶部配置直径为 ⊈14 间距 200mm 的贯通纵筋，共有 3 跨，两端均有外伸；Y 向底部配置直径 ⊈14 间距 200mm 的贯通纵筋，顶部配置直径 ⊈14 间距 200mm 的贯通纵筋，共 X 跨，两端均有外伸
②～③轴原位标注	板底附加⊈16@200 1400 ⎪ 1200		基础平板在②～③轴支座范围，沿 X 向配置板底部附加非贯通纵筋，其直径为 ⊈16，间距为 200mm。该钢筋自②轴梁的边线向左边跨内伸出长度为 1400mm，自③轴梁的边线向右边跨内伸出长度为 1200mm
Ⓚ轴原位标注	板底附加 ⊈18@200 1400		基础平板沿 Y 向配置板底部附加非贯通纵筋，其直径为 ⊈18，间距为 200mm。该钢筋自 Ⓚ 轴梁的边线向左右两边跨内对称伸出长度为 1400mm
Ⓚ轴原位标注	板底附加 ⊈12@200 1200		基础平板沿 Y 向配置板底部附加非贯通纵筋，其直径为 ⊈12，间距为 200mm。该钢筋自 Ⓚ 轴梁的边线向左右两边跨内对称伸出长度为 1200mm

基础平板关键部位钢筋长度计算表

钢筋位置与编号	钢筋简图	长度计算
X向顶部贯通纵筋 ① ⊈14@200	168⌐ 14620 ⌐168	水平长度：6250+2200+5450+400×2-40×2=14620（mm） 端支座弯钩长度：12d=12×14=168（mm）
X向底部贯通纵筋 ② ⊈14@200	168⌐ ⌐168 14620	水平长度：6250+2200+5450+400×2-40×2=14620（mm） 端支座弯钩长度：12d=12×14=168（mm）
②和③轴支座底部非贯通纵筋 ③ ⊈16@200	5400	长度：1400+500-200+1200+500-200+2200=5400（mm）
ⓀK轴支座底部非贯通纵筋 ④ ⊈18@200	3300	长度：1400×2+500=3300（mm）
ⓀK轴支座底部非贯通纵筋 ⑤ ⊈12@200	2900	长度：1200×2+500=2900（mm）

🔄 技能训练

知识自测

一、判断题

1. 钢筋混凝土独立基础底板短边方向受力钢筋应放在长边方向钢筋的下面。　　　　　　（　　）

2. 独立基础按截面形式划分，有阶形和坡形两种形式。　　　　　　　　　　　　　　（　　）

3. 板式条形基础适用于钢筋混凝土剪力墙结构和砌体结构。　　　　　　　　　　　　（　　）

4. 筏形基础是建筑物与地基紧密接触的平板形的基础结构。筏形基础根据其构造的不同，又分为"梁板式筏形基础"和"平板式筏形基础"。　　　　　　　　　　　　　　　　　　　　　（　　）

5. 当梁端的底部全部纵筋与集中注写过的底部贯通纵筋相同时，可不再重复做原位标注。

　　　　　　　　　　　　　　　　　　　　　　　　　　　　　　　　　　　　　　（　　）

6. 在梁板式筏形基础中，基础梁是框架柱的支座。　　　　　　　　　　　　　　　　（　　）

7. 基础梁在柱节点内箍筋照设，基础梁箍筋可以有不同间距的布筋范围。　　　　　　（　　）

8. 梁板式筏形基础平板的构件编号为BPB。　　　　　　　　　　　　　　　　　　　（　　）

二、单项选择题

1. 普通独立基础底板的截面形状通常有两种，是下面哪两种？（　　　　）

A. DJj×× 和 DJz××　　　　　　　　　　　B. Jj×× 和 Jp××

C. JJp×× 和 PDj××　　　　　　　　　　　D. LJp×× 和 LPj××

2. 当独立基础板底 x、y 方向宽度满足什么要求时，x、y 方向钢筋长度 = 板底宽度 ×0.9（　　　）。

A. ≥2000mm　　　　B. ≥2400mm　　　　C. ≥2500mm　　　　D. ≥2800mm

3. 下面关于条形基础底板与基础梁的描述不正确的是（　　　　）。

A. 条形基础底板的横向（短向）钢筋为主要受力钢筋

B. 条形基础底板的纵向（长向）钢筋布置在下，横向（短向）钢筋布置在上

C. 条形基础底板的代号为 TJBp 和 TJBj

D. 条形基础梁 JL 与梁板式筏形基础主梁编号与标准构造相同

4. 梁板式筏形基础主要由（　　　　）三部分构件组成。

A. 基础平板、独立基础、基础梁　　　　　　C. 基础次梁、基础主梁、柱

B. 基础主梁、基础次梁、基础平板　　　　　D. 基础平板、基础主梁、柱

5. 在梁板式筏形基础梁 JL 集中标注中，G 表示（　　　　）。

A. 梁底部纵筋　　　　B. 梁抗扭纵筋　　　　C. 梁箍筋　　　　D. 梁构造腰筋

6. 基础梁 JL 的集中标注表示为 11φ16@100/φ16@200（4），其中的"11"表示为（　　　　）。

A. 箍筋加密区的箍筋道数是 11 道

B. 梁是第 11 号梁

C. 从梁两端起各设置 11 道间距为 100mm 的箍筋

D. 两种间距 100/200 的箍筋各 11 道

7. 在梁板式筏形基础梁端部外伸构造中，梁顶部第一排纵筋伸至梁端后弯折，弯折长度为（　　　）。

A. l_a　　　　　　　B. 10d　　　　　　　C. 12d　　　　　　　D. 15d

8. 梁板式筏形基础平板 LPB1 每跨的轴线跨长为 5000mm，该方向布置的顶部贯通筋Φ14@150，两端的基础梁截面尺寸为 500mm×900mm。该基础平板顶部贯通纵筋在（　　　）位置连接。

A. 基础梁两侧 1125mm　　　　　　　　　　　B. 基础梁中部 1500mm

C. 没有要求　　　　　　　　　　　　　　　　D. 基础梁两侧 1500mm

三、简答题

1. 国家标准图集 22G101-3 中包括的基础类型有哪几种？

2. 独立基础集中标注的内容有哪些？

3. 梁板式筏形基础包括哪些构件？代号是什么？

4. 梁板式筏形基础的基础梁集中标注的内容有哪些？原位标注的内容有哪些？

【任务要求】认真阅读《混凝土结构施工图实训图册》某酒店工程施工图中独立基础配筋图，以其中独立基础 DJj01 为识图项目，运用独立基础平法制图规则并配合基础底板配筋构造详图，读懂该基础的平面注写信息及底板钢筋构造，完成下面布置的独立基础平法识图与绘图的实训任务：

1. 填写表 6-9 给出的独立基础平法施工图识图任务记录单；

2. 绘制 DJj01 的基础平面布置详图及剖面配筋详图，要求正确表达基础平面及竖向尺寸，确定底板钢筋相关构造要求并标注在详图中。

表 6-9　独立基础平法施工图识图任务记录单

工程名称				独立基础编号 / 类型		
识读工程基本信息	抗震等级					
	材料选用	基础底板	混凝土			
			钢筋			
		垫层				
	环境类别 / 混凝土保护层					
	地基持力层					
识读基础基本信息	基础底面标高			基础总高度 /mm		
	基础底板尺寸 /mm			基础竖向尺寸 h_1/h_2/mm		
	垫层宽度 /mm			垫层厚度 /mm		
	基础轴线定位					
识读基础配筋信息	底板底部钢筋（双向）	X 向纵筋（上下）				
		Y 向纵筋（上下）				
	钢筋的布置方式	独立基础底板边长是否≥2500mm				
项目组别		项目组长			记录人	

参 考 文 献

［1］ 中国建筑标准设计研究院 . 混凝土结构施工图平面整体表示方法制图规则和构造详图（现浇混凝土框架、剪力墙、梁、板）（22G101-1）. 北京：中国标准出版社，2022.

［2］ 中国建筑标准设计研究院 . 混凝土结构施工图平面整体表示方法制图规则和构造详图（现浇混凝土板式楼梯）（22G101-2）. 北京：中国标准出版社，2022.

［3］ 中国建筑标准设计研究院 . 混凝土结构施工图平面整体表示方法制图规则和构造详图（独立基础、条形基础、筏形基础、桩基础）（22G101-3）. 北京：中国标准出版社，2022.

［4］ 中国建筑标准设计研究院 . 混凝土结构施工钢筋排布规则与构造详图（现浇混凝土框架、剪力墙、梁、板）（18G901-1）. 北京：中国计划出版社 . 2018.

［5］ 中华人民共和国住房和城乡建设部 . 混凝土结构通用规范（GB 55008—2021）. 北京：中国建筑工业出版社，2021.

［6］ 中华人民共和国住房和城乡建设部 . 建筑与市政工程抗震通用规范（GB 55002—2021）. 北京：中国建筑工业出版社，2021.

［7］ 中华人民共和国住房和城乡建设部 . 建筑结构制图标准（GB/T 50105—2010）. 北京：中国建筑工业出版社，2010.

［8］ 傅华夏 . 建筑三维平法结构图集 . 北京：北京大学出版社，2016.

［9］ 金燕 . 混凝土结构识图与钢筋计算 . 北京：中国电力出版社，2013.

［10］ 黄敬文 . 混凝土结构施工图识读 . 武汉：武汉大学出版社，2014.

［11］ 上官子昌 . 11G101 图集应用——平法钢筋图识读 . 北京：中国建筑工业出版社，2012.

"十四五"职业教育国家规划教材

"十三五"应用型人才培养O2O创新规划教材

混凝土结构施工图实训图册

第二版

杨晓光　谷洪雁　主编
杜慧慧　刘　芳　杜思聪　副主编

化学工业出版社

·北 京·

目　　录

	HH1501	主项名称	××× 酒店
××× 建筑设计有限公司		设计阶段	施工图
	××市 ××× 有限公司新建项目	专业	建筑

<table>
<tr><td colspan="7" align="center">图纸目录</td><td>第 1 页</td></tr>
<tr><td colspan="7"></td><td>共 1 页</td></tr>
</table>

序号	图纸名称	图纸编号		图纸规格	图纸张数	备注
		新图	复用图			
1	图纸目录	建施 -00			1	
2	建筑设计总说明	建施 -01			1	
3	工程做法　门窗表　门窗大样	建施 -02			1	
4	地下一层平面图	建施 -03			1	
5	首层平面图	建施 -04			1	
6	二层平面图	建施 -05			1	
7	三层平面图	建施 -06			1	
8	四层平面图	建施 -07			1	
9	机房层平面图	建施 -08			1	
10	屋顶平面图	建施 -09			1	
11	东立面图	建施 -10			1	
12	西立面图	建施 -11			1	
13	南立面图　北立面图	建施 -12			1	
14	1—1 剖面图　门窗大样	建施 -13			1	
15	大样图	建施 -14			1	
16	楼梯一平面详图	建施 -15			1	
17	楼梯一 A—A 剖面图	建施 -16			1	
18	楼梯二平面详图	建施 -17			1	
19	楼梯二 A—A 剖面图	建施 -18			1	
20	节点详图	建施 -19			1	

校核			备	
设计			注	

1

建筑设计总说明

1 设计依据

1.1 规划部门已批准的总平面图。

1.2 经甲方认可的建筑单体平面、立面、剖面图。

1.3 甲方设计委托书、设计任务书及甲乙双方签订的设计合同。

1.4 国家及地方有关设计规范、标准。

《民用建筑设计统一标准》（GB 50352—2019）

《建筑设计防火规范》（GB 50016—2014）

《公共建筑节能设计标准》（GB 50189—2015）

《建筑内部装修设计防火规范》（GB 50222—2017）

《无障碍设计规范》（GB 50763—2012）

《屋面工程技术规范》（GB 50345—2012）

《旅馆建筑设计规范》（JGJ 62—2014）

《建筑玻璃应用技术规程》（JGJ 113—2015）

《商店建筑设计规范》（JGJ 48—2014）

河北省工程建设标准设计《12系列建筑标准设计图集》（DBJT 02-81—2013）

2 工程概况

工程名称：××市×××有限公司新建项目×××酒店

建设单位：××市×××有限公司

建设地点：××市　建筑工程项目等级：三级

基底面积：532.31m²　建筑主要功能：商店，会议，客房，办公

建筑面积：2545.36m²　建筑层数：地上四层，地下一层

建筑高度：18.80m（室外设计地面到女儿墙）

建设设计规模：小型　建筑设计年限使用类别：3类（50年）

建筑耐火等级：地下一级，地上二级　建筑抗震设防烈度：7度

结构类型：框架结构

3 设计标高

3.1 设计标高：本工程的相对标高 ±0.000 所相应之绝对标高见总平面图。

3.2 图纸标注单位：标高数值以m为单位，其他尺寸均以mm为单位。

3.3 标高所指部位：地面、楼面以及楼梯踏步、楼梯平台为完成面，其余均指结构面。

4 墙体

4.1 未作特殊注明外，±0.000 以下墙体：外墙均为250mm厚钢筋混凝土挡土墙（抗渗等级P6）。±0.000 以上：外墙为250mm厚加气混凝土砌块墙，位于轴线外250mm；内墙为200mm厚加气混凝土砌块墙，轴线居中。

4.2 墙体留洞：砌筑墙上的预留洞见建施，预留洞过梁参见12G07钢筋混凝土过梁。

4.3 -0.060m处作圈梁兼防潮层。

5 门窗

5.1 门窗选型详见门窗表，门窗制作时应根据相邻墙面外饰面层厚度调整。

5.2 60系列断桥铝Low-E中空玻璃内平开窗，玻璃厚度（6+12A+6），门窗型材形式、尺寸由专业厂家按门窗尺寸及分格图依据相应规范确定。

5.3 门窗玻璃的选用应遵照《建筑玻璃应用技术规程》（JGJ 113—2015）和《建筑安全玻璃管理规定》（发改运行［2003］2116号）执行。

5.4 外门各项指标：

抗风压性能等级：5级　保温性能：6级［K=2.3W/（m²·K）］

雨水渗透性能等级：3级　气密性能等级：6级（外窗）

空气隔声性能等级：40dB；水密性能等级：4级（外窗）

5.5 除大样注明者外，门立框居墙中，门立框位置详见墙身节点详图。

5.6 门窗的安装、埋件设置、五金配件等执行相关技术规定。

6 外装修

6.1 本工程外墙保温系统选自12J3-1，A型外贴岩棉保温板外墙保温系统，相关部位参见此图集。保温材料选用A级保温材料岩棉保温板。

6.2 外装修选用的各项材料，其材质、规格、颜色等，均由施工单位提供样板，经建设和设计单位确认后进行封样，并据此施工验收。

7 内装修

7.1 内装修做法详见装修表。

7.2 内装修工程执行《建筑内部装修设计防火规范》（GB 50222—2017）。

7.3 楼地面构造交接处和地坪高度变化处，除图中另有注明者外均位于门扇处。

7.4 装修表中做法若与实际厚度不符时，均以楼地面标高为准，施工时视具体情况增加或减少垫层厚度。

7.5 楼梯栏杆竖向间距不大于0.11m，栏杆水平段长度超过500mm，高度不低于1.05m。

7.6 油漆涂料工程

7.6.1 室内装修所采用的油漆涂料见室内装修做法表。

7.6.2 木门油漆选用米黄色调和漆，做法为12J1-103-涂101。

7.6.3 室内外各项露明金属件的油漆为刷防锈漆两道后，再刷同相邻部位颜色的调和漆。

7.7 建筑物砌体内墙阳角处做1：2水泥砂浆通高护角，两边各宽50，厚度同相邻墙面抹灰。

8 防水、防潮工程

8.1 地下室防水

8.1.1 执行标准《地下工程防水技术规范》（GB 50108—2008），地下工程防水等级：一级；抗渗等级：P6。

8.1.2 地下室筏板基础底防水做法见11CJ23-1-15-3（国标），地下室外墙参见11CJ23-1-17-1（国标），顶板参见11CJ23-1-19-1（国标）钢筋混凝土结构自防水外墙及基础做法，外墙保护层为120mm厚页岩实心砖保护层，M5水泥砂浆砌筑。各节点做法见12J2。

8.1.3 地下室外墙预留通道、穿墙管必须做好防水处理。做法参见12J5-C14-C17。

8.1.4 地下室集水坑、电梯底坑内表面抹20mm厚1：2.5水泥砂浆内掺5%防水粉。

8.1.5 地下室外回填时采用2：8灰土，技术要求见12J2-B5-2及结构图。

8.2 屋面防水等级为II级，设防做法为一道高聚物改性沥青防水卷材，厚度大于4mm。

8.3 雨水管采用白色UPVC管，屋顶雨水管为De110，详见12J5-1-E2-6室外排水，距地2m处做镀锌钢管。

8.4 卫生间等有防水要求的房间室内楼、地面低于相邻楼、地面20mm，地漏周围1000mm范围内向地漏找坡，坡度1%。

8.5 穿过卫生间等有防水要求房间的立管，均要求做防水套管，高出楼地面50mm，防水密封膏密封。

8.6 各层卫生间墙体间浇筑300mm高（建筑面层以上）素混凝土，混凝土标号同楼板，厚度同墙厚。

8.7 建筑物四周均做散水900mm宽，做法见12J1-152-散2，每9m设一道伸缩缝，缝宽20mm。

9 防火设计

9.1 与相邻建筑物防火间距及消防道路的设置见总平面图且均满足防火规范要求。

9.2 地下一层使用功能为戊类储藏间，设置两个防火分区，且每个防火分区面积不大于500m²，防火分区之间采用防火墙与甲级防火门隔开，每个防火分区设置一部封闭楼梯间，疏散总宽2.70m。地上每层为一个防火分区，且面积不大于2500m²，设置两部疏散楼梯，疏散总宽度为2.55m，其中一部为通过封闭楼梯间疏散宽度。

9.3 外墙、屋面保温均采用岩棉保温板，燃烧性能等级为A级。

9.4 预留洞在专业施工结束后必须做好防火处理；预留封堵材料封堵，楼板洞、板洞待设备管线安装完毕后，用C20细石混凝土封堵密实。

9.5 本工程施工前须经当地消防部门审批，所用的防火材料和产品均应取得消防部门认证。

10 节能设计

依据《公共建筑节能设计标准》，本工程所处气候区代号为一。详细参数见下表。

建设单位	××市×××有限公司		
工程名称	××市×××有限公司新建项目×××酒店	层数	地上4层，地下1层
建筑面积	2545.36m²	采暖面积	1893.3m²
设计单位	×××建筑设计有限公司	设计人·建筑/暖通	
建筑体型系数	0.31		

围护结构部位	主体构造及保温材质与厚度	$K/[W/(m^2·K)]$	备注
屋面	100mm厚钢筋混凝土楼板+120mm厚防火岩棉保温板	0.39	0.40
外墙（包括非玻璃幕墙）东	250mm加气混凝土砌块+80mm厚防火岩棉保温板	0.44	0.45
南	250mm加气混凝土砌块+80mm厚防火岩棉保温板	0.44	0.45
西	250mm加气混凝土砌块+80mm厚防火岩棉保温板	0.44	0.45
北	250mm加气混凝土砌块+80mm厚防火岩棉保温板	0.44	0.45
非采暖空调房间与采暖或空调房间的隔墙或楼板	20mm厚水泥砂浆+200mm加气混凝土砌块+20mm厚水泥砂浆	1.00	1.5
底板接触室外空气的架空或外挑楼板	20mm厚水泥砂浆+20mm厚挤塑聚苯板+100mm厚钢筋混凝土楼板+80mm厚矿岩棉毡+20mm厚水泥砂浆	0.43	0.45

外窗（包括透明幕墙）	窗墙面积比	传热系数 $K/[W/(m^2·K)]$	遮阳系数 Sc	备注
东	0.23	2.5	—	断桥铝高透光Low-E（6+12A+6）mm透明
南	0.01	2.5	—	
西	0.20	2.5	—	
北	0.08	2.5	—	

屋顶透明部分				

地面、地下室外墙	热阻 $R/(m^2·K/W)$		
周边地面	0.60	采暖、空调地下室外墙（与土壤接触的墙）	

采暖建筑	采暖总热负荷/kW	采暖设计热负荷指标/(W/m²)	
	空调总冷负荷/kW	空调设计冷负荷指标/(W/m²)	
采暖方式	地板辐射地暖		
采暖设计	设计总热负荷/kW	热负荷指标/(W/m²)	采暖系统阻力/kPa
		地板辐射地暖	
	供热采暖系统选用的主要设备	地盘管	

11 节能专篇

11.1 建筑物位于××市，所属气候分区为寒冷地区。

11.2 建筑分类：甲类公共建筑。

11.3 节能设计采用采暖形式：地板辐射地暖。

11.3.1 本建筑室外采暖计算参数：-7.0℃；室内采暖计算参数：18℃。

11.3.2 热源形式为集中供热，供热采暖系统选用的主要设备：地暖盘管。

11.4 本建筑体形系数为0.31。

11.5 各朝向的窗墙面积比为：东0.23，南0.01，西0.20，北0.08。

11.6 屋面1：100mm厚钢筋混凝土屋面板，120mm厚防火岩棉保温板，传热系数0.39W/（m²·K）。

11.7 外墙：250mm加气混凝土砌块+80mm厚防火岩棉保温板，传热系数0.44W/（m²·K）。

11.8 外窗采用断桥铝高透光Low-E（6+12A+6）mm透明中空玻璃门窗，气密性为国家标准6级（GB/T 7106）。

单位缝长空气渗透量 $q ≤ 1.50m^3/(m·h)$

单位面积空气渗透量 $q ≤ 4.50m^3/(m^2·h)$

所有外窗传热系数为2.5，采用断桥铝Low-E中空玻璃，高透光Low-E（6+12A+6）mm，且开启方式为内平开，外门采用断桥铝Low-E中空玻璃节能外门，传热系数2.00W/（m²·K），玻璃组合厚度（6+12A+6）mm，且开启方式为外平开。

12 建筑设备、设施

12.1 卫生洁具、成品隔断由建设单位与设计单位商定，并应与施工配合。

12.2 灯具、送回风口等影响美观的器具须经建设单位与设计单位确认样品后，方可安装。

13 无障碍设计

13.1 一层外门安装视线观察玻璃、横执手和关门拉手，在门扇下方安装350mm的护门板。

13.2 入口平台与室内高差1100mm，以台阶形式过渡，且入口处设无障碍坡道。

14 其他

14.1 所有墙体及梁板内木质预埋件均应做防腐处理，金属预埋件均应做除锈处理。

14.2 电气专业预留墙洞位置及屋面避雷带做法详见电气专业图纸。

14.3 本图施工时应与其他各专业施工图纸互相协调密切配合，以防错漏碰缺。

14.4 本图中未尽事宜应严格遵守国家和地方主管部门颁布的现行施工及验收规范、标准，施工中遇到问题应及时通知建设单位及设计单位协商解决。

14.5 本设计施工图审查合格后方可施工。

15 电梯

15.1 本工程设一部电梯，相关参数详见电梯参数一览表。

参数	运行速度	载重量	井道尺寸/(mm×mm)	土建门洞尺寸/(mm×mm)	底坑深度	停站数	提升高度/m
客梯	1.0m/s	1000kg	2100×2600	900×2200	1.30m	5	14.10

15.2 甲方应提前确定电梯厂家及型号，核实各方面的技术要求。施工中生产厂家应现场指导，并需密切配合各专业施工，电梯厅各召唤器及指层器的留洞尺寸及预埋件位置详见电梯详图。

15.3 电梯安装时由生产厂家配合施工调试，机房地面待设备安装完毕后方可施工。

15.4 无障碍电梯：客用电梯轿箱应满足无障碍设施要求，轿箱正面和侧面应设高0.80～0.85m的扶手，轿箱侧面应设高0.90～1.10m带盲文的选层按钮，轿箱正面高0.90m处至顶部应安装镜子；轿箱上下运行方向及到达应有清晰显示和报层音响。

15.5 候梯厅的无障碍设施：控制按钮高度0.90～1.10m；清晰显示轿箱上、下运行方向和层数位置及电梯抵达音响；每层电梯口应安装楼层标志，电梯口设两块400mm×400mm地砖式提示盲道。

屋面、楼面、地面构造类型表

类型	编号	使用部位	构造说明	备注
屋面	①	用于：屋面一结 构标高： 10.10m 13.20m 16.10m 17.20m	1. 20mm厚1：3水泥砂浆保护层 2. 2mm厚石油沥青卷材隔离层 3. 4mm厚高聚物改性沥青防水卷材一道 4. 30mm厚C20细石混凝土找平层 5. 70mm厚防火岩棉保温层 6. 20mm厚1：2.5水泥砂浆找平层 7. 1：8水泥憎水型膨胀珍珠岩找2%坡，最薄处30mm厚 8. 钢筋混凝土屋面板	不上人屋面，有保温
楼地面	②	用于：门厅、客房门市、营业厅会议室、站长室财务室、走廊	1. 10mm厚地砖铺实拍平，稀水泥砂浆擦缝 2. 20mm厚1：3硬性水泥砂浆结合层 3. 素水泥浆结合层一遍 4. 50mm厚C15焦渣混凝土（上下配φ3双向@50钢丝网片，中间敷散热管） 5. 0.2mm厚真空镀铝聚酯薄膜 6. 20mm厚挤塑聚苯乙烯泡沫塑料板（密度35kg/m³） 7. 1.5mm厚合成高分子防水涂料防潮层 8. 素水泥浆一道 9. 现浇钢筋混凝土楼板，表面清理平整干净	100mm厚/310mm厚
楼地面	③	用于：卫生间	1. 10mm厚防滑地砖铺实拍平，水泥砂浆擦缝 2. 20mm厚1：3硬性水泥砂浆结合层 3. 1.5mm厚合成高分子防水涂料 4. 50mm厚C15焦渣混凝土（上下配φ3双向@50钢丝网片，中间敷散热管）找坡1% 5. 0.2mm厚真空镀铝聚酯薄膜 6. 20mm厚挤塑聚苯乙烯泡沫塑料板 7. 1.5mm厚合成高分子防水涂料防潮层，四周翻起150mm高 8. 20mm厚1：3水泥砂浆找平层 9. 素水泥浆一道 10. 现浇钢筋混凝土楼板，表面清理平整干净	(120mm厚)
楼地面	④	用于：配电间控制室	1. 10mm厚地砖铺实拍平，稀水泥砂浆擦缝 2. 20mm厚1：3干硬性水泥砂浆结合层 3. 素水泥浆结合层一遍 4. 50mm厚C15焦渣混凝土（上下配φ3双向@50钢丝网片） 5. 20mm厚挤塑聚苯乙烯泡沫塑料板（密度35kg/m³） 6. 1.5mm厚合成高分子防水涂料防潮层 7. 素水泥浆一道 8. 现浇钢筋混凝土楼板，表面清理平整干净	(100mm厚)

类型	编号	使用部位	构造说明	备注
	⑤	用于：所有地下室外壁外侧	1. 基槽开挖线范围内2：8灰土回填，分层夯实 2. 20mm厚阻燃型挤塑聚苯板保护层 3. 4mm厚高聚物改性沥青防水卷材 4. 刷基层处理剂一遍 5. 20mm厚1：2.5水泥砂浆找平层 6. 钢筋混凝土墙体（混凝土自防水，防水等级P6），外表面清理平整干净	防水层由基础筏板板底一直做到室外地坪，参12J2-C6-1
	⑥	用于：地下室储藏间底板防水做法	1. 10mm厚地砖铺实拍平，稀水泥砂浆擦缝 2. 20mm厚1：3干硬性水泥砂浆结合层 3. 素水泥浆结合层一遍 4. 50mm厚C15焦渣混凝土（上下配φ3双向@50钢丝网片，中间散热管） 5. 0.2mm厚真空镀铝聚酯薄膜 6. 20mm厚挤塑聚苯乙烯泡沫塑料板（密度35kg/m³） 7. 1.5mm厚合成高分子防水涂料防潮层 8. 素水泥浆一道 9. 50mm厚C20细石混凝土撒1：1水泥砂子压实赶光 10. 300mm厚素土夯实 11. 钢筋混凝土基础底板（混凝土自防水，防水等级P6） 12. 50mm厚C20细石混凝土保护层 13. 4mm厚高聚物改性沥青防水卷材 14. 20mm厚1：2.5水泥砂浆找平层 15. 100mm厚C15细石混凝土垫层 16. 素土夯实	防水层由基础筏板板底一直做到室外地坪，参12J2-C6-1
	⑦	用于：地下室楼梯间地面	1. 10mm厚地砖铺实拍平，稀水泥浆擦缝 2. 20mm厚1：3干硬性水泥砂浆结合层 3. 素水泥浆一道 4. 60mm厚C15混凝土垫层 5. 150mm厚3：7灰土 6. 素土夯实	30mm厚/240mm厚
	⑧	用于：水箱间	1. 30mm厚C20细石混凝土随打随抹光 2. 1.5mm厚聚氨酯防水涂料，面上撒黄沙，四周沿墙上翻300mm高 3. 基层处理剂一遍 4. 20mm厚1：2水泥砂浆找平，四周抹小八字角 5. 现浇钢筋混凝土楼板，表面清理平整干净	50mm厚

室内装修做法明细表

编号	房间名称	内墙面	踢脚或墙裙	顶棚	备注
①	门厅、客房门市、营业厅会议室、站长室财务室、走廊地下室储藏间	12J1-内墙4石膏抹灰砂浆墙面12J1-涂304	12J1-踢3-B面砖踢脚	12J1-棚5装饰石膏板吊顶	内墙面应选用经过技术鉴定的混凝土界面甲方自定，走廊吊顶高度在板下250mm
②	卫生间	12J1-内墙6-BF釉面砖墙面		12J1-棚15铝合金方形砖吊顶	地砖的品种、颜色由甲方自定
③	楼梯间水箱间	12J1-内墙4石膏抹灰砂浆墙面12J1-涂304	12J1-踢3-B面砖踢脚	12J1-顶2涂304	

工程做法

部位	做法	备注
台阶	12J1-155-台6	石质板材面层（25mm厚花岗岩面层）
散水	12J1-152-散2	宽900mm
油漆	12J1-103-涂101	用于木材面，木门均为白色
	12J1-106-涂202	用于金属面

附注：
1. 内墙面的加气混凝土砌块与钢筋混凝土墙、柱交接处，钉400mm宽通长钢丝网片（钢丝0.5mm，网格25mm×25mm）
2. 所有做法未详之处均参见河北省工程建设标准设计《12系列建筑标准设计图集》中的相关部分

门窗表

类型	设计编号	洞口尺寸/(mm×mm)	数量	图集名称	备注
普通门	M0821	800×2100	51	12J4-1-1页-PMI-0821	平开装饰门
	M0921	900×2100	2	12J4-1-1页-PMI-0921	平开装饰门
	M0927	900×2700	58	12J4-1-2页-PMI-1021	平开装饰门
	M1524	1500×2400	1	12J4-1-2页-PMI-1524	平开装饰门
	MLC2427	2400×2700	2		见门窗大样
	MLC3027	1500×2700	1		
	MLC5527	1200×2700	1		
	TM1521	1500×2100	1	12J4-1-2页-PMI-1521	铁门，成品外购
	TM0718	700×1800	19	12J4-1-1页-PMI-0721（改高1800）	
防火门	YFM1221	1200×2100	4		钢制防火门，成品外购
	YFM1521	1500×2100	4		
	YFM1525	1500×2500	4	门高2100mm，可开启窗高400mm	
	YFM0927	900×2700	1		
	JFM1521	1500×2100	1		
	BFM0918	900×1800	5		
普通窗	C0609	600×900	1	12J4-1-12页-PC-0609	断桥铝高透光Low-E(6+12A+6)中空内开玻璃窗
	C0924	900×2400	1	12J4-1-13页-PC-0924	
	C1512	1500×1200	1	12J4-1-14页-PC1-1515（改高1200mm）	
	C1515	1500×1450	3	12J4-1-14页-PC1-1515（改高1450mm）	
	C1515	1500×1515	1	12J4-1-14页-PC1-1515	
	C1524	1500×2400	1	12J4-1-14页-PC1-1515	
	C1806	1800×600	1	12J4-1-12页-PC2-1806	
	C1812	1800×1200	5	12J4-1-12页-PC2-1812	
	C1815	1800×1450	58	12J4-1-15页-PC1-1506	
	C1818	1800×1800	6	12J4-1-15页-PC1-1818	
	C2104	2100×400	2	12J4-1-12页-PC-2106（改高400mm）	
	C2304	2225×400	1	12J4-1-12页-PC-2406（改宽2225mm，改高400mm）	
	C2404	2350×400	1	12J4-1-12页-PC-2406（改宽2350mm，改高400mm）	
	C2415	2400×1500	2	12J4-1-15页-PC1-2415	
	C2704	2625×400	1	12J4-1-12页-PC-2406（改宽2625mm，改高400mm）	
	C2804	2750×400	5	12J4-1-12页-PC-2406（改宽2750mm，改高400mm）	
	C2824	2800×2400	2		见门窗大样
	C6224	6200×2400	1		

C6224 1:50

C3027 (C2427) 1:50

注：
1. 门窗立面图仅为门窗分格示意，型材选用及节点构造均由厂家根据门窗性能的要求进行设计。
2. 所有门窗尺寸均为洞口尺寸，制作时应考虑墙面抹灰厚度及安装缝隙的尺寸。
3. 门窗制作应符合现行国家标准，门窗强度需满足国家标准。
4. 表中所列门窗数量在订货前请复核。
5. 建筑外门窗气密性能等级为4级，水密性能等级为6级，保温性能等级为6级，隔声性能等级为4级，抗风压5级。
6. 本图所示室内门、窗及阳台门均仅为示意洞口大小及分格形式，具体安装由用户二次装修。
7. 门窗制作参见《建筑节能门》（16J607）。
8. 距离室内地面高度900mm以下的窗玻璃、单块面积大于1.5m²的窗玻璃、门、易遭撞击冲击而造成人体伤害的其他部位必须设置安全玻璃。全玻门设防撞提示标志。
9. 所有外窗均设窗纱，设置防护网，业主自理。
10. 一层外门安装视线观察玻璃、横执把手和关门拉手，在门扇下方安装高350mm的护门板。

石家庄 SHI JIA ZHUANG ×××建筑设计有限公司

资质等级 甲级 GRADE OF QUALIFICATION CLASS A

证书编号 CERTIFICATE NO.

年 月

项目名称 PROJECT NAME ××市×××有限公司新建项目

工程做法 门窗表 门窗大样

主项名称 MAIN ITEM NAME ×××酒店

第2张 SHEET

比例 SCALE 1：100

设计专业 PROFESSION 建筑

设计阶段 DESIGN STAGE 施工图

图号 DRAWING NO. 建施-02

共19张 TOT

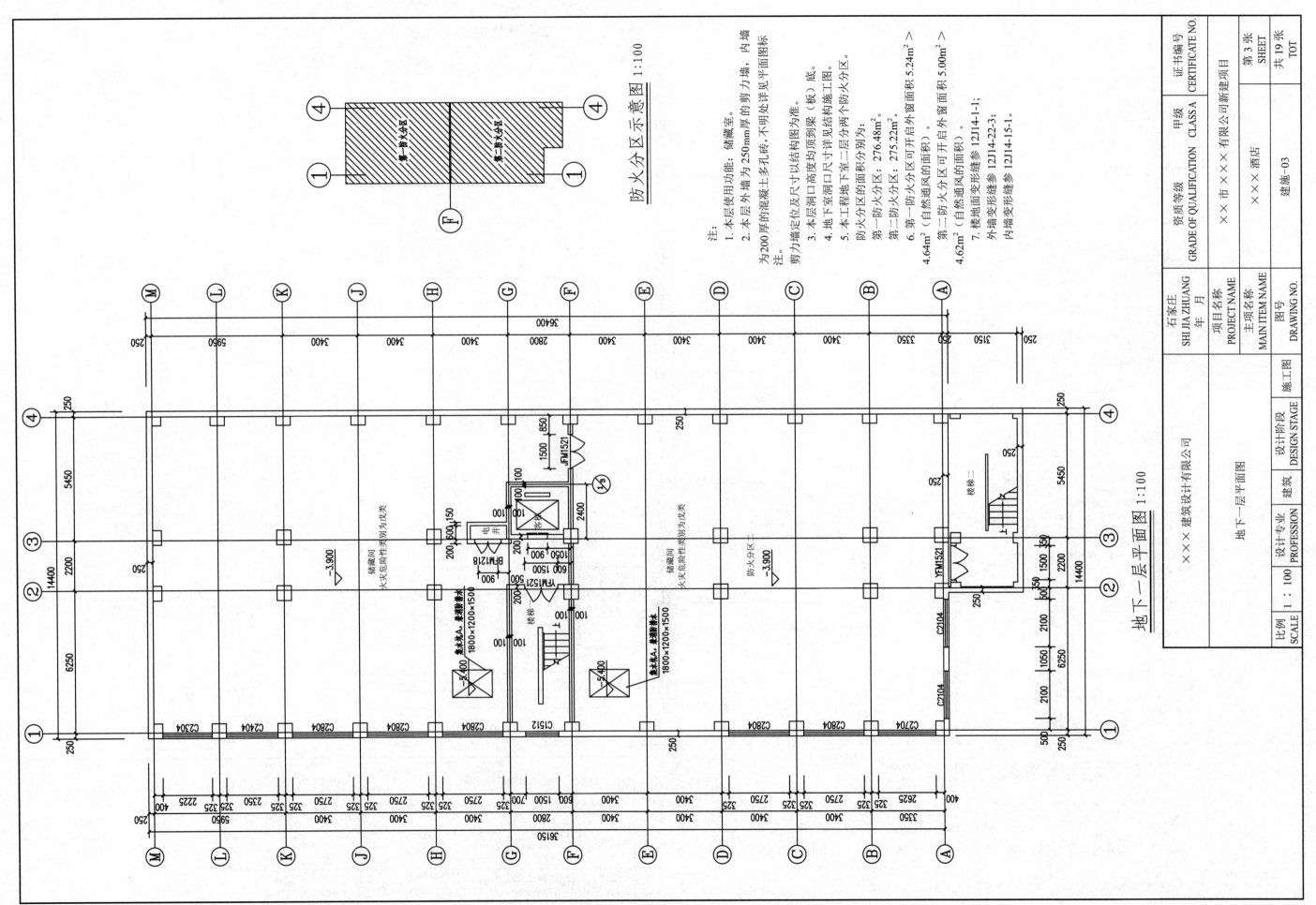

防火分区示意图 1:100

注：
1. 本层使用功能：储藏室。
2. 本层外墙为250mm厚的剪力墙，内墙为200厚的混凝土多孔砖，不明处详见平面图标注。
3. 剪力墙定位及尺寸以结构图为准。
4. 本层洞口高度均至顶到梁（板）底。
5. 地下室洞口尺寸详见结构施工图。
6. 本工程地下室二层分为两个防火分区。
防火分区的面积分别为：
第一防火分区：276.48m²。
第二防火分区：275.22m²。
6. 第一防火分区可开启外窗面积5.24m²＞4.64m²（自然通风的面积）
第二防火分区可开启外窗面积5.00m²＞4.62m²（自然通风的面积）；
7. 楼地面变形缝参12J14-1-1；
外墙变形缝参12J14-22-3；
内墙变形缝参12J14-15-1。

地下一层平面图 1:100

石家庄 SHI JIA ZHUANG 年 月

××× 建筑设计有限公司

资质等级 GRADE OF QUALIFICATION	甲级 CLASS A	证书编号 CERTIFICATE NO.	
项目名称 PROJECT NAME		×× 市 ××× 有限公司新建项目	第 3 张 SHEET
主项名称 MAIN ITEM NAME		××× 酒店	共 19 张 TOT
	地下一层平面图	图号 DRAWING NO.	建施-03
设计专业 PROFESSION	建筑	设计阶段 DESIGN STAGE	施工图
比例 SCALE	1：100		

4

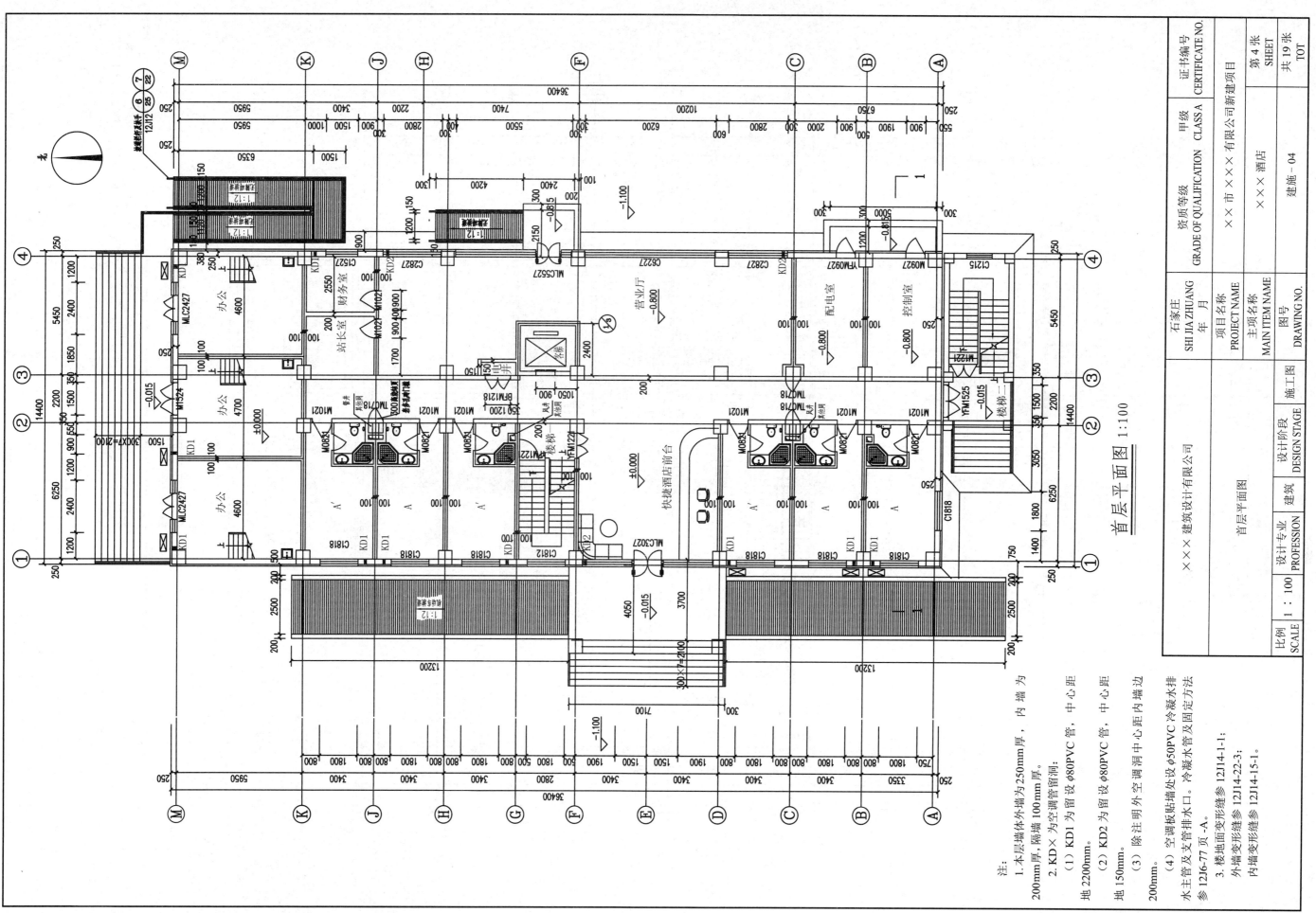

首层平面图 1:100

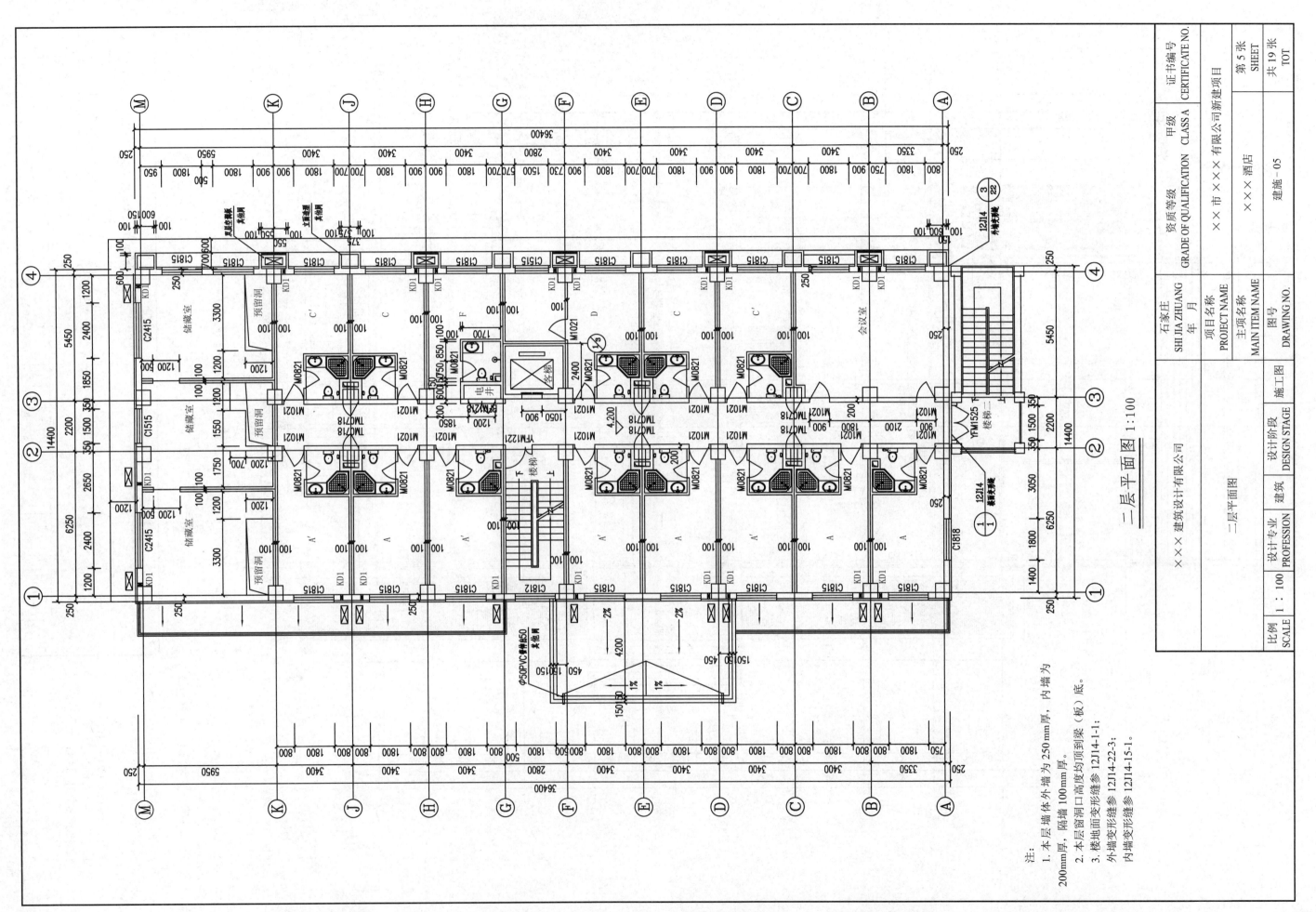

二层平面图 1:100

注：
1. 本层墙体外墙为250mm厚，内墙为200mm厚，隔墙100mm厚。
2. 本层窗洞口高度均为顶到梁（板）底。
3. 楼地面变形缝参 12J14-1-1；
外墙变形缝参 12J14-22-3；
内墙变形缝参 12J14-15-1。

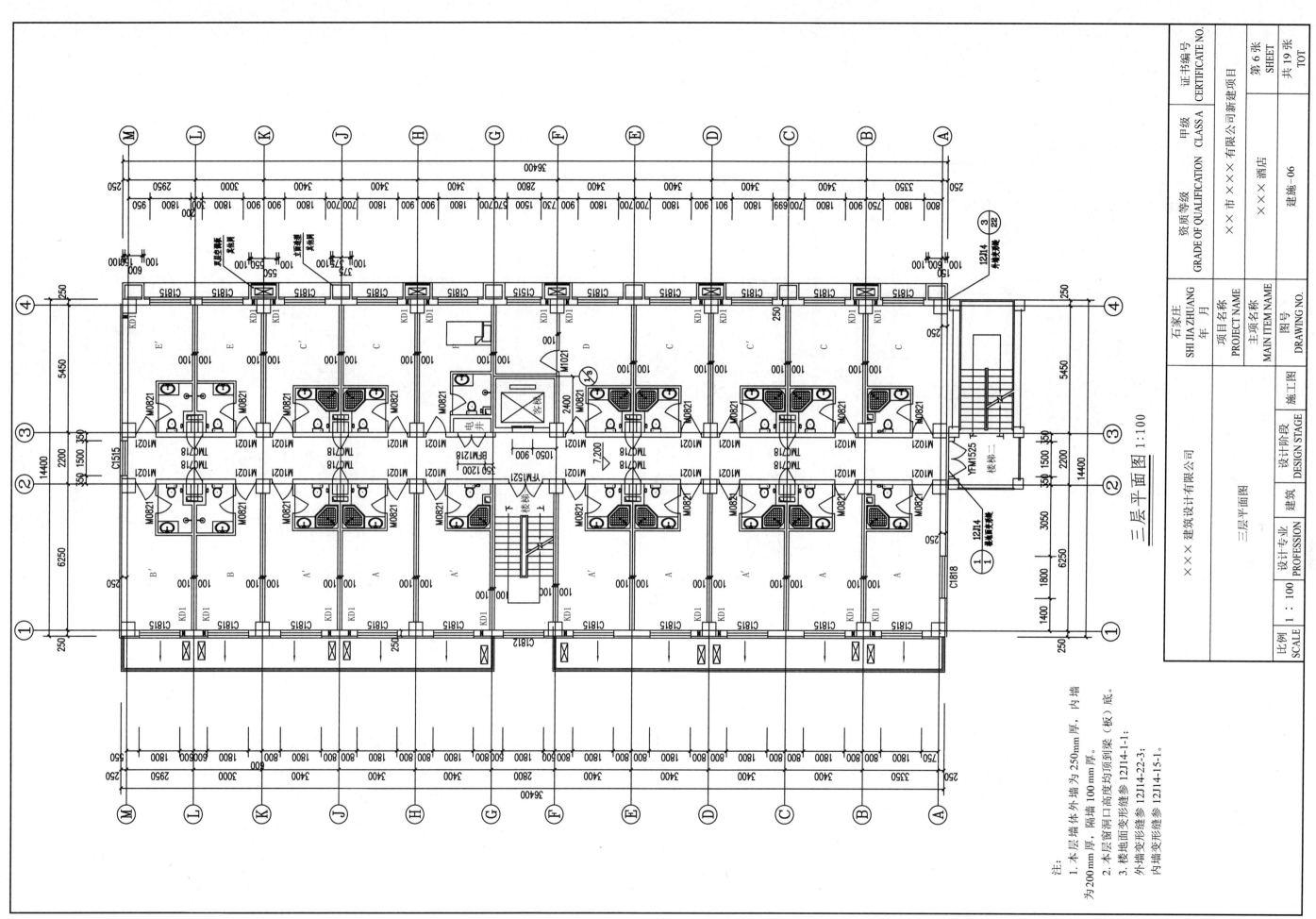

三层平面图 1:100

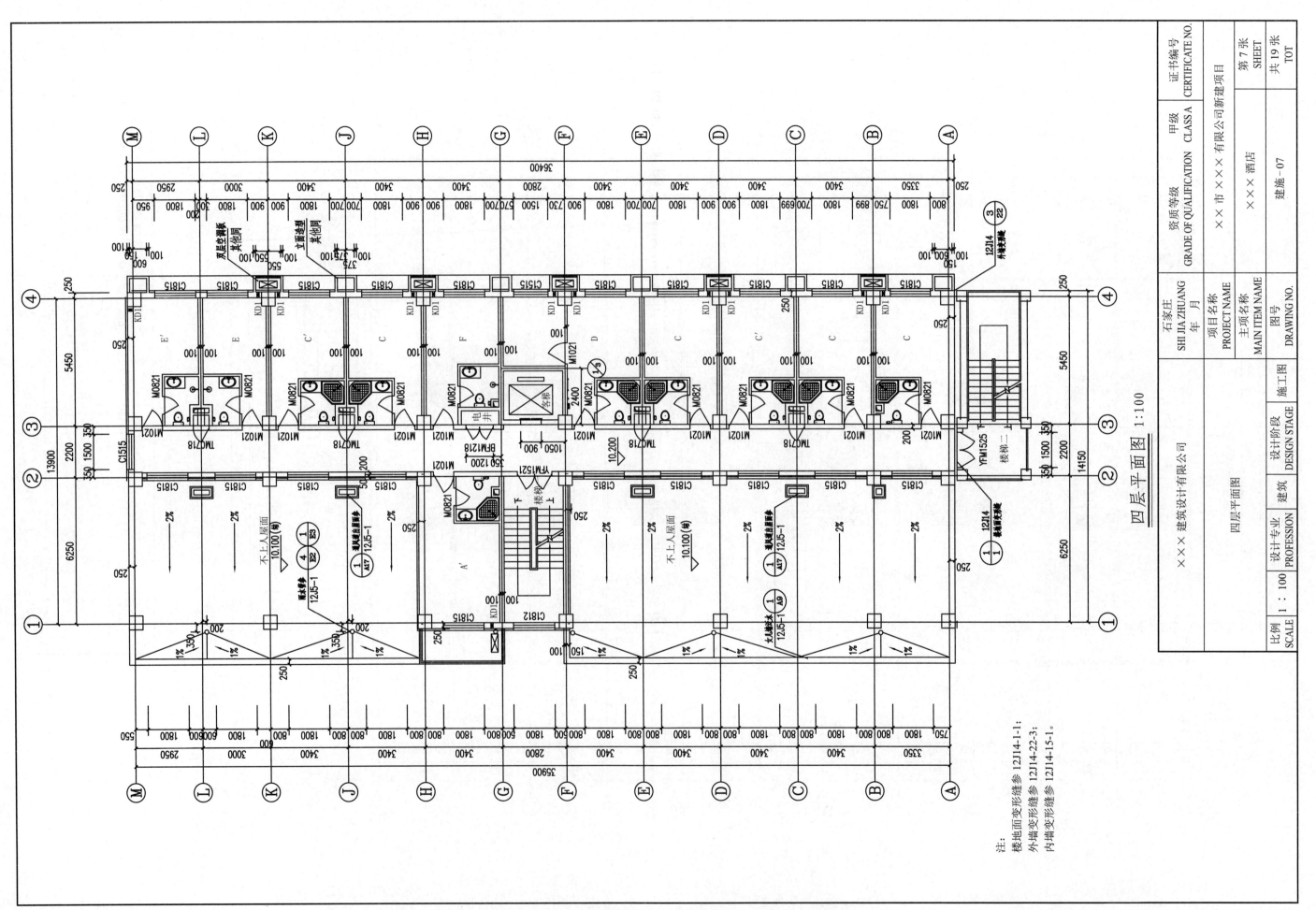

四层平面图 1:100

注:
楼地面变形缝参 12J14-1-1;
外墙变形缝参 12J14-22-3;
内墙变形缝参 12J14-15-1。

石家庄 SHI JIA ZHUANG 年 月	资质等级 GRADE OF QUALIFICATION	甲级 CLASS A	证书编号 CERTIFICATE NO.
×××建筑设计有限公司	项目名称 PROJECT NAME	××市×××有限公司新建项目	
	主项名称 MAIN ITEM NAME	×××酒店	
	四层平面图	图号 DRAWING NO.	建施-07
比例 SCALE 1:100	设计专业 PROFESSION 建筑	设计阶段 DESIGN STAGE 施工图	第7张 SHEET 共19张 TOT

8

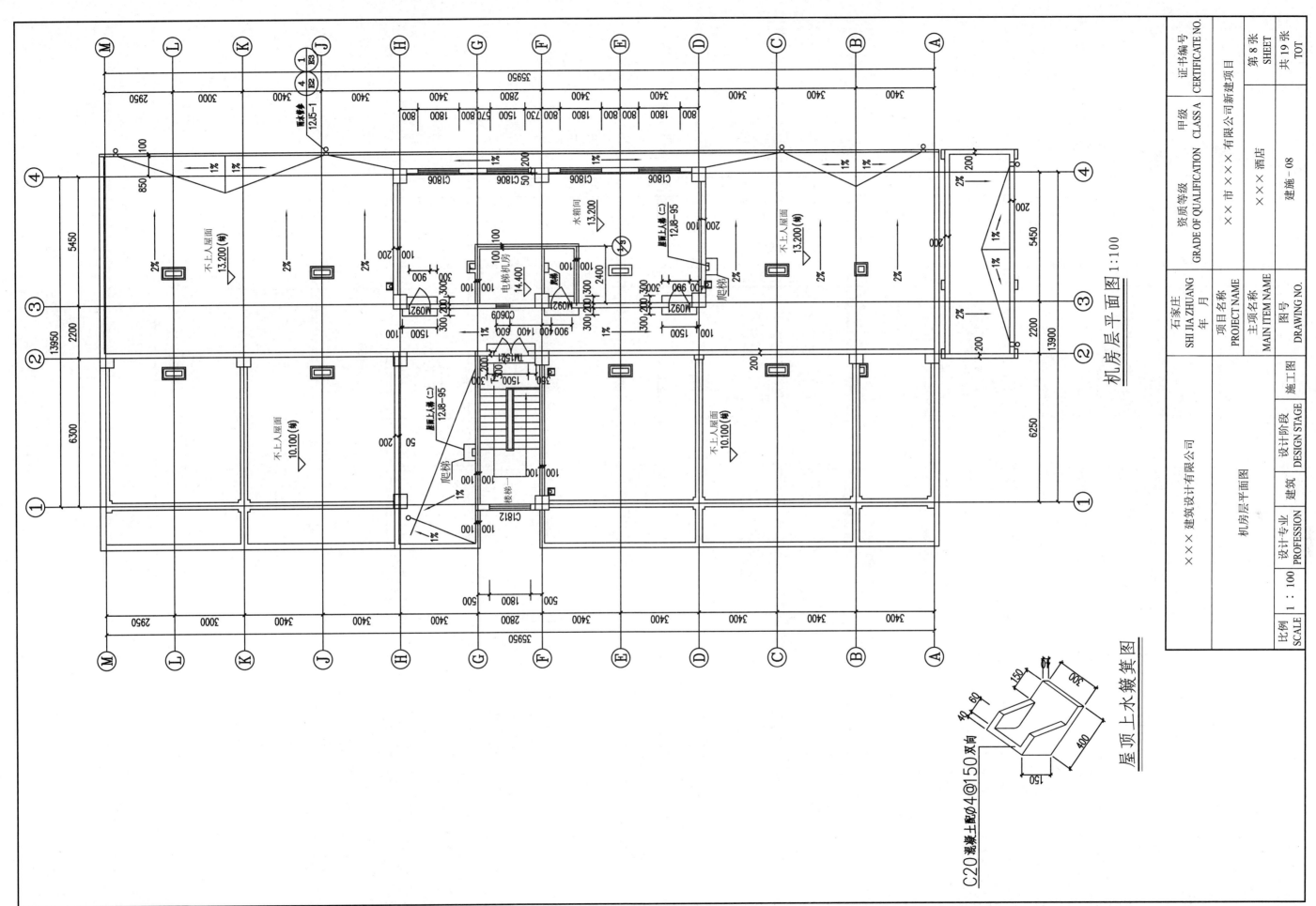

机房层平面图 1:100

屋顶上水簸箕图

C20混凝土配φ4@150双向

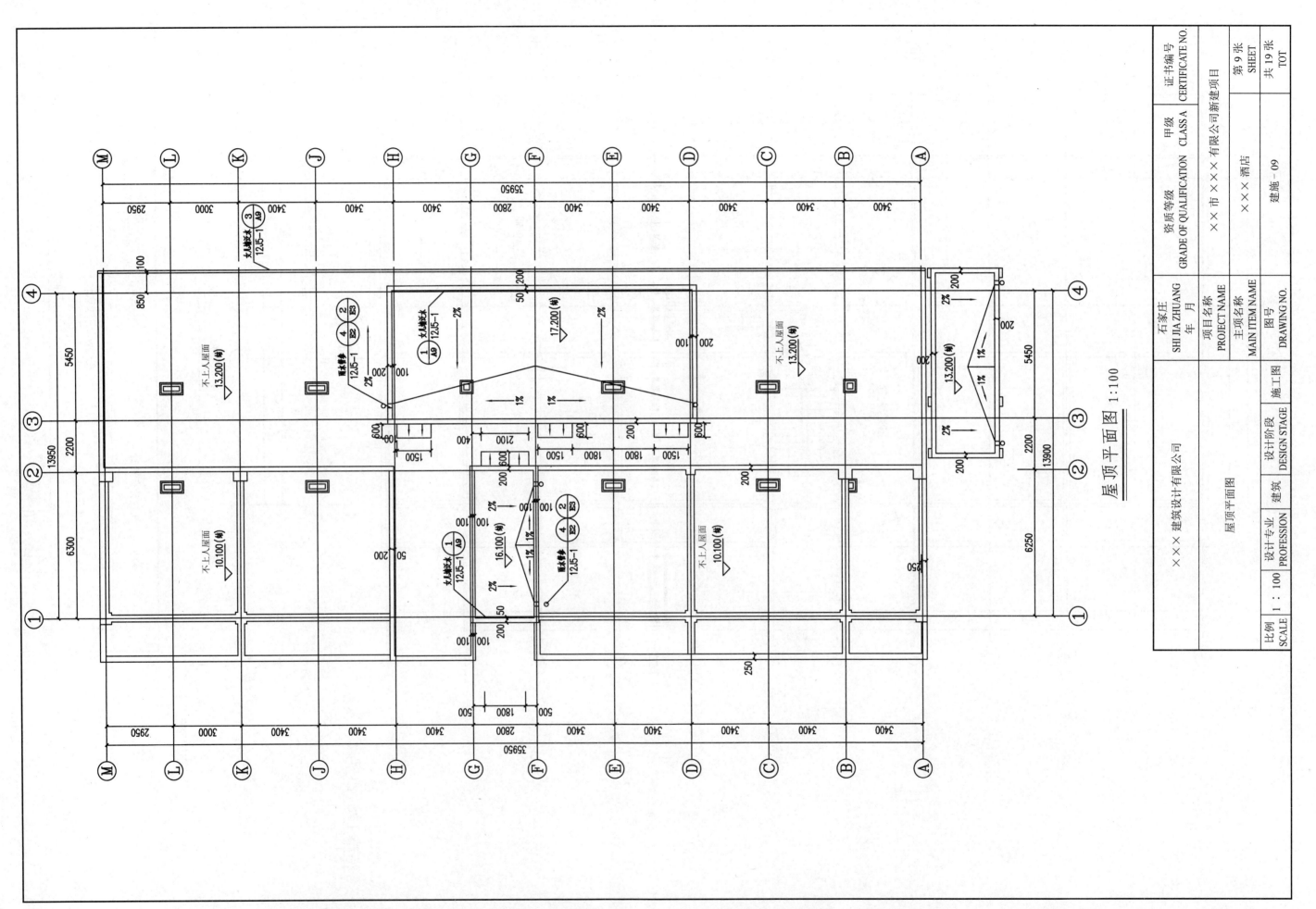

屋顶平面图 1:100

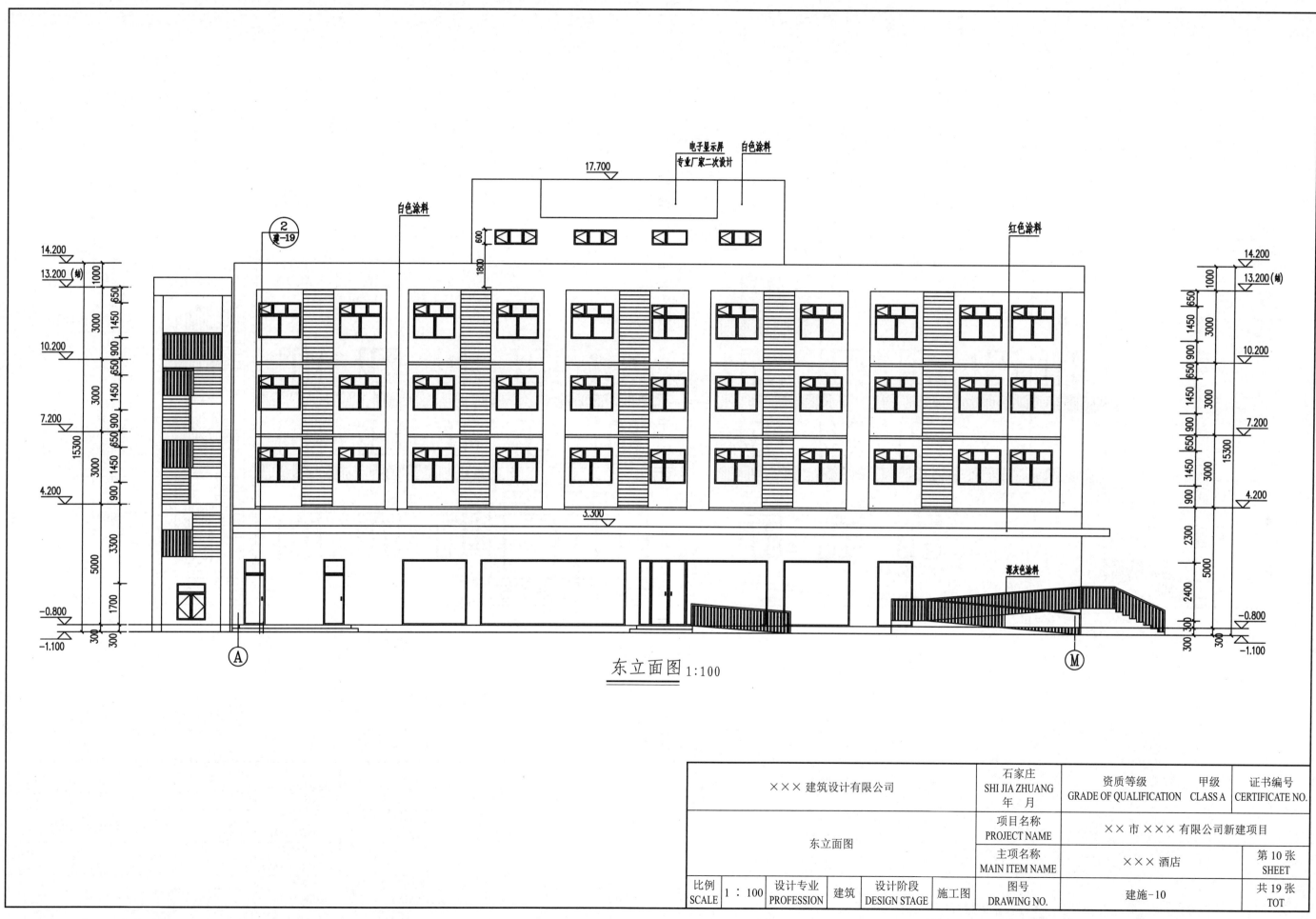

东立面图 1:100

×××建筑设计有限公司	石家庄 SHI JIA ZHUANG 年 月	资质等级　　　甲级 GRADE OF QUALIFICATION　CLASS A	证书编号 CERTIFICATE NO.	
东立面图		项目名称 PROJECT NAME	××市×××有限公司新建项目	
		主项名称 MAIN ITEM NAME	×××酒店	第 10 张 SHEET
比例 SCALE	1：100	设计专业 PROFESSION	建筑	设计阶段 DESIGN STAGE	施工图	图号 DRAWING NO.	建施-10	共 19 张 TOT

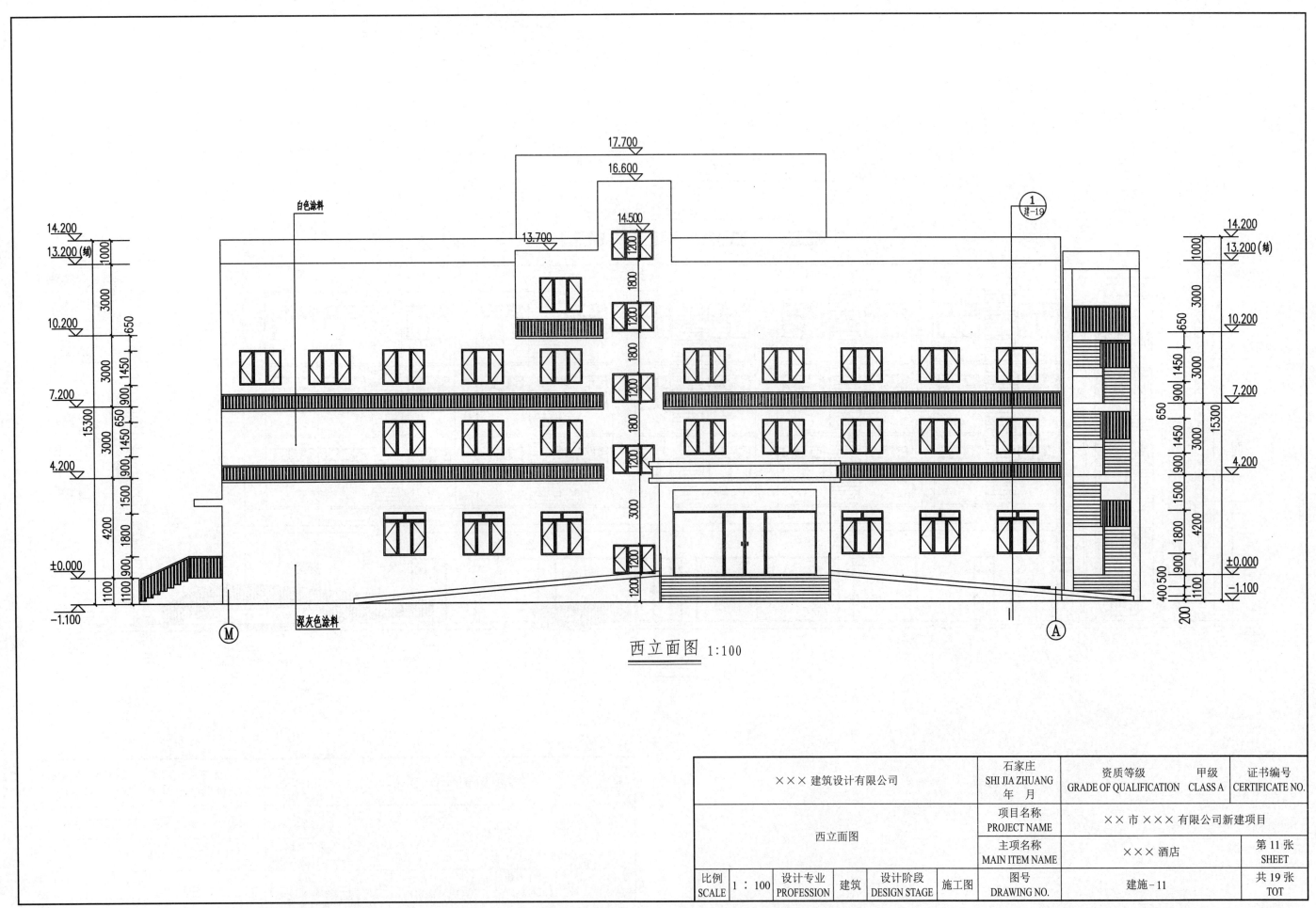

白色涂料

深灰色涂料

西立面图 1:100

×××建筑设计有限公司	石家庄 SHI JIA ZHUANG 年 月	资质等级	甲级	证书编号
		GRADE OF QUALIFICATION	CLASS A	CERTIFICATE NO.
西立面图	项目名称 PROJECT NAME	××市×××有限公司新建项目		
	主项名称 MAIN ITEM NAME	×××酒店		第 11 张 SHEET
比例 SCALE	1：100	设计专业 PROFESSION	建筑	设计阶段 DESIGN STAGE	施工图	图号 DRAWING NO.	建施-11	共 19 张 TOT

12

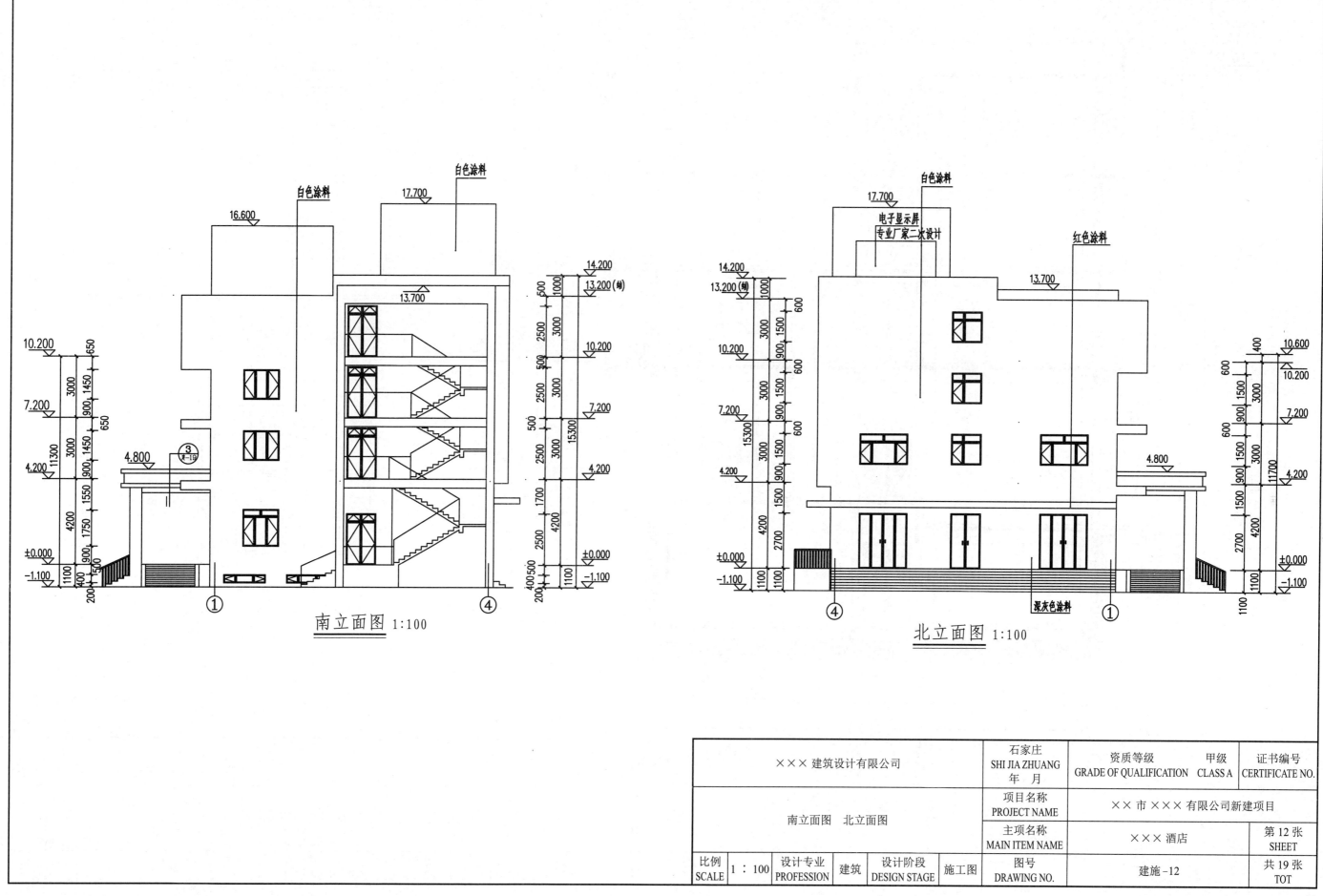

白色涂料

白色涂料

17.700

16.600

13.700

南立面图 1:100

白色涂料

17.700

电子显示屏
专业厂家二次设计

红色涂料

13.700

深灰色涂料

北立面图 1:100

×××建筑设计有限公司	石家庄 SHI JIA ZHUANG 年 月	资质等级 GRADE OF QUALIFICATION	甲级 CLASS A	证书编号 CERTIFICATE NO.
南立面图 北立面图	项目名称 PROJECT NAME	××市×××有限公司新建项目		
	主项名称 MAIN ITEM NAME	×××酒店		第 12 张 SHEET
比例 SCALE	1：100	设计专业 PROFESSION	建筑	设计阶段 DESIGN STAGE	施工图	图号 DRAWING NO.	建施-12	共 19 张 TOT

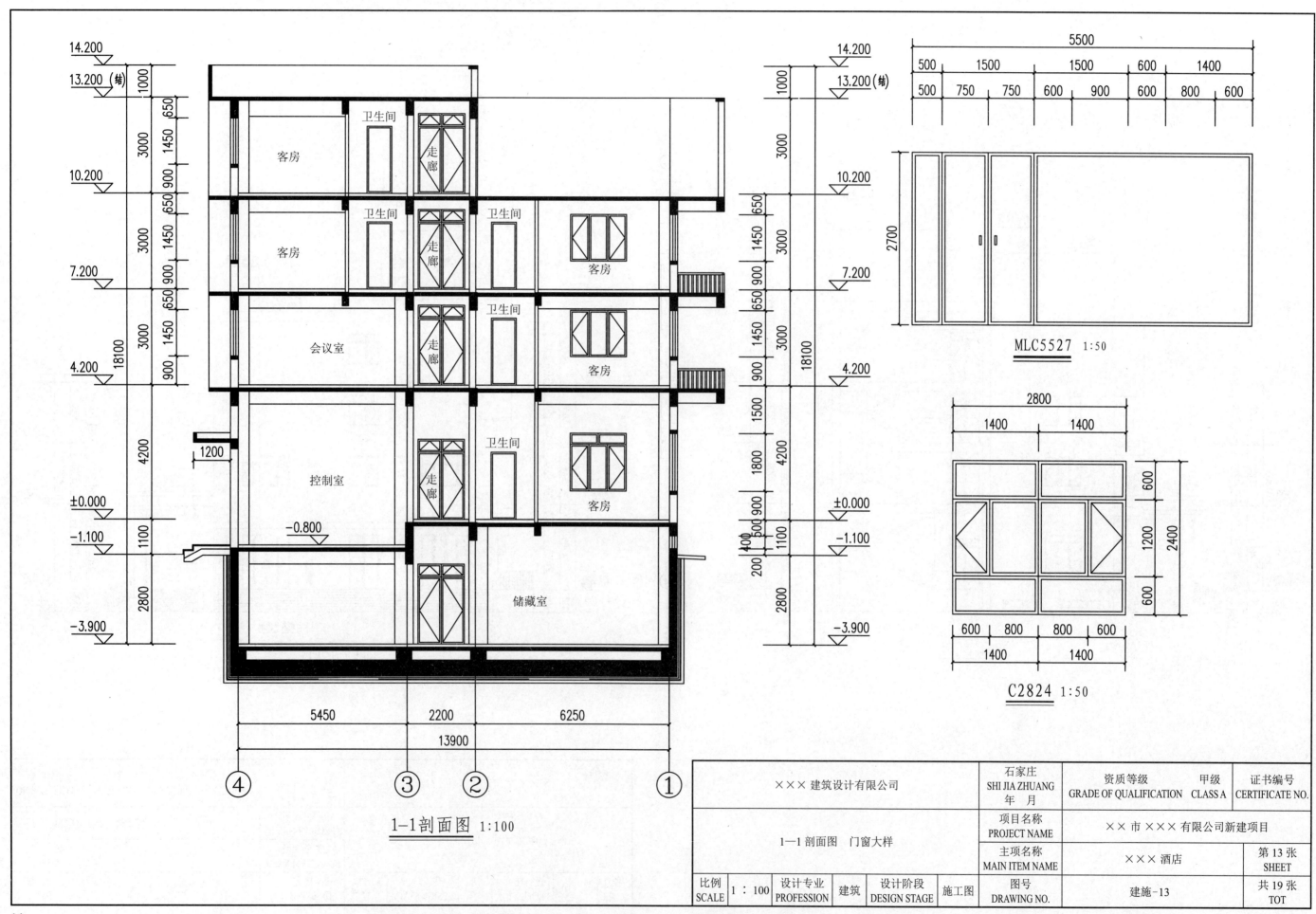

1—1剖面图 1:100

MLC5527 1:50

C2824 1:50

×××建筑设计有限公司	石家庄 SHI JIA ZHUANG 年 月	资质等级 甲级 GRADE OF QUALIFICATION CLASS A	证书编号 CERTIFICATE NO.
1—1剖面图 门窗大样	项目名称 PROJECT NAME	×× 市 ××× 有限公司新建项目	
	主项名称 MAIN ITEM NAME	×××酒店	第13张 SHEET
比例 SCALE 1:100	设计专业 PROFESSION 建筑	设计阶段 DESIGN STAGE 施工图	图号 DRAWING NO. 建施-13	共19张 TOT

14

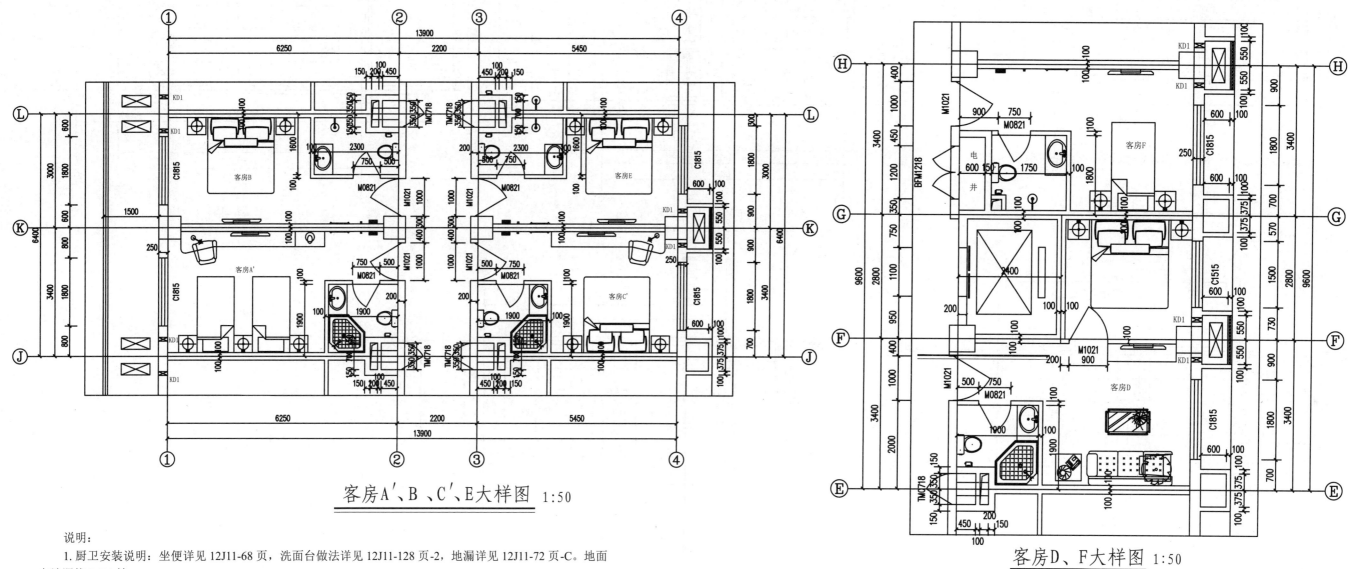

客房A′、B、C′、E大样图 1:50

客房D、F大样图 1:50

说明：
1. 厨卫安装说明：坐便详见12J11-68页，洗面台做法详见12J11-128页-2，地漏详见12J11-72页-C。地面向地漏找0.5%坡。
2. 电气留洞详见电施。
3. KD×为空调管留洞：
（1）KD1为留设φ80PVC管，中心距地2200mm。
（2）除注明外空调洞中心距内墙边200mm。
（3）空调板贴墙处设φ50PVC冷凝水排水主管及支管排水口。冷凝水管及固定方法参见12J6-77页-A。
4. 家具布置仅为示意。
客房A与客房A′，客房B′与客房B，客房E′与客房E对称布置。
▨空调示意

×××建筑设计有限公司		石家庄 SHI JIA ZHUANG 年 月	资质等级 GRADE OF QUALIFICATION CLASS A	甲级	证书编号 CERTIFICATE NO.
大样图		项目名称 PROJECT NAME	××市×××有限公司新建项目		
		主项名称 MAIN ITEM NAME	×××酒店		第14张 SHEET
比例 SCALE 1：50	设计专业 PROFESSION 建筑	设计阶段 DESIGN STAGE 施工图	图号 DRAWING NO.	建施-14	共19张 TOT

15

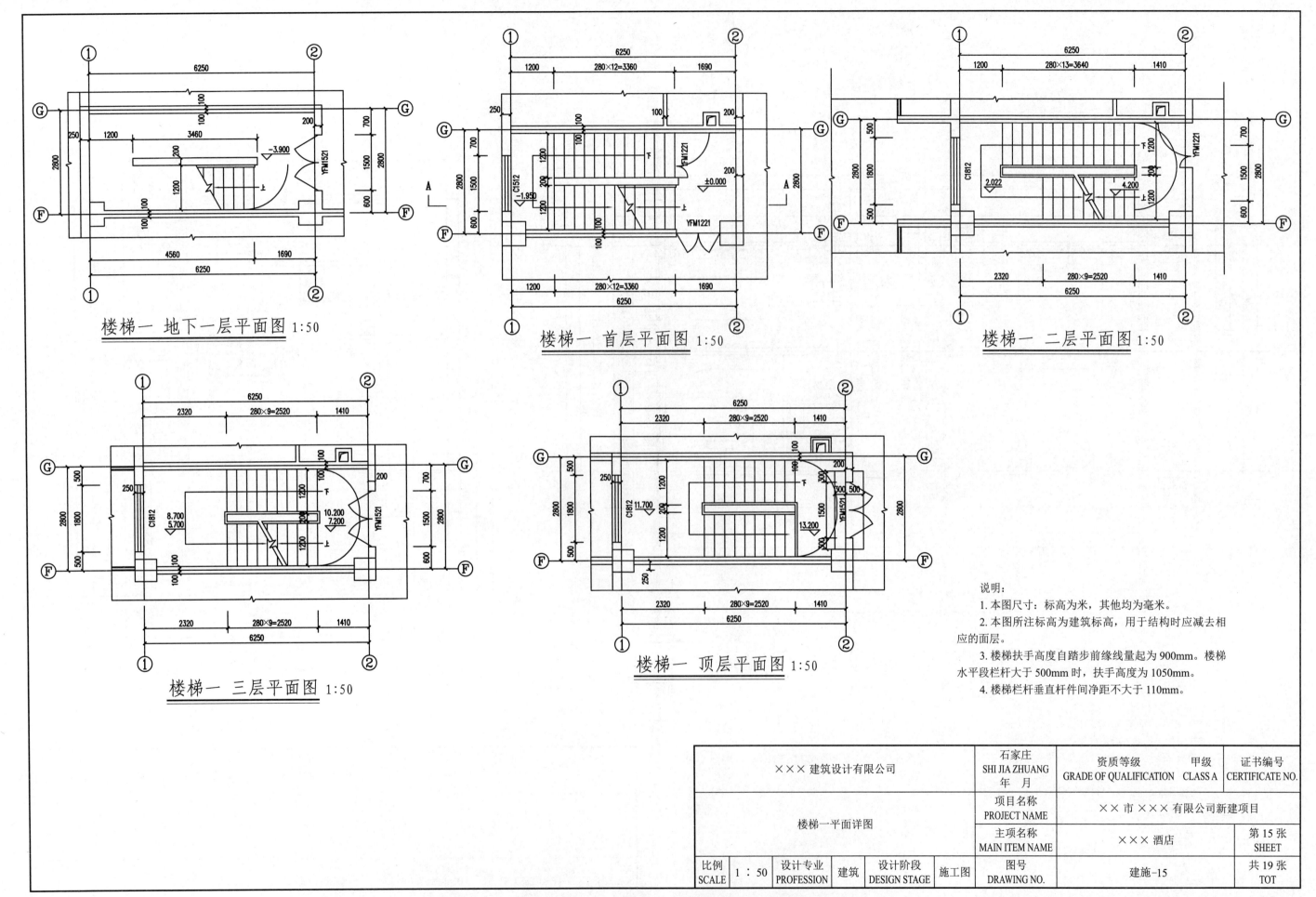

楼梯一 地下一层平面图 1:50

楼梯一 首层平面图 1:50

楼梯一 二层平面图 1:50

楼梯一 三层平面图 1:50

楼梯一 顶层平面图 1:50

说明:
1. 本图尺寸:标高为米,其他均为毫米。
2. 本图所注标高为建筑标高,用于结构时应减去相应的面层。
3. 楼梯扶手高度自踏步前缘线量起为900mm。楼梯水平段栏杆大于500mm时,扶手高度为1050mm。
4. 楼梯栏杆垂直杆件间净距不大于110mm。

×××建筑设计有限公司				石家庄 SHI JIA ZHUANG 年 月	资质等级 甲级 GRADE OF QUALIFICATION CLASS A	证书编号 CERTIFICATE NO.
楼梯一平面详图				项目名称 PROJECT NAME	××市×××有限公司新建项目	
				主项名称 MAIN ITEM NAME	×××酒店	第15张 SHEET
比例 SCALE	1:50	设计专业 PROFESSION	建筑	设计阶段 DESIGN STAGE	施工图	图号 DRAWING NO.	建施-15	共19张 TOT

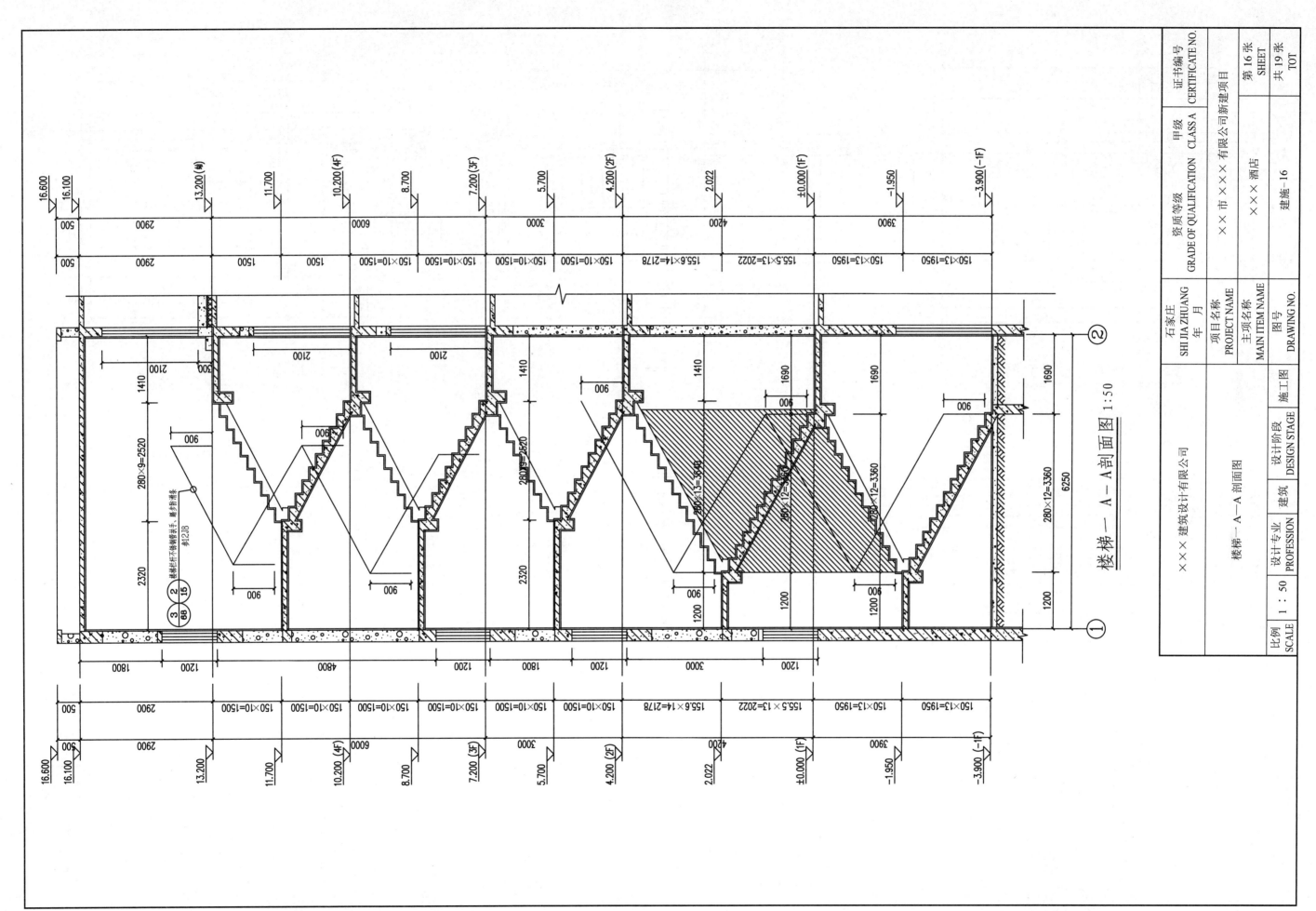

楼梯—A—A剖面图 1:50

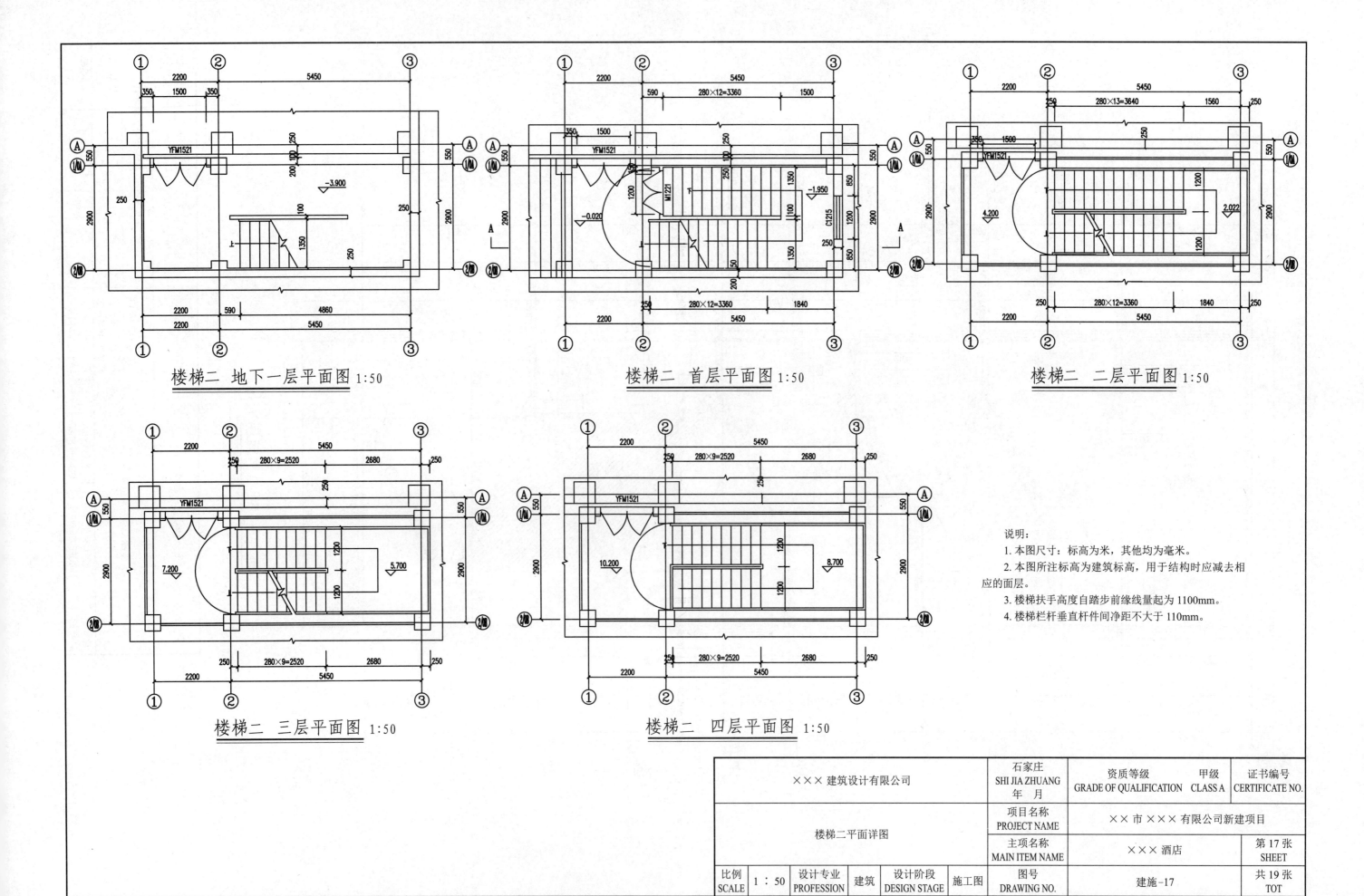

楼梯二 地下一层平面图 1:50

楼梯二 首层平面图 1:50

楼梯二 二层平面图 1:50

楼梯二 三层平面图 1:50

楼梯二 四层平面图 1:50

说明:
1. 本图尺寸:标高为米,其他均为毫米。
2. 本图所注标高为建筑标高,用于结构时应减去相应的面层。
3. 楼梯扶手高度自踏步前缘线量起为1100mm。
4. 楼梯栏杆垂直杆件间净距不大于110mm。

×××建筑设计有限公司		石家庄 SHI JIA ZHUANG 年 月	资质等级 甲级 GRADE OF QUALIFICATION CLASS A	证书编号 CERTIFICATE NO.
楼梯二平面详图		项目名称 PROJECT NAME	××市×××有限公司新建项目	
		主项名称 MAIN ITEM NAME	×××酒店	第 17 张 SHEET
比例 SCALE	1:50	设计专业 建筑 PROFESSION	设计阶段 施工图 DESIGN STAGE	图号 DRAWING NO.	建施-17	共 19 张 TOT

18

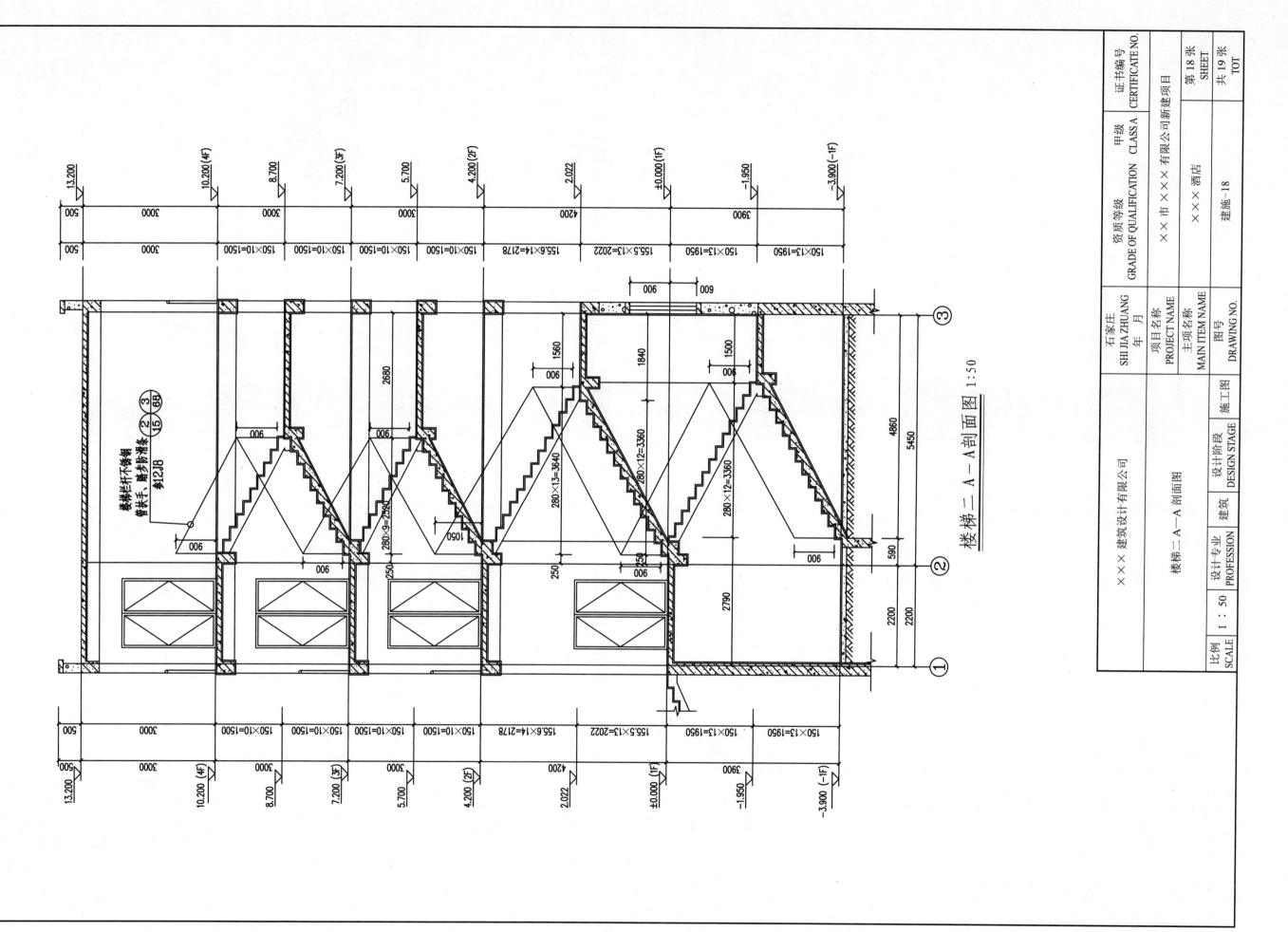

楼梯二—A—A剖面图 1:50

19

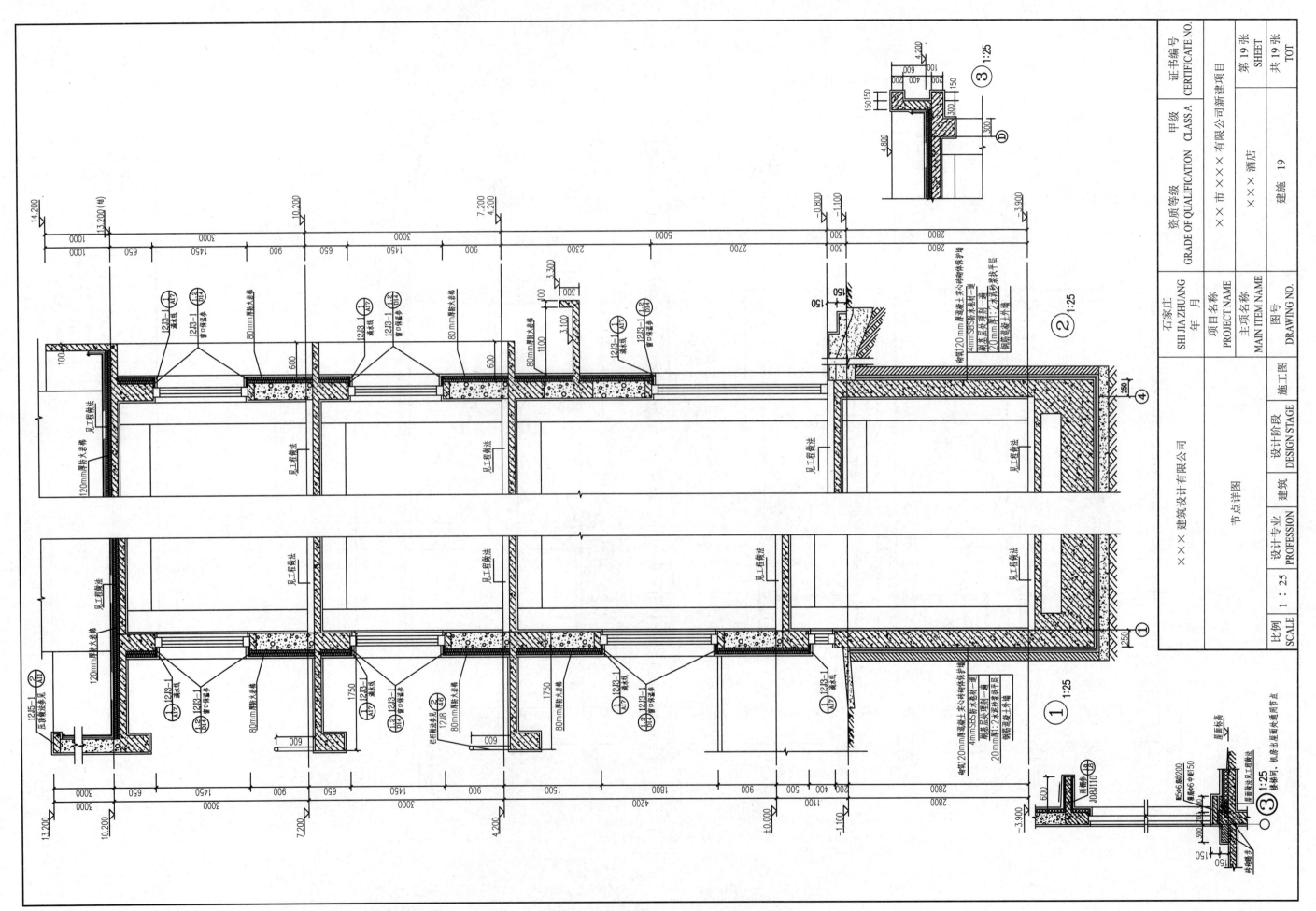

节点详图

| 比例 SCALE | 1:25 | 设计专业 PROFESSION | 建筑 | 设计阶段 DESIGN STAGE | 施工图 | 图号 DRAWING NO. | 建施-19 |

	×××建筑设计有限公司	HH1501	主项名称	×××酒店
		××市×××有限公司新建项目	设计阶段	施工图
			专业	结构

图纸目录		第1页
		共1页

序号	图纸名称	图纸编号		图纸规格	图纸张数	备注
		新图	复用图			
1	图纸目录	结施-00			1	
2	结构设计总说明（一）	结施-01			1	
3	结构设计总说明（二）	结施-02			1	
4	独立基础、基础梁配筋图	结施-03			1	
5	基础筏板配筋图	结施-04			1	
6	地下室外墙配筋图	结施-05			1	
7	基础～-0.100m 框架柱平法施工图	结施-06			1	
8	标高-0.100～4.100m 框架柱平法施工图	结施-07			1	
9	标高4.100～7.100m 框架柱平法施工图	结施-08			1	
10	标高7.100～10.100m 框架柱平法施工图	结施-09			1	
11	标高10.100～13.200m 框架柱平法施工图	结施-10			1	
12	标高13.200～17.200mm 框架柱平法施工图	结施-11			1	
13	标高-0.100m 梁平法施工图	结施-12			1	
14	标高4.100m 梁平法施工图	结施-13			1	
15	标高7.100m 梁平法施工图	结施-14			1	
16	标高10.100m 梁平法施工图	结施-15			1	
17	标高13.200m 梁平法施工图	结施-16			1	
18	标高17.200m 梁平法施工图	结施-17			1	
19	标高-0.100m 楼板平法施工图	结施-18			1	
20	标高4.100m 楼板平法施工图	结施-19			1	
21	标高7.100m 楼板平法施工图	结施-20			1	
22	标高10.100m 楼板平法施工图	结施-21			1	
23	标高13.200m 楼板平法施工图	结施-22			1	
24	标高17.200m 楼板平法施工图	结施-23			1	
25	1# 楼梯结构图一	结施-24			1	
26	1# 楼梯结构图二	结施-25			1	
27	2# 楼梯结构图一	结施-26			1	
28	2# 楼梯结构图二	结施-27			1	

校核		备	
设计		注	

结构设计总说明（一）

一、工程概况

1. 本工程位于××市，详见总平面图。

2. 本工程为钢筋混凝土框架结构，地下1层，地上4层，结构主体高度14.300m。室内外高差1.1m；地面粗糙度类别为B类；基本风压0.30kN/m²；基本雪压0.35kN/m²。

3. 本工程抗震设防烈度为7度，基本地震加速度值为0.15g，设计地震分组为第二组，抗震设防类别为丙类，场地类别为Ⅲ类，框架、墙的抗震等级为：三级；框架、墙的抗震构造措施采用的抗震等级分别为二级、三级。抗震设防类别为丙类，按抗震设防烈度7度确定其地震作用，按抗震设防烈度8度采取抗震构造措施。特征周期0.55s；标准冻土深度：0.6m。

4. 结构设计使用年限为50年，结构重要性系数：1.0，建筑物安全等级：二级，地基基础设计等级为丙级。

5. 楼面采用普通现浇钢筋混凝土梁、板。

二、设计依据

1.《建筑结构可靠性设计统一标准》（GB 50068—2018）

2.《建筑结构荷载规范》（GB 50009—2012）

3.《建筑工程抗震设防分类标准》（GB 50223—2008）

4.《建筑抗震设计规范》（2016年版）（GB 50011—2010）

5.《建筑地基基础设计规范》（GB 50007—2011）

6.《混凝土结构设计规范》（2015年版）（GB 50010—2010）

7.《混凝土结构工程施工质量验收规范》（GB 50204—2015）

8.《砌体结构设计规范》（GB 50003—2011）

（本工程按现行国家标准进行设计，施工时除应遵守本说明及各设计图纸、标准图集外，尚应严格执行工程所在地区的有关规范或规程）

9. 本工程设计标高±0.000相当于绝对标高，见总平面。

10. 本工程设计计算所采用的计算程序：中国建筑科学院编制的PMCAD，SATWE，JCCAD2010，新规范版PKPM V3.1.6。

11. 设计中活荷载取值见表1。

表1 活荷载标准值

序号	房间用途	活荷载标准值/(kN/m²)	序号	房间用途	活荷载标准值/(kN/m²)
1	办公室	2.0	5	走廊	2.5
2	卫生间	2.5	6	不上人屋面	0.5
3	楼梯	3.5	7	营业厅、门市	3.5
4	配电室控制室	3.5	8	会议室	2.0

雨篷、挑檐的施工或检修荷载：1.0kN/m的集中荷载。

附加：楼梯、阳台栏杆顶部水平荷载1.0kN/m。

三、材料

1. 结构材料应具有规定的物理、力学性能和耐久性能，并应符合节约资源和保护环境的原则。结构材料的强度标准值具有不低于95%的保证率。结构用钢材应具有抗拉强度、屈服强度、伸长率和硫、磷含量的合格保证；对焊接结构用钢材，尚应具有碳含量、冷弯试验的合格保证。

钢材的屈服强度实测值与抗拉强度实测值的比值不应大于0.85；钢材应有明显的屈服台阶，且伸长率不应小于20%；钢材应有良好的焊接性和合格的冲击韧性。

抗震等级为一、二、三级的框架和斜撑构件，其纵向受力钢筋采用普通钢筋时，钢筋的抗拉强度实测值与屈服强度实测值的比值不应小于1.25；钢筋的屈服强度实测值与屈服强度标准值的比值不应大于1.3，钢筋在最大拉力下的总伸长率实测值不应小于9%，其中HPB300级钢筋在最大力下的伸长率不应小于10%。

2. HPB300（Φ）级钢筋，HRB400（Φ）级钢筋，钢筋的强度标准值应具有不小于95%的保证率。图中的φ6钢筋应符合《低碳钢热轧圆盘条》（GB/T 701—2008）中Q235供建筑用的圆盘条，分类代号J。受力预埋件的锚筋采用HPB300级或HRB400级钢筋，不应采用冷加工钢筋。

3. 当需要以强度等级较高的钢筋代替原设计中的纵向受力钢筋时，应按照钢筋受拉承载力设计值相等的原则代换，并应满足最小配筋率及抗裂验算要求。

4. 预埋件所用的钢材为Q235B或Q345B钢，含碳量指标应在0.12%~0.20%范围内，外露部分需涂红丹底漆三道，防锈面漆两道，焊条相应采用E43××或E50××型。当两种不同钢号焊接时，宜采用与强度较低钢号匹配的焊条。

5. 混凝土

① 基础详见基础平面图；基础、挡土墙：C35。

② 楼板施工应严格控制水胶比，并加强养护，防止出现干缩裂缝。

③ 基础顶~4.100m：框架柱、框架梁、现浇楼板C35；标高4.100m以上框架柱、框架梁、现浇楼板C30。构造柱、过梁、圈梁C25。除垫层外的混凝土均采用预拌引气混凝土。

6. 砌体

（1）填充墙采用加气混凝土砌块，干密度B07，强度等级A5.0，预拌砌筑砂浆DM5。

±0.000~地下室地面采用混凝土空心砌块MU7.5，预拌水泥砂浆DM7.5，孔洞用Cb20的混凝土预先灌实；填充墙顶部与梁或板应顶紧砌筑。

（2）严格控制墙体砌筑时加气混凝土砌块的出釜时间，出釜时间少于28天的砌块不得上墙，砌块堆放及砌块砌筑上墙后均应采取有效措施，防止淋湿或受水浸泡砌筑时严禁大量浸水，但宜向砌筑面适量浇水，墙面砌筑两周后方可进行基面处理和抹灰，在同一墙身的两面，不得同时做不透气饰面。砂浆均采用预拌砂浆。

四、地基基础

1. 基础采用梁筏基础；方法及要求详见基础图。

2. 开挖基槽时，不应扰动土的原状结构。如已经扰动，应挖除扰动部分。基槽应挖至设计要求的持力土层。若挖至设计标高仍未达到设计土层，应继续挖至设计土层。超挖部分用3：7灰土分层夯实至基础底面标高。垫层的施工质量检验必须分层进行，应在每层的压实系数符合设计要求后铺填上层土。

3. 机械挖土时应按有关规范要求进行，坑底应保留200mm厚的土层由人工开挖，基础回填土及位于设备、地面、散水、踏步等基础之下的回填土，必须分层夯实，每层铺填厚度不大于250mm，压实系数≥0.96。

4. 当工程基坑较深时，宜进行放坡，必要时应进行边坡支护。对基坑距道路、市政设施、现有建筑物较近处应进行边坡支护，以确保道路、市政管线和构建物的安全和施工的顺利进行。边坡支护应由具有相应设计和施工资质的单位承担。

5. 土方开挖完成后应立即对基坑进行封闭，防止水浸和暴露，并应及时进行地下结构施工。基坑土方开挖应严格按设计要求进行，不得超挖基坑周边超载、不得超过基坑支护设计荷载限制条件。基槽（坑）开挖后，应进行基槽检验。基槽检验可用触探及其他方法，当发现与勘察报告和设计文件不一致、或遇到异常情况时，应结合地质条件共勘察和设计部门提出处理意见。

6. 基槽开挖后必须进行钎探、验槽，如发现枯井、古墓、暗沟、洞穴等，经勘察、设计、施工、建设单位共同研究处理后，方可进行下道工序的施工。

五、结构措施及构造

1. 钢筋（主筋、箍筋、分布筋以及构造钢筋）的混凝土保护层厚度。

根据构件类型、混凝土强度以及由表2划分的环境类别按22G101-1图集第2-1页、22G101-3图集第2-1页的表格确定。

2. 受拉钢筋的锚固长度l_a（非抗震）、l_{aE}（抗震）和搭接长度l_l（非抗震）、l_{lE}（抗震）详见22G101-1第2-2、2-3页。

3. 在施工中，当需要以强度等级较高的钢筋替代原设计中的纵向受力钢筋时，应按照钢筋受拉承载力设计值相等的原则换算，并应满足最小配筋率要求。

钢筋混凝土构造柱和底部框架-抗震墙房屋中的砌体抗震墙，其施工应先砌墙后浇构造柱和框架梁柱。

4. 钢筋的接头和锚固

（1）钢筋接头宜采用机械连接或搭接（受拉钢筋直径$d>28$mm或受压钢筋直径$d>32$mm时，不得采用绑扎搭接接头），当质量有保证时亦可采用焊接接头。机械连接接头等级不低于Ⅱ级，机械连接和焊接接头类型和质量应分别符合《钢筋机械连接技术规程》（JCJ 107—2016）和《钢筋焊接及验收规程》（JGJ 18—2012）的要求。

（2）接头位置：基础梁、基础筏板上部钢筋接头位置在支座处，下部钢筋在跨中1/3范围内（悬挑构件不设接头）；其余梁板下部钢筋接头位置在支座处且应在箍筋加密区以外，上部钢筋在跨中1/3范围内（悬挑构件不设接头）；地下室外墙外侧的竖向或水平钢筋在层高中部1/3范围内或跨中不设接头。地下室外墙内侧的竖向或水平钢筋在层高中部1/3范围内或跨中不设接头。

（3）接头应设置在受力较小处，在同一根钢筋上宜少设接头。受力钢筋接头的位置应相互错开，位于同一连接区段内，有接头的受力钢筋截面面积占受力钢筋总截面面积的百分率应符合表2要求。

表2 钢筋接头面积最大百分率

接头形式	接头数量
机械连接、焊接连接	50%
绑扎连接	25%（梁、板、墙） 50%（柱）

注：1）钢筋连接区段按下述原则确定：

① 机械连接：35d；② 焊接：35d且不小于500mm；③ 搭接：1.3l_l（l_l为钢筋搭接长度）。

2）不同直径钢筋连接时按较粗钢筋直径计算连接区段和接头百分率；按较细钢筋直径计算搭接连接的搭接长度。

5. 混凝土结构的环境类别见表3。

表3 混凝土结构的环境类别

使用部位	环境类别
室内正常环境	一
室内潮湿环境，如：卫生间墙、板及与其相连的梁、柱	二a
露天环境以及与土壤直接接触的环境，如：地下临土一侧的柱、梁与大气相通侧受力构件	二b

6. 为满足结构混凝土的耐久性要求，本工程混凝土应满足表4要求。

表4 混凝土性能要求

环境类别	最大水胶比	最低强度等级	最大氯离子含量/%	最大碱含量/（kg/m³）
一	0.60	C20	0.5	不限制
二a	0.55	C25	0.2	3.0
二b	0.50（0.55）	C30（C25）	0.15	3.0

注：（1）防水混凝土（抗渗混凝土）水泥用量不得少于320kg/m³，掺有活性掺料时，水泥用量不得少于280kg/m³。

（2）b类环境下混凝土应使用引气剂。

7. 最外层钢筋的混凝土保护层厚度见表5，受力钢筋的混凝土保护层厚度尚且不应小于钢筋的公称直径。

表5 混凝土保护层厚度

单位：mm

条件	一	二a	二b
板、墙 C30	15	20	25
梁柱 C30、C35	20	25	35

8. 楼板、屋面板的构造要求

（1）板的底部钢筋伸入支座长度应≥5d，且应伸入到支座中心线。

（2）板的中间支座两侧板顶标高不同时，板上负筋在梁或柱内的锚固应满足受拉钢筋最小锚固长度l_a。

（3）双向板的底部钢筋，短跨方向钢筋置于下排，长跨钢筋置于上排，图中有标记者以标记为准，现浇板施工时应采取措施保证钢筋位置跨度大于3.600m的板施工时应按施工规范要求起拱。

（4）当板底与梁底平时，板的下部钢筋伸入梁内须弯折后置于梁的下部纵向钢筋之上。

（5）板上孔洞应预留，一般结构平面图中只表示出洞口尺寸≥300mm的孔洞，施工时各工种必须根据各专业图纸配合土建预留全部孔洞，不得后凿。当孔洞尺寸≤300mm时，洞边不另加钢筋，板内钢筋由洞边绕过，不得截断，见图一（a）；当300mm≤洞口尺寸＜1000mm时，应设洞边加筋，每侧2Φ12，且不小于被切断筋的一半（图中注明除外），见图一（b）、（c）；当洞口尺寸＞1000mm时，加强措施见具体设计图。

×××建筑设计有限公司 石家庄 SHI JIA ZHUANG 年　月	资质等级　甲级 GRADE OF QUALIFICATION　CLASS A	证书编号 CERTIFICATE NO.
结构设计总说明（一）	项目名称 PROJECT NAME	××市×××有限公司新建项目
	主项名称 MAIN ITEM NAME	×××酒店	第1张 SHEET

| 比例
SCALE | 1：100 | 设计专业
PROFESSION | 结构 | 设计阶段
DESIGN STAGE | 施工图 | 图号
DRAWING NO. | 结施-01 | 共27张
TOT. |

结构设计总说明（二）

(6) 结构平面图所示管道井二次浇筑楼板，钢筋在预留洞口处不得切断，待管道安装后用高一强度等级混凝土浇筑。

(7) 板内埋设管线时，所铺设管线应放在板底钢筋之上，板上皮钢筋之下，且管线的混凝土保护层厚度应不小于30mm。隔墙下板底加筋，当图纸中未注明时按下述原则采用：$L<1500mm$ 时，$2\Phi12$；$1500mm<L\leqslant2500mm$ 时，$3\Phi14$；$L>2500mm$ 时，$3\Phi16$，并锚固于两端支座内 $12d$（L 为顺隔墙方向板跨）。

(8) 设备预留孔洞及预埋件应与安装单位配合，施工时如有疑问应与设计单位联系。

(9) 现浇板中未注明的分布筋见表6。

表 6 分布筋情况

板厚 h/mm	$h<75$	$75\leqslant h<90$	$90\leqslant h<130$	$130\leqslant h<160$	$160\leqslant h<220$	$220\leqslant h<250$
分布筋	$\Phi6@250$	$\Phi6@200$	$\Phi8@250$	$\Phi8@200$	$\Phi8@150$	$\Phi8@130$

(10) 未经设计单位许可不得随意打洞、剔凿。

9. 梁、柱构造要求

(1) 梁、柱构造要求详见国标22G101-1图集及具体工程梁、柱详图。

(2) 本工程所有梁（包括框架梁、次梁）的构造腰筋按下述原则设置（参见图二）。

① $h_w\geqslant450mm$ 时，需设置构造腰筋；$h_w<450mm$ 时，不设置构造腰筋。

② $a\geqslant200mm$ 且最接近 200mm。

③ 图中 a_s 按如下原则取值：主筋为一排时，$a_s=35mm$；主筋为两排时，$a_s=60mm$；主筋为三排时，$a_s=85mm$。

④ 腰筋采用 $\Phi12$ 钢筋，总根数为 $2(n-1)$。

⑤ 腰筋的拉结筋直径为：$\phi6$（梁宽 $\leqslant350mm$）、$\phi8$（梁宽 $>350mm$），拉筋间距为梁非加密区箍筋间距的两倍，当有多排拉筋时，上下两排拉筋错开布置。

⑥ 本工程施工图中，平法配筋图及其他梁大样图中，有关梁的构造腰筋内容不再注明，按本条规定设置。

(3) 主次梁高度相同时，次梁的下部纵向钢筋置于主梁下部纵向钢筋之上。

(4) 梁跨度大于或等于4m时，模板按跨度的0.2%起拱；悬臂梁按悬臂长度的0.4%起拱。

(5) 主梁内在次梁作用处，除图中另加注明者外，均在主梁上的次梁两侧各附加3根箍筋，肢数、直径同主梁箍筋，间距50mm。

(6) 梁、板上下应注意预留构造柱插筋或连接用的埋件。

(7) 在梁高范围内开直径不大于150mm的洞，在具体设计中未详细说明时，洞的位置应在梁跨中的1/3以及梁高的中间1/3范围内。洞边及洞上下的配筋见图三，图中4ΦX的X为梁箍筋直径。

(8) 柱按应建筑施工图中填充墙的位置预留拉结筋，详见12G614第8页，或12G03第71页为30d。

(9) 柱与现浇过梁、圈梁连接处，在柱内应预留插筋，插筋伸出柱外皮长度为35d，锚入柱内长度为30d。

(10) 当梁与柱斜交时，梁的纵向钢筋应放样下料，满足钢筋锚固长度的要求。

(11) KL（框架梁）位于柱顶时按 WKL（屋框梁）节点处理。

(12) 当柱混凝土强度等级高于梁强度等级时，梁柱节点处浇筑详见图四。

10. 填充墙的要求

(1) 填充墙的材料、平面位置、砌筑、加筋、过梁等要求详见建筑图。

(2) 填充墙的拉结措施详见12J3-3。楼梯间和人流通道的填充墙，应采用钢丝网砂浆面层加强。钢丝网砂浆面层20mm厚，钢丝网规格为丝径（0.9±0.04）mm，网孔 12.7mm×12.7mm。

(3) 框架柱、构造柱与填充墙之间及填充墙之间沿墙高每隔500mm高设置 $2\Phi6$ 拉筋，拉筋每边伸入墙内长度：抗震设防烈度为6、7度时宜沿墙全长贯通，8、9度时应全长贯通。

(4) 女儿墙、水平通窗及玻璃幕墙下填充墙中加设构造柱，间距 $\leqslant2m$；填充墙在横纵交接处、楼电梯间四角及墙长大于层高两倍时墙中设置构造柱，墙长大于5m时，沿墙每5m处设置构造柱（参见建筑平面图；楼梯间构造柱布置参见楼梯配筋图）。除注明外，断面为墙厚×200，纵筋 $4\Phi12$，箍筋 $\Phi6@100/200$。构造柱钢筋绑扎完后，应先砌墙，后浇混凝土，在构造柱处，墙体中应留好拉结筋。门窗洞口 $\geqslant1.8m$，洞口两侧应增设构造柱，断面为墙厚×200，纵筋 $4\Phi12$，箍筋 $\Phi6@100/200$。

(5) 填充墙砌至板、梁底附近后，应待砌体沉实后再用斜砌法把下部砌体与上部板、梁间用砌块敲紧填实，构造柱顶用干硬性混凝土捻实。对于长度大于5.0m的填充墙，墙顶加固措施做法见国标12G614-1第16、19、20、21页。

(6) 填充墙高超过4m时，在墙半高处设一道与柱连接且沿墙全长贯通的圈梁，断面为墙厚×150，纵筋 $4\Phi10$，箍筋 $\Phi6@200$。

(7) 门窗洞口上应按图集12G07设置过梁。当图集无过梁做法时，过梁可按图五施工。当洞口紧贴柱或钢筋混凝土墙时，过梁改为现浇。

(8) 构造柱做法详见12G614-1第15页及各层平面图，构造柱与梁连接大样见图六。

(9) 女儿墙压顶及水平通窗台设圈梁，除注明外，断面为120×墙厚，纵筋 $4\Phi10$，箍筋 $\Phi6@250$。

(10) 与填充墙连接的钢筋混凝土墙、柱，应配合建筑图要求预留窗台板、过梁、圈梁拉结筋。

(11) 窗边小于300mm填充墙垛与混凝土抗震墙（框架柱）浇为一体见图七。

(12) 对填充墙块材的要求详见本通用说明第三下第6条。

六、限制温度裂缝措施

1. 为减轻建筑物温度应力影响，当设计图中地下室顶（无上部建筑物）和屋顶楼板上皮中部无受力钢筋时，增设双向 $\Phi6@150$ 温度筋，与端部负弯矩搭接250mm。

2. 通长栏杆、屋顶挑檐板每隔12m左右设伸缩缝，缝宽20mm，缝隙用沥青麻丝或防水油膏填实。

七、其他

1. 当本结构设计总说明和具体工程说明不一致时，应由设计人做出书面选择。

2. 防雷接地做法详见电施图。

3. 施工时应严格执行现行有关施工及验收规范。

4. 悬挑构件上部钢筋位置施工中应得到保证，待混凝土设计强度达到100%方可拆除底模。

5. 施工期间不得在基坑周围及楼板上超负荷堆放建材和施工垃圾。

6. 现浇楼板施工时应对预留孔洞、预埋件、楼板栏杆和阳台栏杆的位置与各专业图纸加以校对，并与设备及各工种密切配合。

7. 所有外露铁件均应涂刷防锈底漆，面漆材料及颜色按建筑要求施工。

8. 现浇楼板施工中，为预防楼板混凝土收缩和温度裂缝，施工单位应采取必要措施加强养护。

9. 设计图纸应经施工图审查机构审查。施工前由建设单位组织设计、施工、监理等单位进行图纸会审后方可施工，施工中若发现问题，应及时与设计单位联系。

10. 建筑物防雷构造应配合电气专业施工图进行，在有避雷接地要求的柱内两根对角纵筋在搭接处加焊，单面焊缝高度不少于 0.3d 及4mm，焊缝宽度不小于 0.7d 及10mm，单面焊缝长度不小于 10d（d 为柱纵筋直径）。

11. 图中计量单位标高以米为单位，角度以度为单位，其余以毫米为单位。

12. 施工前，一定要结合电梯施工图纸，注意预留洞口以及各种预埋件的设置。电梯吊钩大样见图八。

八、使用注意事项

1. 未经技术鉴定或设计许可，不得改变结构的用途和使用环境。

2. 未经技术鉴定或设计认可，不得拆改结构构件和进行加层改造。

3. 用户装修所产生的实际荷载值不得超过设计荷载允许值。

4. 对承重和抗侧力结构构件，装修和使用过程中不得有任何损伤。

5. 对填充墙等非结构构件，若欲拆除、凿洞等改造，物业管理部门应进行必要的技术监督，确保安全。

6. 对于不符合上述要求的改造事宜，应由建设主管部门组织专家论证，并由具备相应资质的单位进行设计和施工。

7. 对外露的结构构件及非结构构件应定期检查并做必要的维护。

8. 对外露的结构构件及非结构构件应定期检查并做必要的维护。

9. 未尽事宜按国家主管部门的规定以及相关标准和规范执行。

十、本通用说明涉及的标准图集汇总

1.《混凝土结构施工图平面整体表示方法制图规则和构造详图（现浇混凝土框架、剪力墙、梁、板）》(22G101-1)

2.《混凝土结构施工图平面整体表示方法制图规则和构造详图（现浇混凝土板式楼梯）》(22G101-2)

3.《混凝土结构施工图平面整体表示方法制图规则和构造详图（独立基础、条形基础、筏形基础、桩基础）》(22G101-3)

4.《砌体填充墙结构构造》(22G614-1)

5.《钢筋混凝土结构构造详图》(冀12G03)

6.《混凝土结构施工钢筋排布规则与构造详图图集》(18G901-1、18G901-2、18G901-3)

十一、所选图集与图中具体节点不同时，以图中节点为准

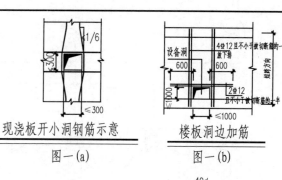

图一(a)　　图一(b)

现浇板开小洞钢筋示意　　楼板洞边加筋

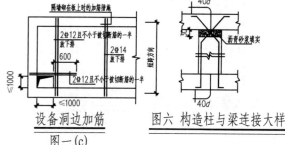

设备洞边加筋　　图六 构造柱与梁连接大样

图一(c)

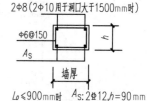

图五

注：L 为洞口宽度

过梁搭接长度为 $l_0+480mm$

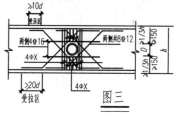

图三

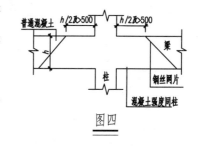

图四

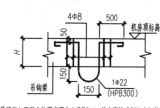

吊埋埋入混凝土的深度不应小于30d，并应焊接或绑扎在钢筋骨架上，吊钩位置配合厂家复核无误后施工。

图八

×××建筑设计有限公司		石家庄 SHI JIA ZHUANG 年 月	资质等级 GRADE OF QUALIFICATION CLASS A	甲级	证书编号 CERTIFICATE NO.
结构设计总说明（二）			项目名称 PROJECT NAME	××市×××有限公司新建项目	
			主项名称 MAIN ITEM NAME	×××酒店	第2张 SHEET
比例 SCALE	1：100	设计专业 PROFESSION	结构	设计阶段 DESIGN STAGE	施工图	图号 DRAWING NO.	结施-02	共27张 TOT.

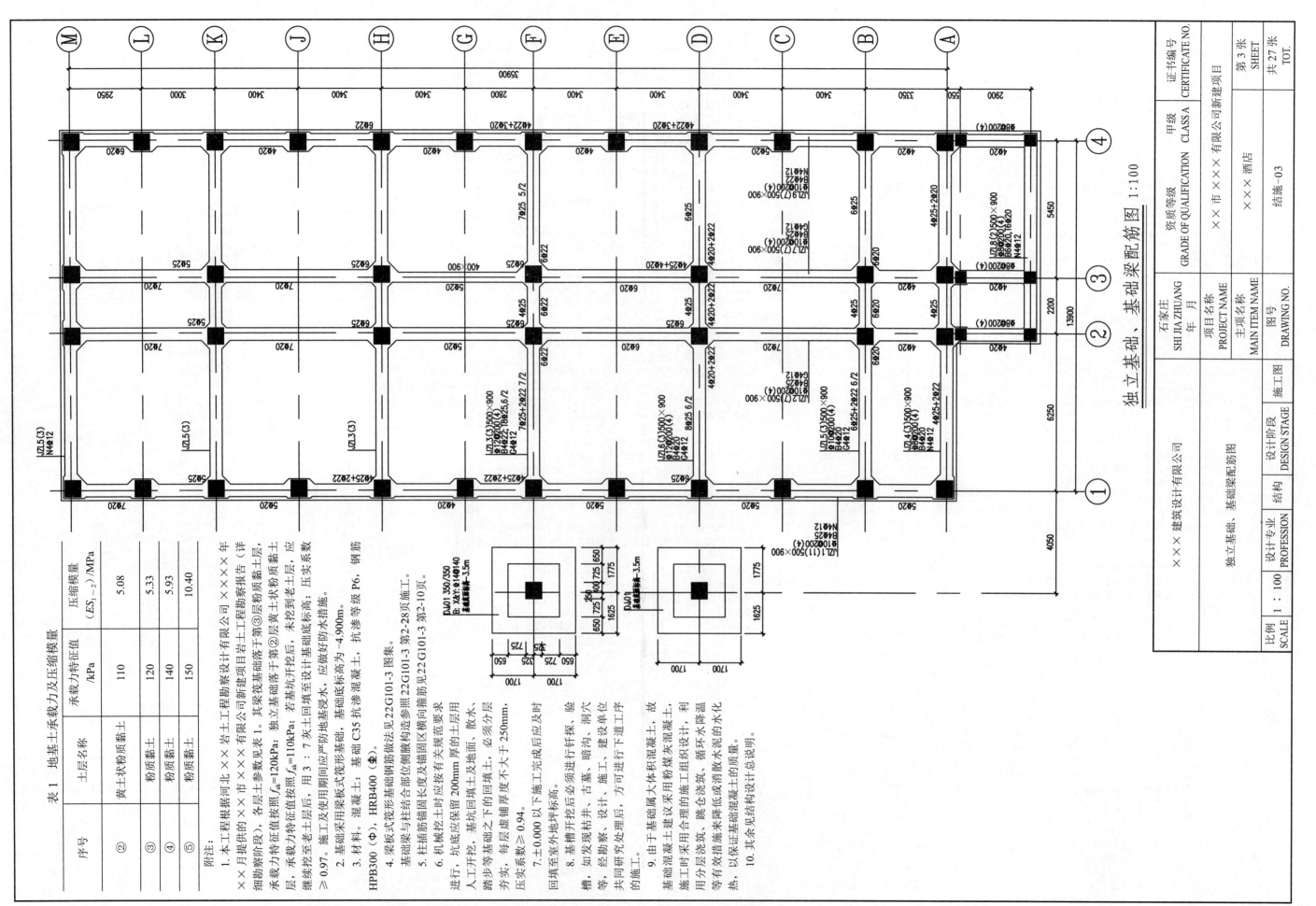

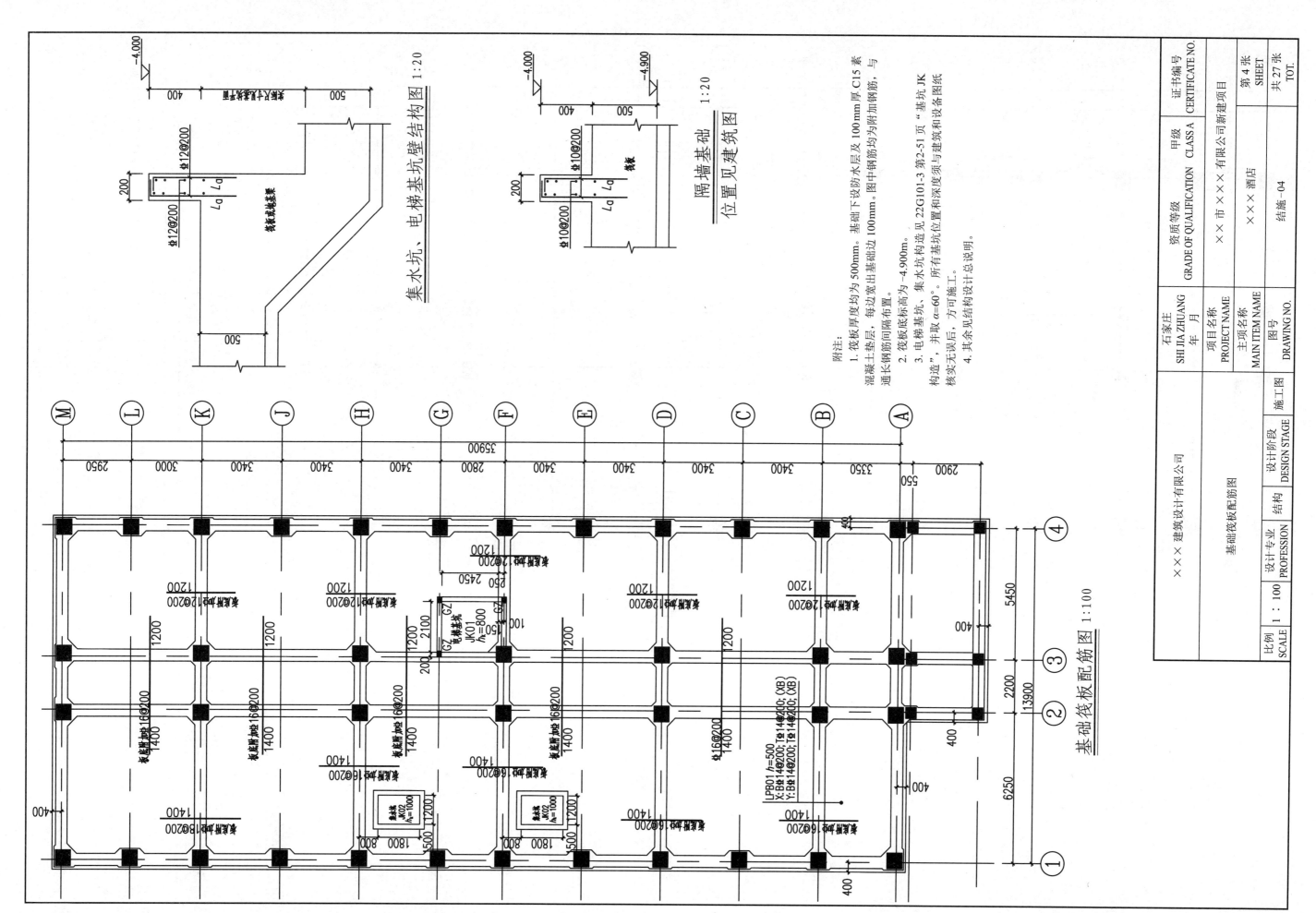

集水坑、电梯基坑壁结构图 1:20

隔墙基础
位置见建筑图 1:20

附注:
1. 筏板厚度均为500mm。基础下设防水层及100mm厚C15素混凝土垫层,每边宽出基础边100mm。图中钢筋均为附加钢筋,与通长钢筋同隔筋布置。
2. 筏板底标高为-4.900m。
3. 电梯基坑,集水坑构造见 22G101-3 第2-51 页 "基坑JK构造",并取 α=60°。所有基坑位置和深度须与建筑和设备图纸核实无误后,方可施工。
4. 其余见结构设计总说明。

基础筏板配筋图 1:100

基础筏板配筋图

石家庄
SHI JIA ZHUANG

××× 建筑设计有限公司

项目名称 PROJECT NAME ×× 市 ××× 有限公司新建项目
主项名称 MAIN ITEM NAME ××× 酒店
图号 DRAWING NO. 结施-04

设计阶段 DESIGN STAGE 施工图
设计专业 PROFESSION 结构

比例 SCALE 1:100

资质等级 GRADE OF QUALIFICATION 甲级 CLASS A
证书编号 CERTIFICATE NO.

第 4 张 SHEET
共 27 张 TOT.

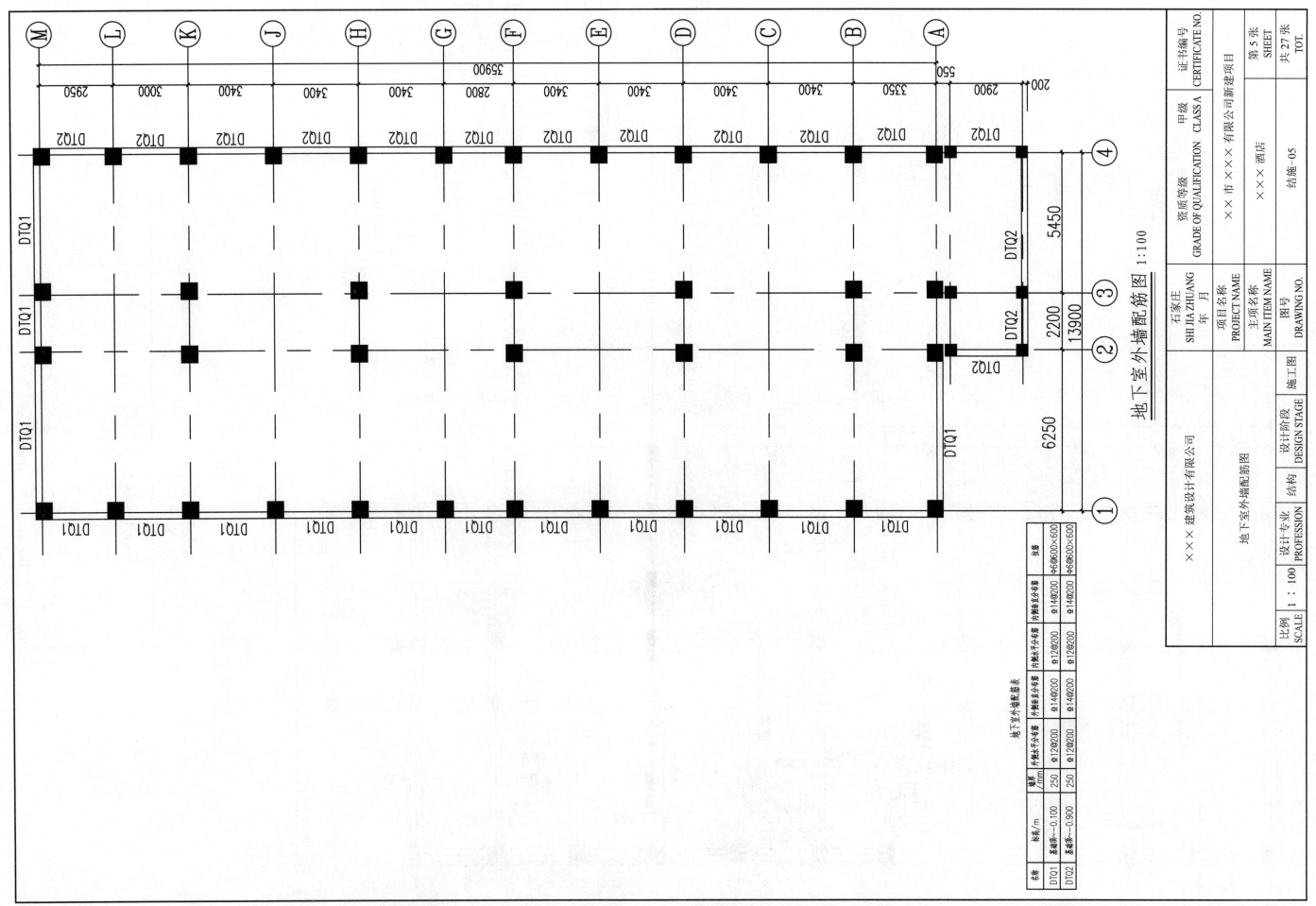

地下室外墙配筋图 1:100

地下室外墙配筋表

名称	标高/m	墙厚/mm	外侧水平分布筋	外侧竖向分布筋	内侧水平分布筋	内侧竖向分布筋	拉筋
DTQ1	基础顶~-0.100	250	Φ12@200	Φ14@200	Φ12@200	Φ14@200	Φ6@600×600
DTQ2	基础顶~-0.900	250	Φ12@200	Φ14@200	Φ12@200	Φ14@200	Φ6@600×600

石家庄
SHI JIA ZHUANG

××× 建筑设计有限公司

资质等级 GRADE OF QUALIFICATION	甲级 CLASS A	证书编号 CERTIFICATE NO.

项目名称 PROJECT NAME	××市×××有限公司新建项目
主项名称 MAIN ITEM NAME	××× 酒店

图号 DRAWING NO.	结施-05
第 5 张 SHEET	共 27 张 TOT.

年 月

设计专业 PROFESSION	结构	设计阶段 DESIGN STAGE	施工图

地下室外墙配筋图

比例 SCALE	1 : 100

26

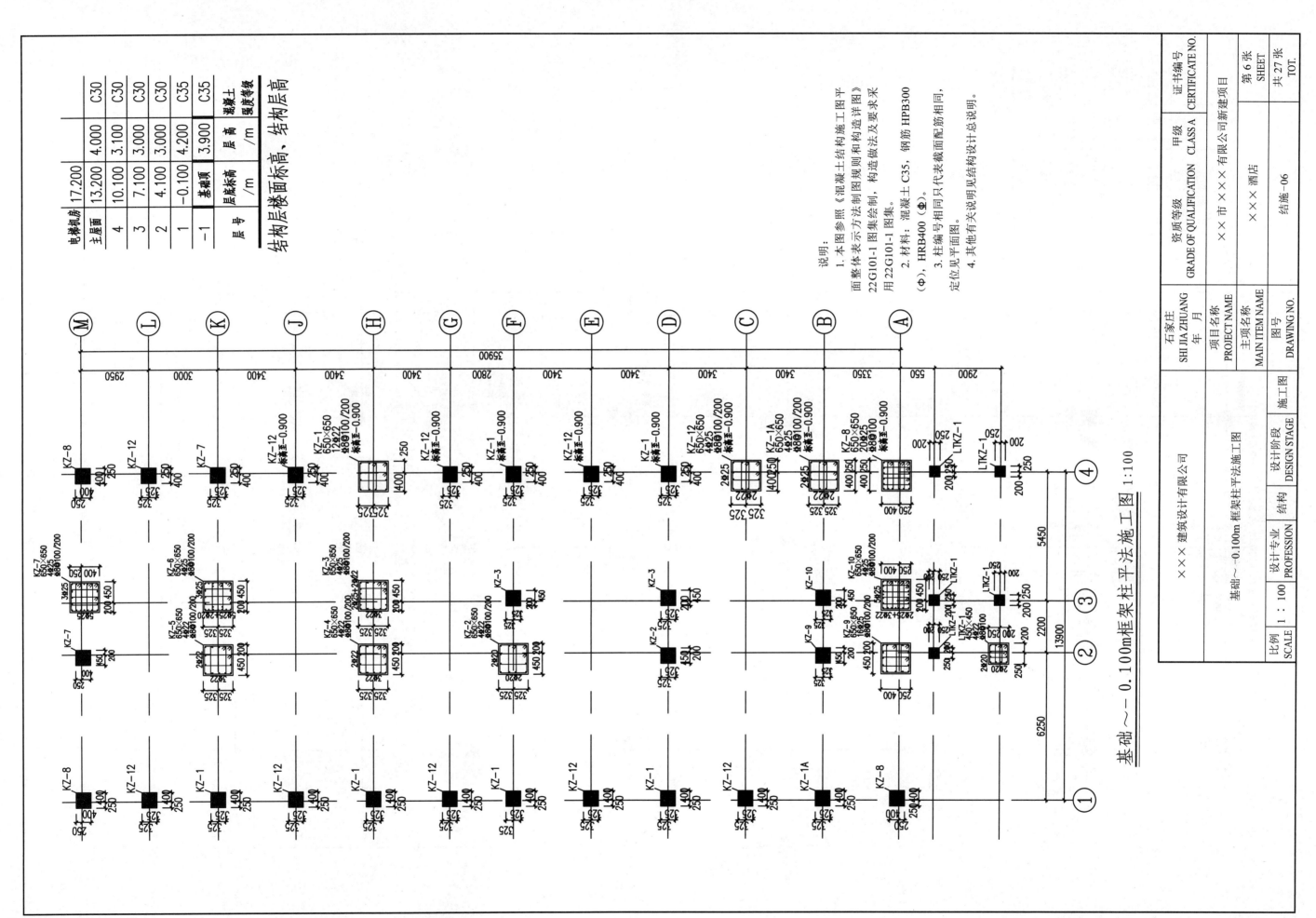

基础～-0.100m框架柱平法施工图 1:100

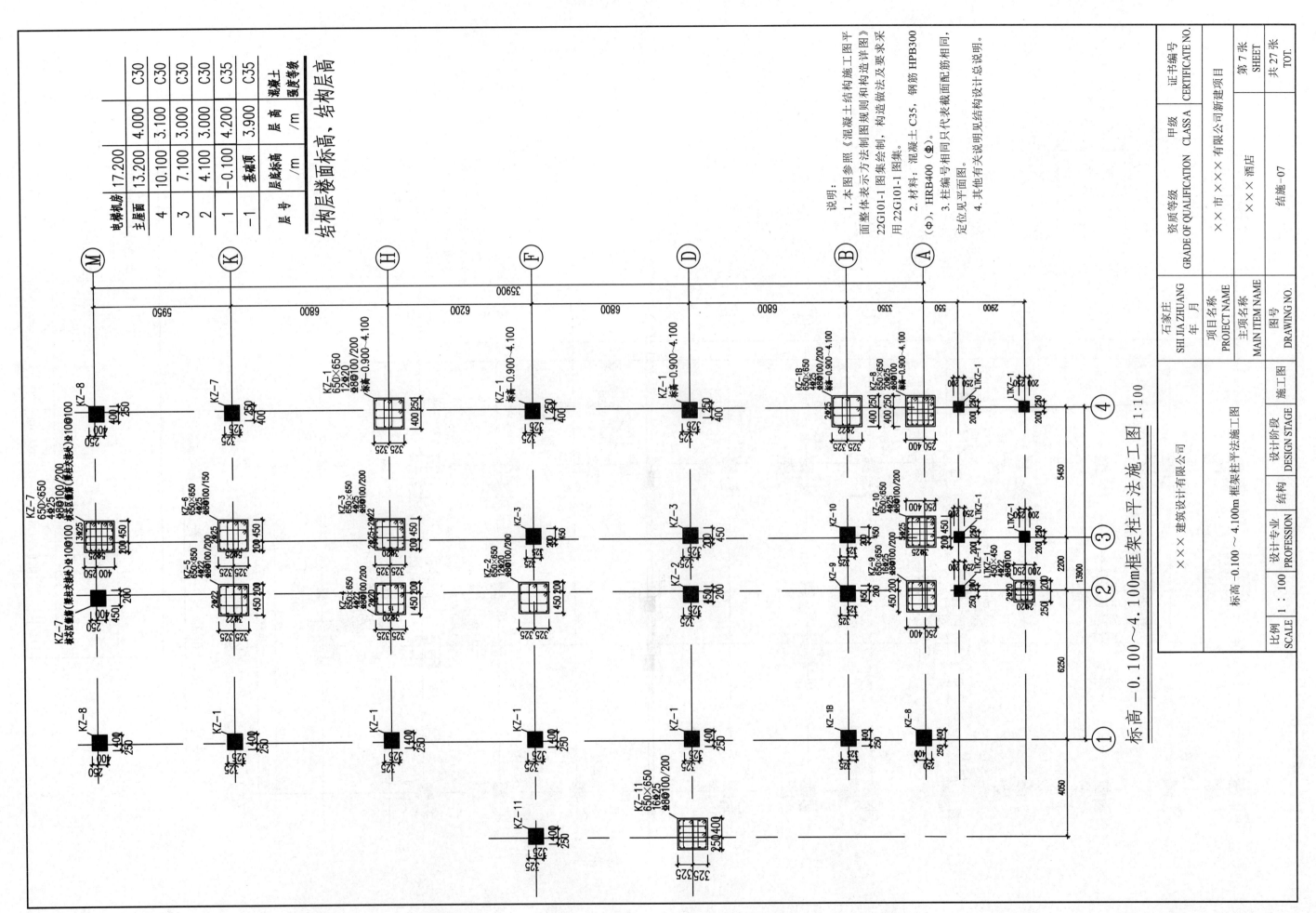

标高 -0.100~4.100m框架柱平法施工图 1:100

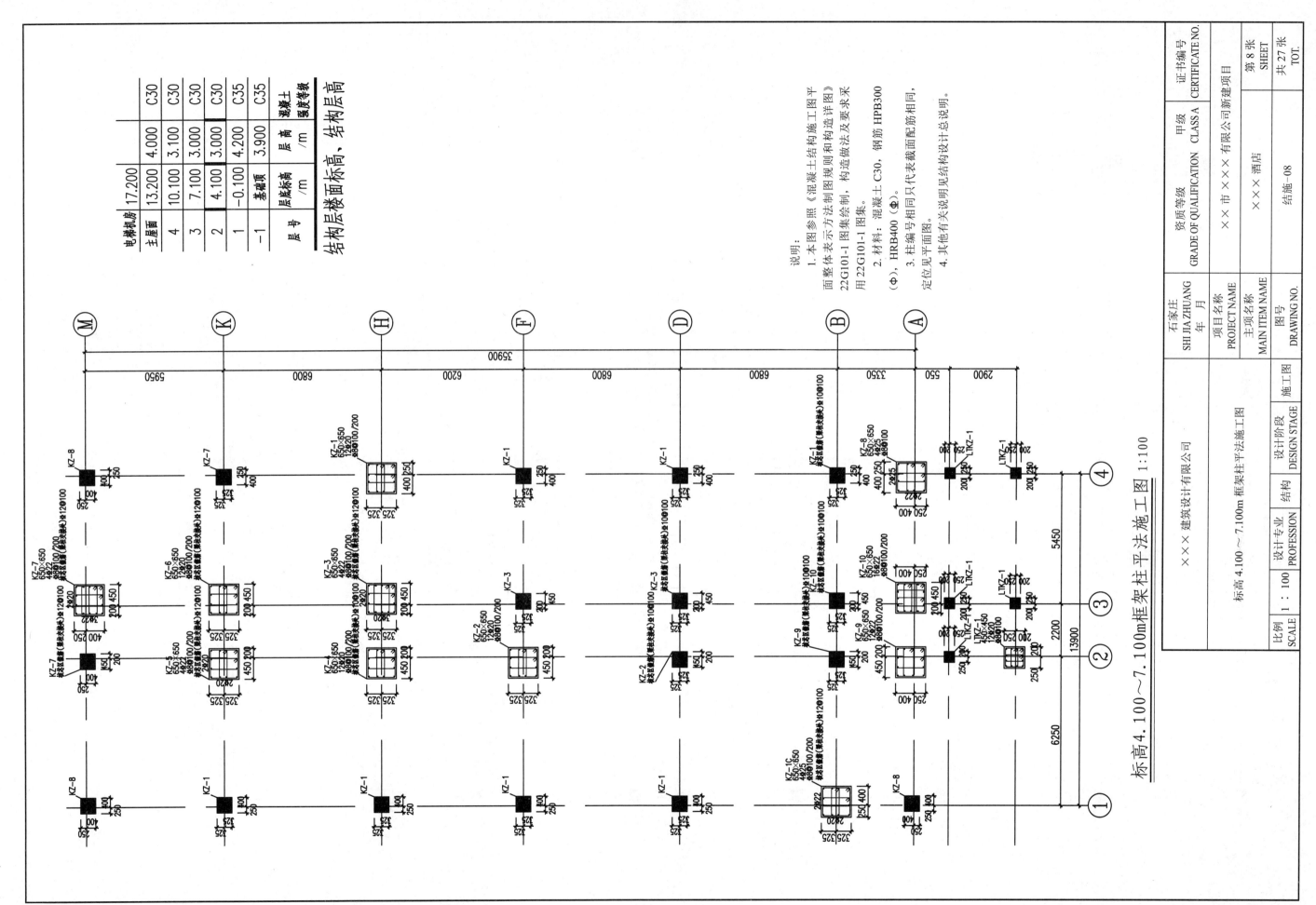

标高 4.100～7.100m框架柱平法施工图 1:100

结构层楼面标高、结构层高

层号	层底标高 /m	层高 /m	混凝土强度等级
电梯机房	17.200		
主屋面	13.200	4.000	C30
4	10.100	3.100	C30
3	7.100	3.000	C30
2	4.100	3.000	C35
1	−0.100	4.200	C35
−1		3.900	

说明:
1. 本图参照《混凝土结构施工图平面整体表示方法制图规则和构造详图》22G101-1图集绘制,构造做法及要求采用 22G101-1 图集。
2. 材料:混凝土 C30、钢筋 HPB300 (Φ)、HRB400 (⏀)。
3. 柱编号相同只代表截面配筋相同,定位见平面图。
4. 其他有关说明见结构设计总说明。

石家庄 SHI JIA ZHUANG		证书编号 CERTIFICATE NO.	
资质等级 GRADE OF QUALIFICATION	甲级 CLASS A	××市×××有限公司新建项目	
项目名称 PROJECT NAME		×××酒店	第 8 张 SHEET
主项名称 MAIN ITEM NAME			共 27 张 TOT.
图号 DRAWING NO.		结施-08	

×××建筑设计有限公司

×××年 月

标高 4.100～7.100m 框架柱平法施工图

比例 SCALE	1 : 100	设计专业 PROFESSION	结构	设计阶段 DESIGN STAGE	施工图

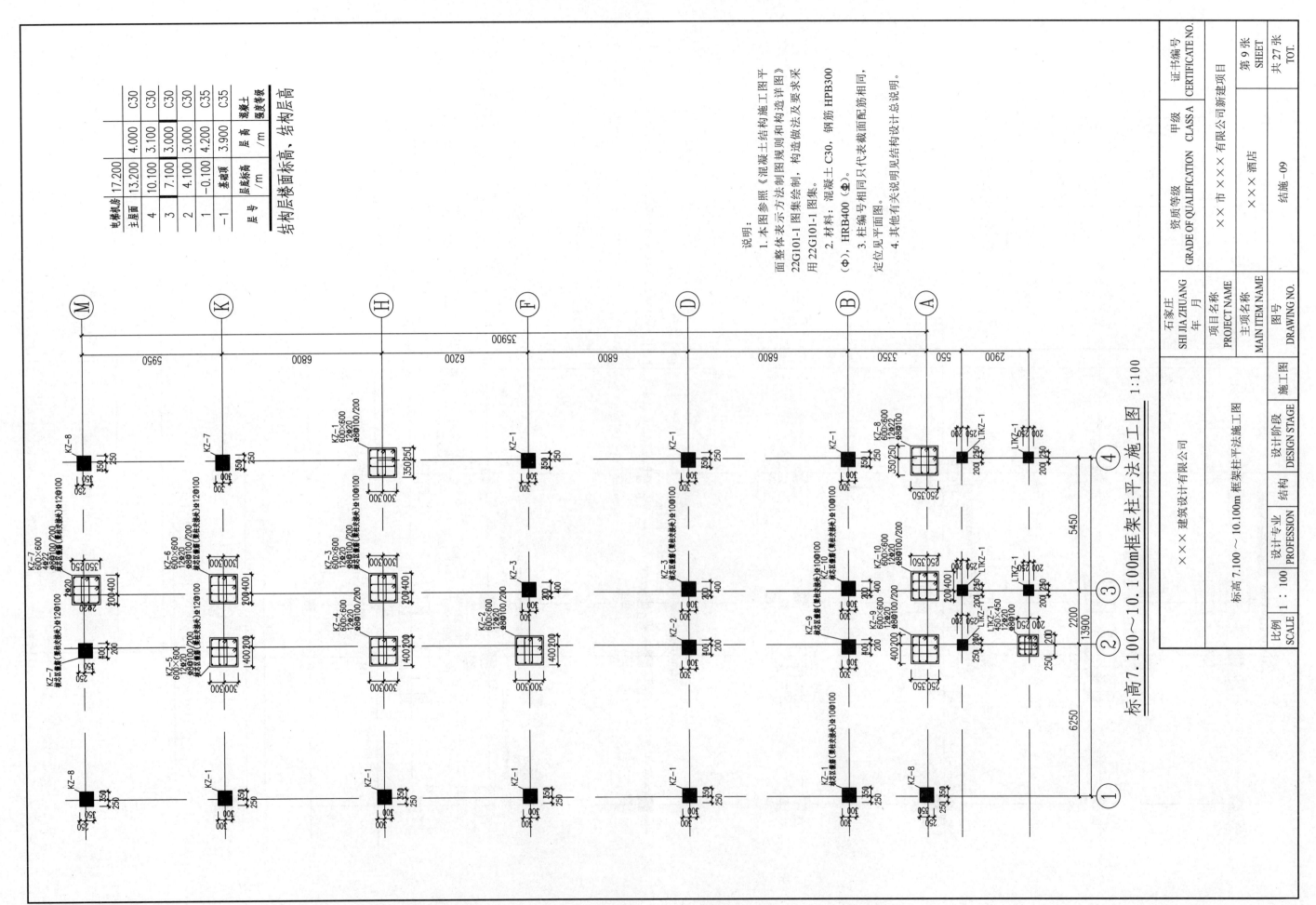

标高 7.100～10.100m框架柱平法施工图 1:100

说明:
1. 本图参照《混凝土结构施工图平面整体表示方法制图规则和构造详图》22G101-1图集绘制,构造做法及要求采用22G101-1图集。
2. 材料:混凝土 C30,钢筋 HPB300 (Φ),HRB400 (Φ)。
3. 柱编号相同只代表截面配筋相同,定位见平面图。
4. 其他有关说明见结构设计总说明。

结构层楼面标高、结构层高

层号	层底标高 /m	层高 /m	混凝土强度等级
电梯机房 17.200			
主屋面	13.200	4.000	C30
4	10.100	3.100	C30
3	7.100	3.000	C30
2	4.100	3.000	C30
1	−0.100	4.200	C35
−1		3.900	C35
	基顶标高	层高 /m	混凝土强度等级

石家庄
SHI JIA ZHUANG
年 月
××× 建筑设计有限公司

项目名称 PROJECT NAME		××市 ××× 有限公司新建项目	资质等级 GRADE OF QUALIFICATION	甲级 CLASS A
主项名称 MAIN ITEM NAME		××× 酒店	证书编号 CERTIFICATE NO.	
标高 7.100～10.100m框架柱平法施工图		图号 DRAWING NO.	结施-09	
设计阶段 DESIGN STAGE	施工图		第 9 张 SHEET	
设计专业 PROFESSION	结构	设计阶段 DESIGN STAGE	施工图	共 27 张 TOT.
比例 SCALE	1 : 100			

30

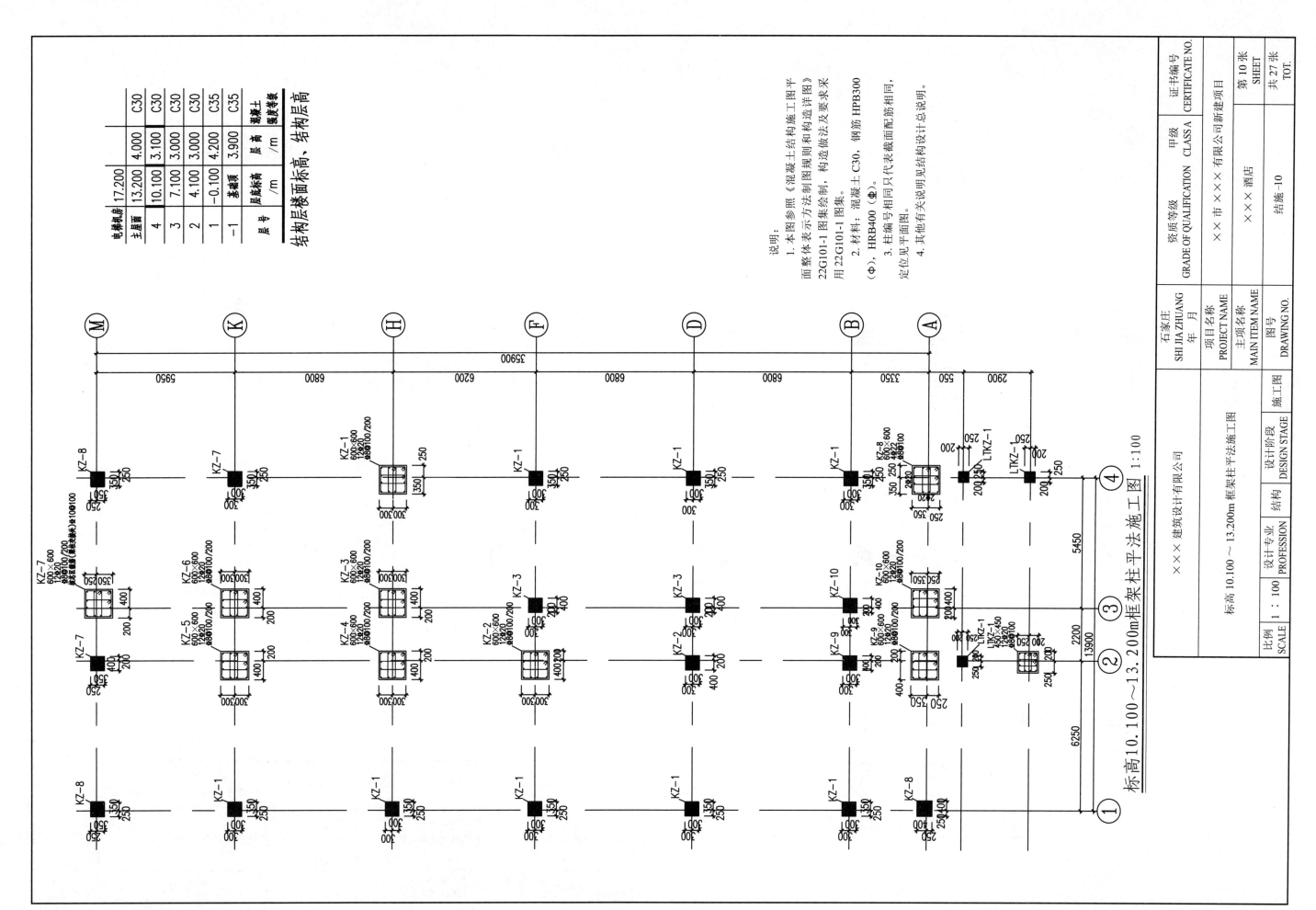

标高10.100～13.200框架柱平法施工图 1:100

说明:
1. 本图参照《混凝土结构施工图平面整体表示方法制图规则和构造详图》22G101-1图集绘制,构造做法及要求采用22G101-1图集。
2. 材料:混凝土 C30,钢筋 HPB300 (Φ),HRB400 (Φ)。
3. 柱编号相同只代表截面配筋相同,定位见平面图。
4. 其他有关说明见结构设计总说明。

结构层楼面标高、结构层高

层号	层顶标高/m	层高/m	混凝土强度等级
电梯机房	17.200		C30
主屋面	13.200	4.000	C30
4	10.100	3.100	C30
3	7.100	3.000	C30
2	4.100	3.000	C35
1	-0.100	4.200	C35
-1	基顶标高	3.900	
层号	基顶标高/m	层高/m	混凝土强度等级

证书编号 CERTIFICATE NO.		
甲级 CLASS A	××市××××有限公司新建项目	第10张 SHEET
资质等级 GRADE OF QUALIFICATION	××××	共27张 TOT.
	××××酒店	
	主项名称 MAIN ITEM NAME	结施-10
石家庄 SHI JIA ZHUANG 年 月	项目名称 PROJECT NAME	图号 DRAWING NO.
×××建筑设计有限公司	标高10.100～13.200m框架柱平法施工图	施工图

| 比例 SCALE | 1:100 | 设计专业 PROFESSION | 结构 | 设计阶段 DESIGN STAGE | 施工图 |

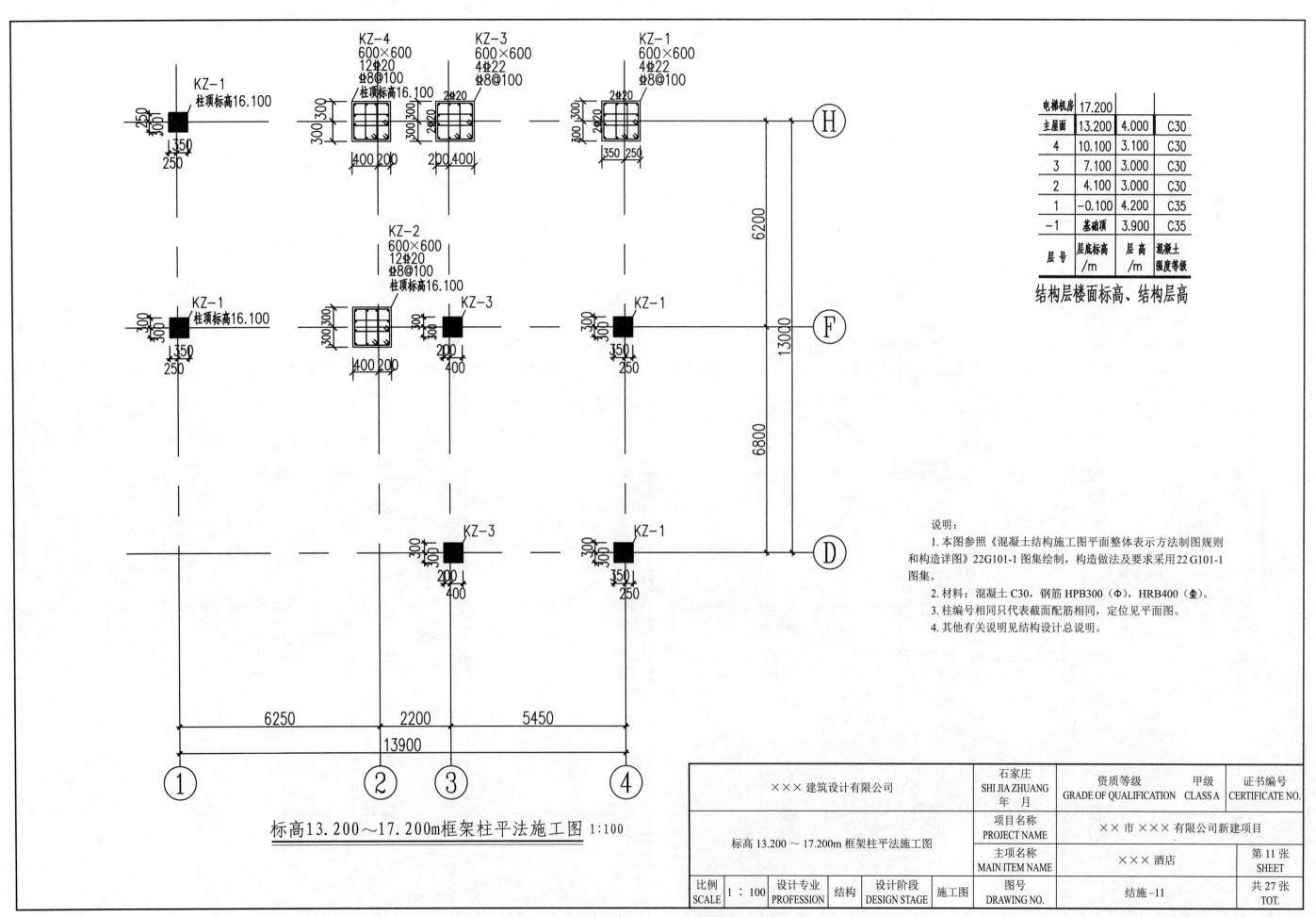

KZ-1
柱顶标高16.100

KZ-4
600×600
12⚌20
⚌8@100
柱顶标高16.100

KZ-3
600×600
4⚌22
⚌8@100

KZ-1
600×600
4⚌22
⚌8@100

KZ-2
600×600
12⚌20
⚌8@100
柱顶标高16.100

KZ-1
柱顶标高16.100

KZ-3

KZ-1

KZ-3

KZ-1

电梯机房	17.200		
主屋面	13.200	4.000	C30
4	10.100	3.100	C30
3	7.100	3.000	C30
2	4.100	3.000	C30
1	-0.100	4.200	C35
-1	基础顶	3.900	C35
层号	层底标高/m	层高/m	混凝土强度等级

结构层楼面标高、结构层高

说明:
1. 本图参照《混凝土结构施工图平面整体表示方法制图规则和构造详图》22G101-1 图集绘制,构造做法及要求采用 22G101-1 图集。
2. 材料:混凝土 C30,钢筋 HPB300(Φ),HRB400(⚌)。
3. 柱编号相同只代表截面配筋相同,定位见平面图。
4. 其他有关说明见结构设计总说明。

6200

13000

6800

H

F

D

6250   2200   5450

13900

① ② ③ ④

标高13.200~17.200m框架柱平法施工图 1:100

×××建筑设计有限公司	石家庄 SHI JIA ZHUANG 年 月	资质等级 GRADE OF QUALIFICATION	甲级 CLASS A	证书编号 CERTIFICATE NO.

标高 13.200~17.200m 框架柱平法施工图

项目名称 PROJECT NAME: ××市×××有限公司新建项目

主项名称 MAIN ITEM NAME: ×××酒店   第 11 张 SHEET

| 比例 SCALE | 1:100 | 设计专业 PROFESSION | 结构 | 设计阶段 DESIGN STAGE | 施工图 | 图号 DRAWING NO. | 结施-11 | 共 27 张 TOT. |

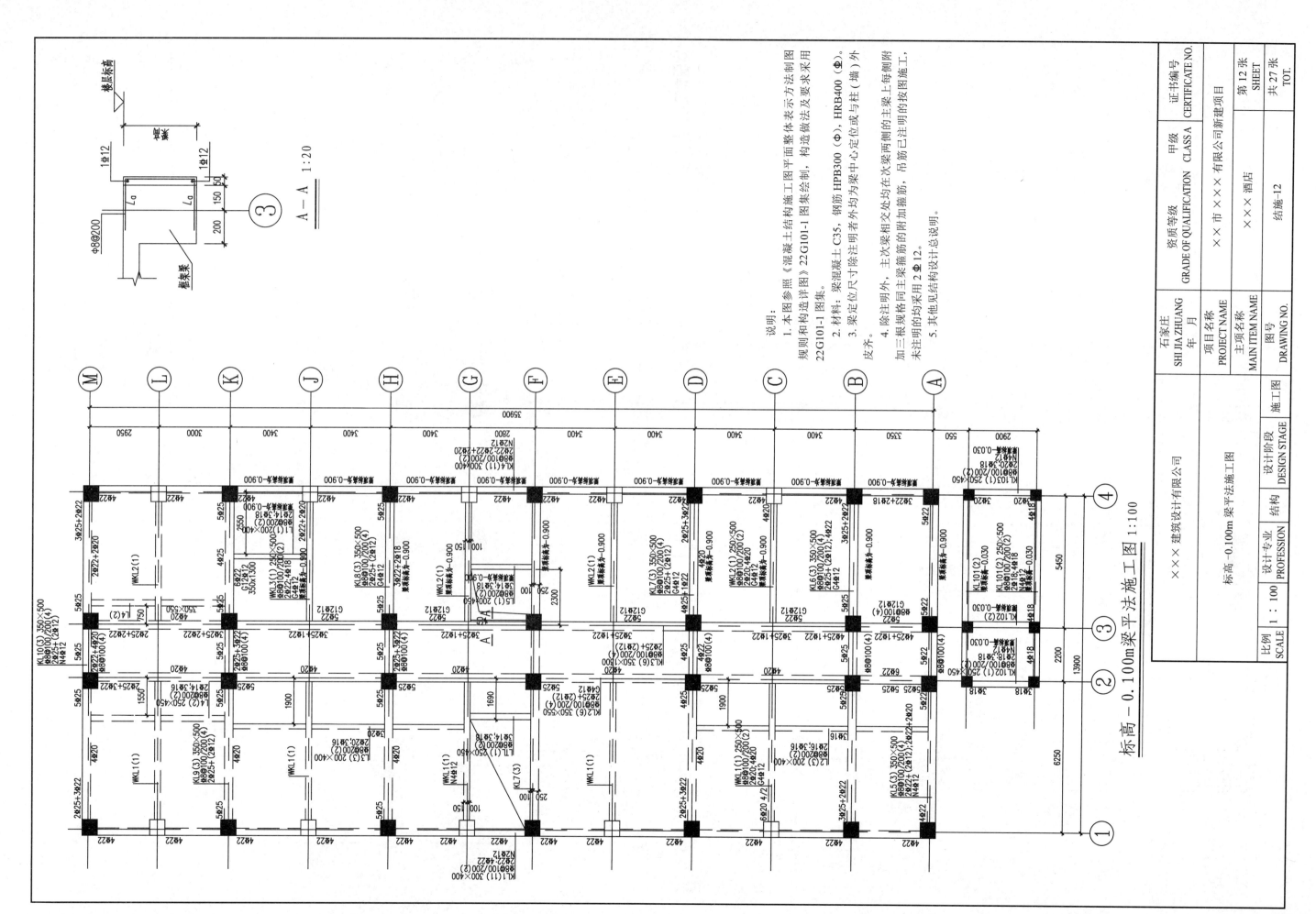

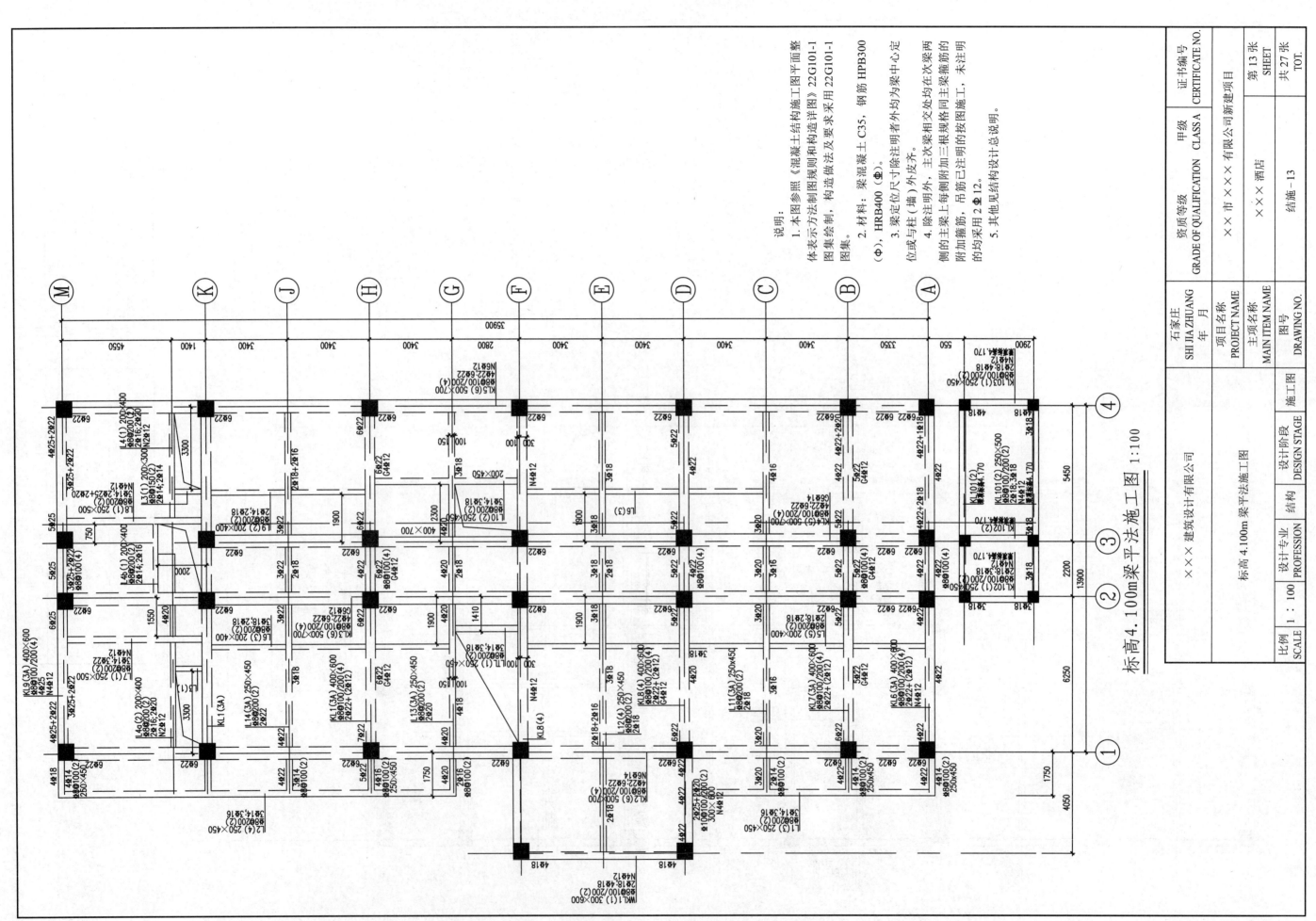

标高 4.100m 梁平法施工图 1:100

说明：
1. 本图参照方法制图平法施工图平面整体表示方法绘制，构造做法及要求采用《混凝土结构施工图平面整体表示方法规则和构造详图》22G101-1图集。
2. 材料：梁混凝土 C35，钢筋 HPB300（Φ），HRB400（Φ）。
3. 梁定位尺寸除注明者外均为梁中心定位或与柱（墙）外皮齐。
4. 除注明外，主次梁相交处均在次梁箍筋位置均采用。主次梁相交处均在次梁两侧的附加箍筋同主梁箍筋，未注明的按图施工。吊筋采用 2Φ12。
5. 其他见结构设计总说明。

证书编号 CERTIFICATE NO.	
××市×××有限公司新建项目	
×××酒店	
结施-13	

第 13 张 SHEET
共 27 张 TOT.

资质等级 甲级 GRADE OF QUALIFICATION CLASS A	
项目名称 PROJECT NAME	
主项名称 MAIN ITEM NAME	
图号 DRAWING NO.	

石家庄 SHI JIA ZHUANG　年 月

×××建筑设计有限公司

标高 4.100m 梁平法施工图

设计专业 PROFESSION	设计阶段 DESIGN STAGE	
建筑	设计	施工图
结构 结构	DESIGN STAGE	施工图

比例 SCALE	1 : 100

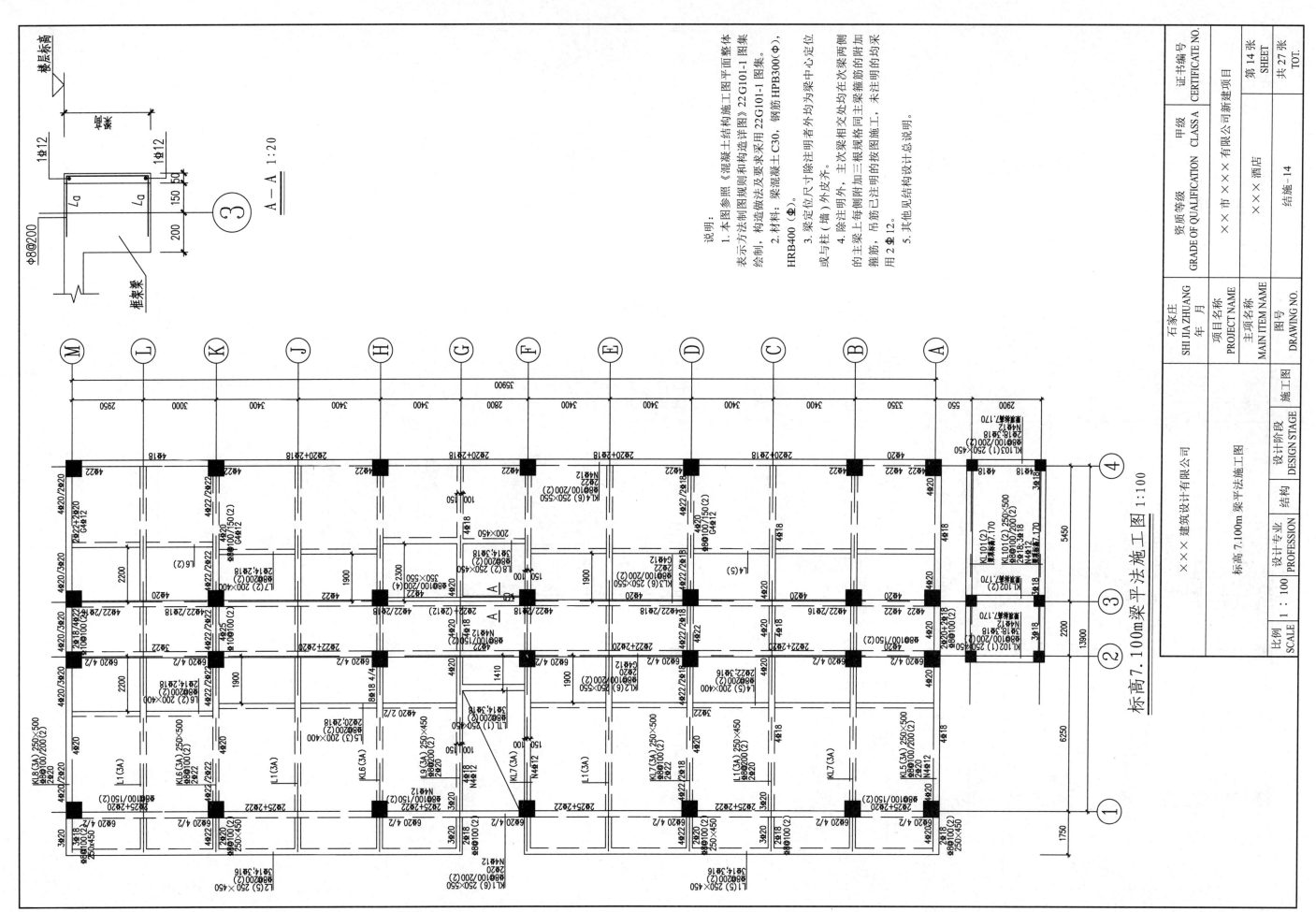

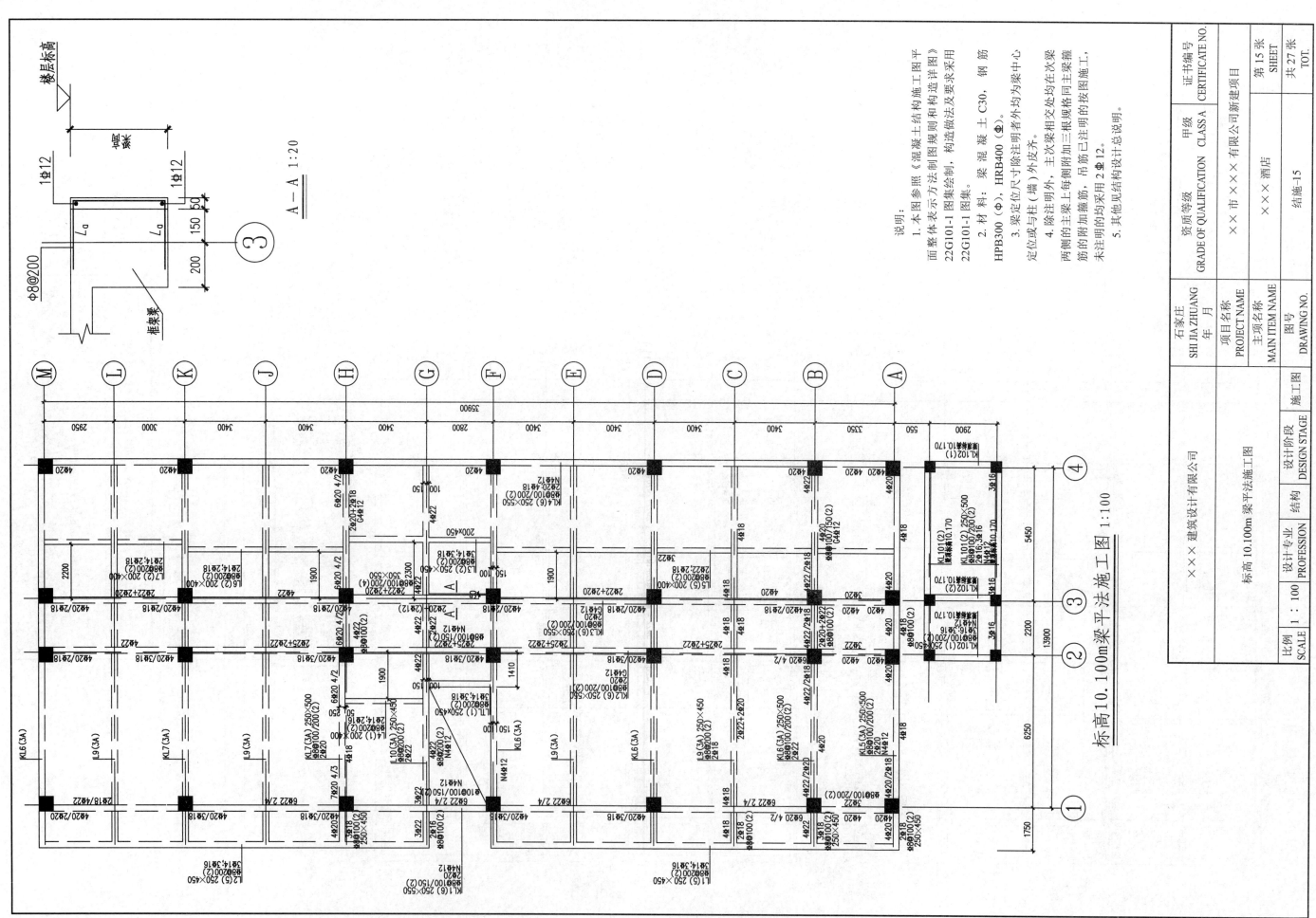

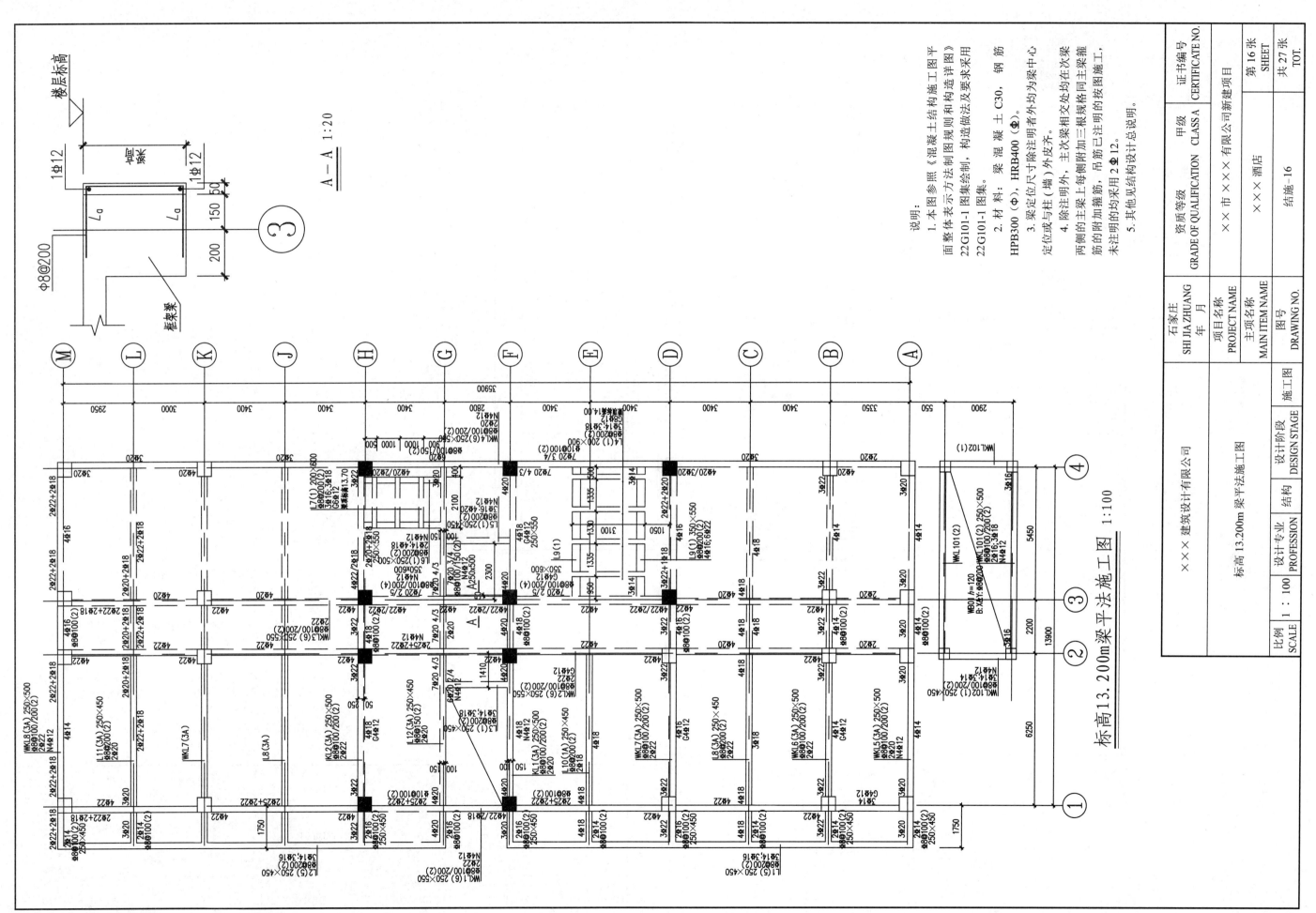

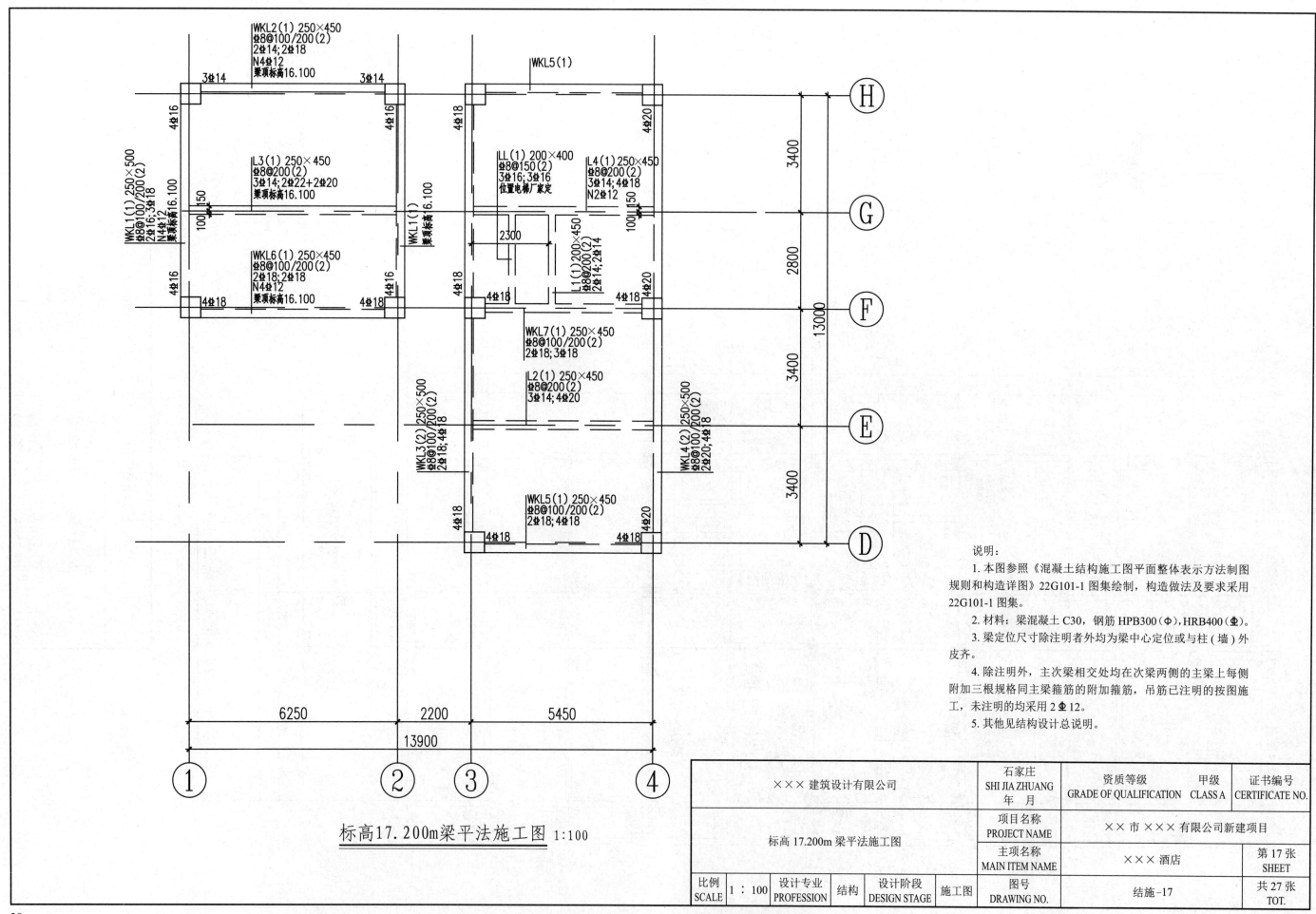

标高17.200m梁平法施工图 1:100

说明：
1. 本图参照《混凝土结构施工图平面整体表示方法制图规则和构造详图》22G101-1 图集绘制，构造做法及要求采用 22G101-1 图集。
2. 材料：梁混凝土 C30，钢筋 HPB300（Φ），HRB400（Φ）。
3. 梁定位尺寸除注明者外均为梁中心定位或与柱（墙）外皮齐。
4. 除注明外，主次梁相交处均在次梁两侧的主梁上每侧附加三根规格同主梁箍筋的附加箍筋，吊筋已注明的按图施工，未注明的均采用 2Φ12。
5. 其他见结构设计总说明。

×××建筑设计有限公司				石家庄 SHI JIA ZHUANG 年 月	资质等级 甲级 GRADE OF QUALIFICATION CLASS A	证书编号 CERTIFICATE NO.
标高 17.200m 梁平法施工图				项目名称 PROJECT NAME	××市××有限公司新建项目	
				主项名称 MAIN ITEM NAME	×××酒店	第 17 张 SHEET
比例 SCALE	1：100	设计专业 PROFESSION 结构	设计阶段 DESIGN STAGE 施工图	图号 DRAWING NO.	结施-17	共 27 张 TOT.

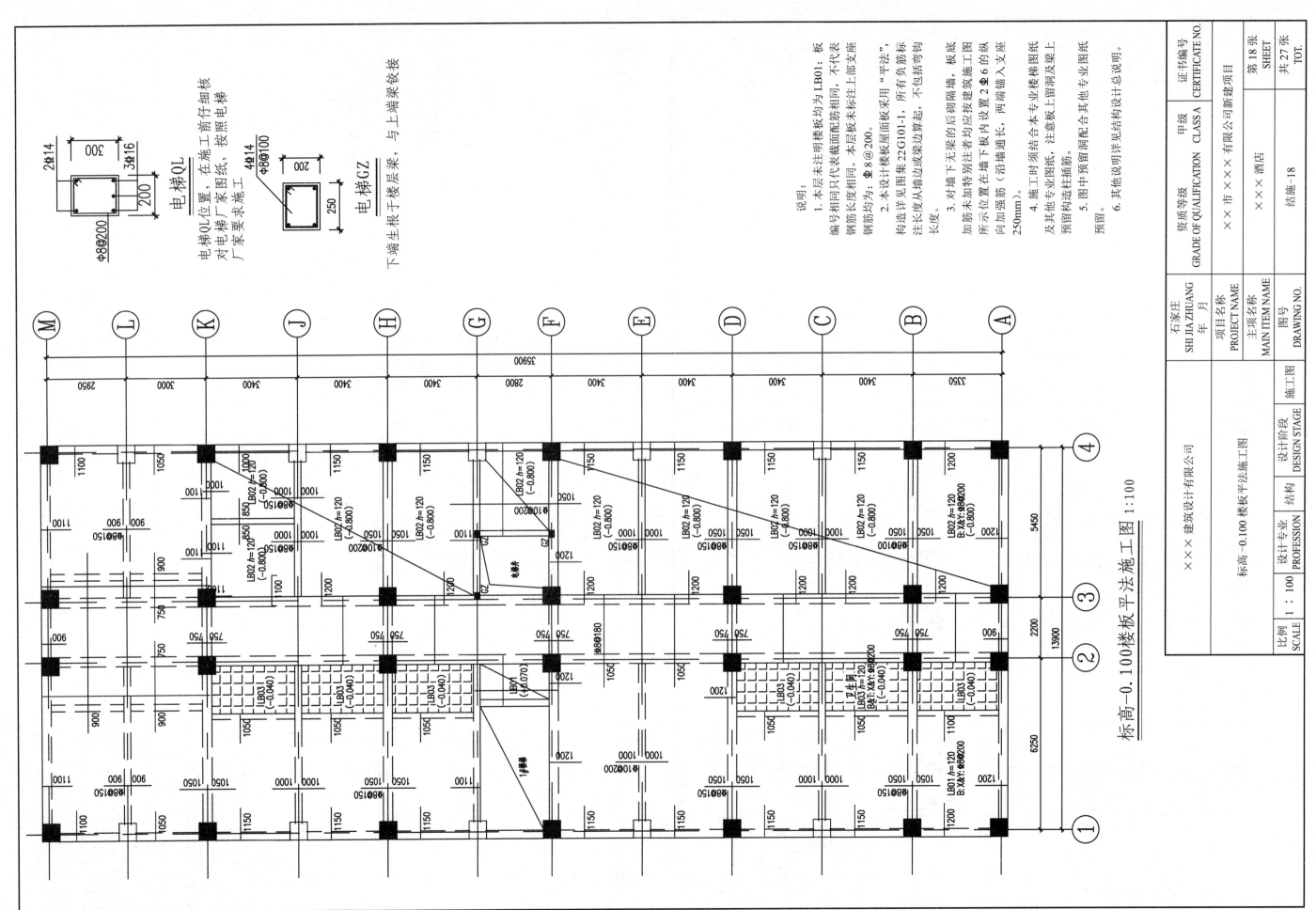

标高 -0.100 楼板平法施工图 1:100

说明：
1. 本层未注明楼板板均为 LB01；板编号相同只代表截面配筋相同，不代表钢筋长度相同。本层板未标注上部支座钢筋均为：Φ 8 @ 200。
2. 本设计楼板面板采用"平法"，构造详见图集 22G101-1，所有板负筋标注长度从墙边或梁边算起，不包括弯钩长度。
3. 对墙下无梁的后砌隔墙，板底加筋未加注者均应按建筑施工图在所示位置在墙下板内设置 2 Φ 6 的纵向加强筋，两端锚入梁及支座（沿墙通长，两端锚入支座 250mm）。
4. 施工时须结合本专业楼梯图纸及其他专业图纸，注意图纸上预留构造柱洞及预留梁洞。
5. 图中预留洞配合其他专业图纸预留。
6. 其他说明详见结构设计总说明。

电梯 QL
电梯 QL 位置，在施工前仔细核对电梯厂家图纸，按照电梯厂家要求施工

2Φ14
3Φ16
Φ8@200
200
300

电梯 GZ
下端生根于楼层梁，与上端铰接

4Φ14
Φ8@100
200
250

石家庄 SHI JIAZHUANG 年 月		资质等级 GRADE OF QUALIFICATION	甲级 CLASS A	证书编号 CERTIFICATE NO.	
××× 建筑设计有限公司	项目名称 PROJECT NAME	×× 市 ××× 有限公司新建项目		第 18 张 SHEET	
	主项名称 MAIN ITEM NAME	××× 酒店		共 27 张 TOT.	
	图号 DRAWING NO.	结施-18			
标高 -0.100 楼板平法施工图	设计专业 PROFESSION	结构	设计阶段 DESIGN STAGE	施工图	
比例 1 : 100 SCALE	设计专业 PROFESSION	结构	设计阶段 DESIGN STAGE	施工图	

39

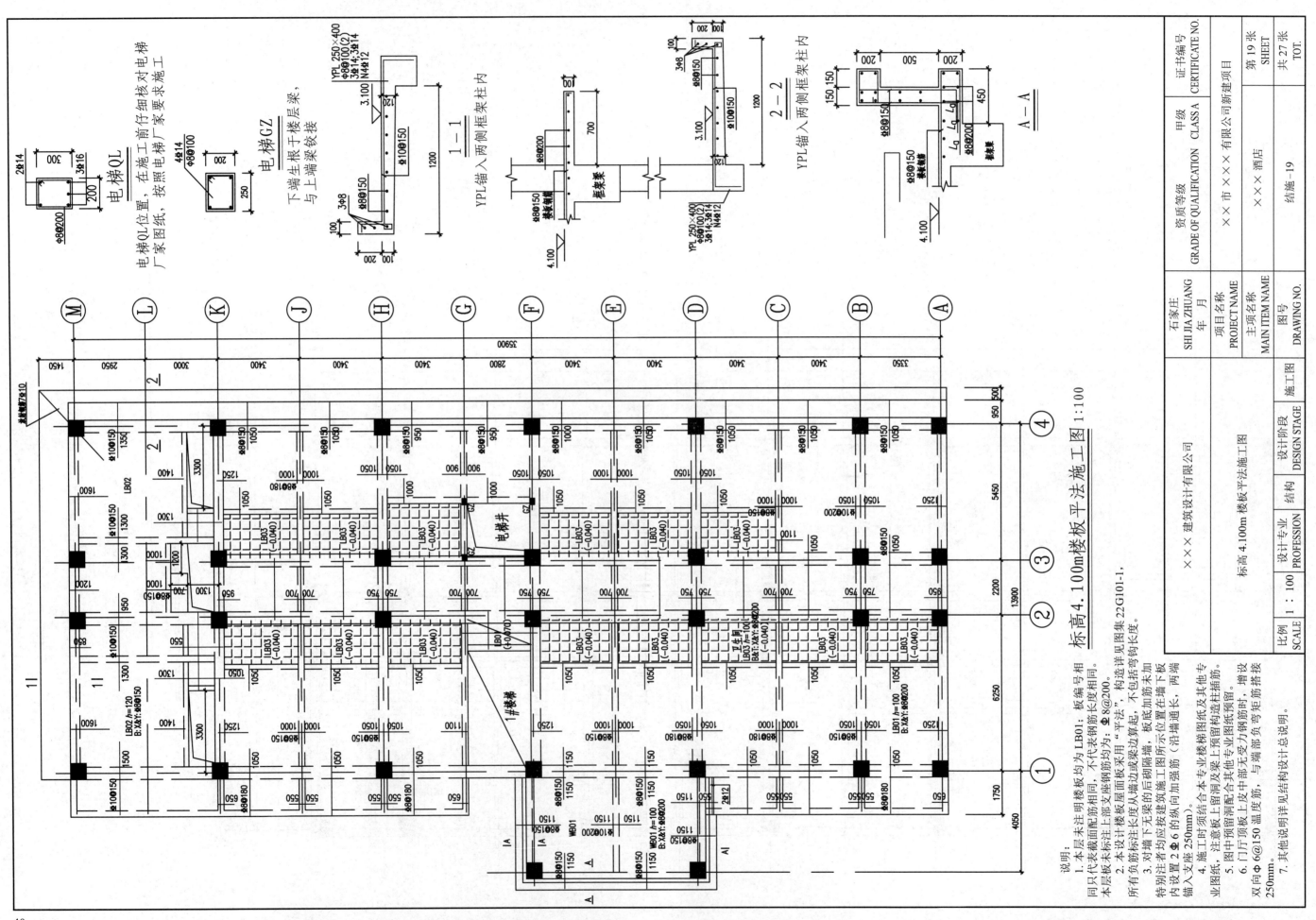

标高 4.100楼板平法施工图 1:100

说明:
1. 本层未注明楼板均为LB01; 板编号相同者, 板面配筋相同, 不代表截面配筋相同, 不代表钢筋长度相同。
2. 本层板未标注上部支座钢筋均为: Φ8@200。
3. 本设计楼板屋面板采用 "平法", 构造详见图集 22G101-1, 所有负筋标注长度从墙边或梁边算起, 不包括弯钩长度。
4. 对墙下无梁的后砌隔墙端, 板底加筋未加。
5. 特别注者均按建筑施工图所示位置在墙下板内设置 2 Φ 6 的纵向加强筋 (沿墙通长), 两端锚入支座 250mm。
6. 图中预留洞配合其他专业图纸, 注意板上留洞及梁上预留构造柱插筋。
7. 门厅顶处上皮中部无受力钢筋时, 增设双向 Φ 6@150 温度筋, 与端部负弯矩筋搭接 250mm。
8. 其他说明详见结构设计总说明。

40

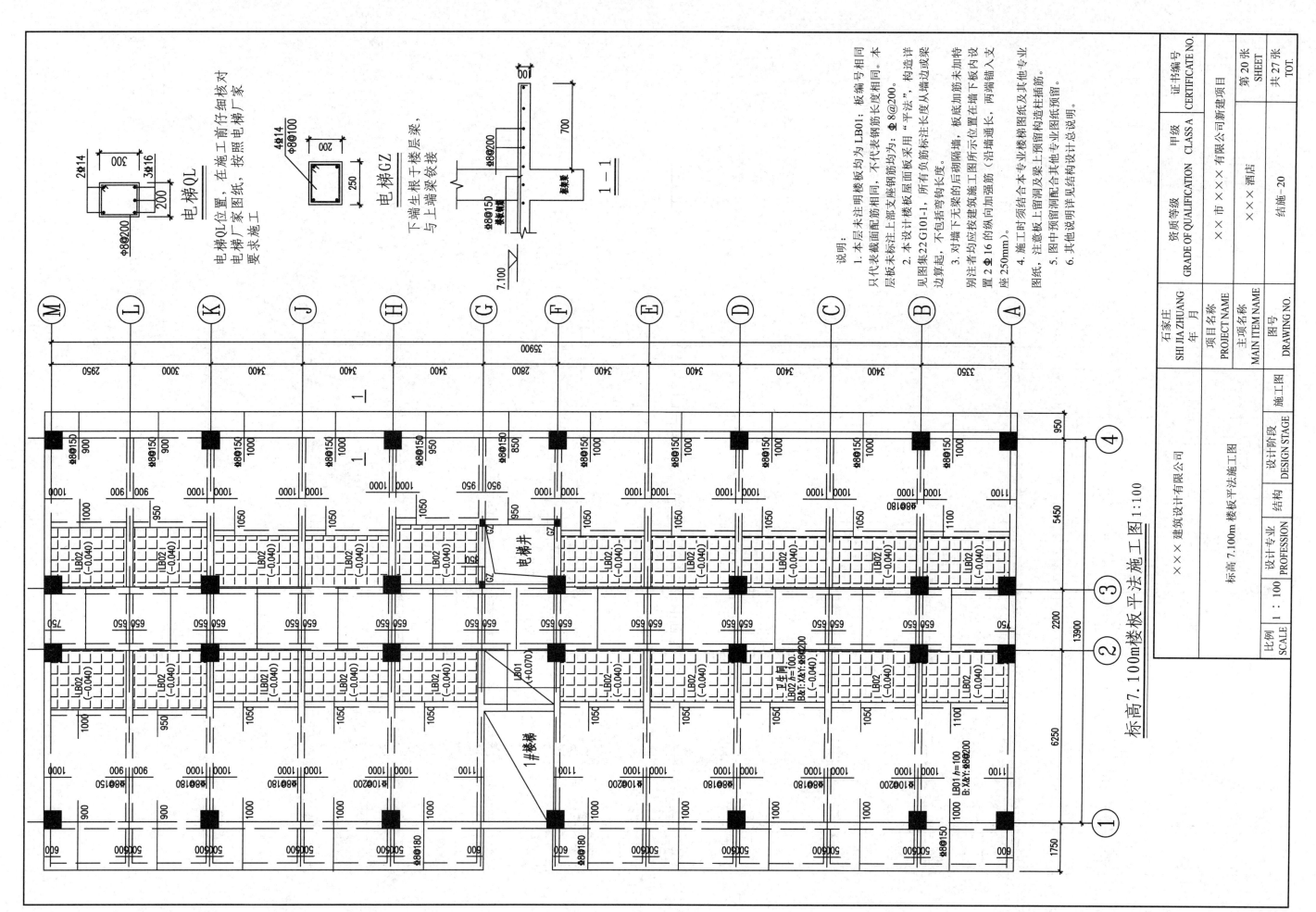

标高 7.100m 楼板平法施工图

说明:
1. 本层未注明楼板均为 LB01;板编号相同只代表截面配筋相同,不代表钢筋长度相同。本层板未标注上部支座钢筋均为:Φ8@200。
2. 本设计楼面板采用"平法",构造详见图集 22G101-1,所有负筋标注长度从支座边算起,不包含弯钩长度。
3. 对墙下无梁的后砌隔墙,板底加钢筋、板底加强筋在墙下板内特别注者均应按建筑施工图所示位置设置 2Φ16 的纵向加强筋(沿墙通长,两端锚入特座 250mm)。
4. 施工时须结合本专业楼梯图纸及其他专业图纸,注意板上预留洞及预留构造柱预留。
5. 图中预留洞配合其他专业图纸设计。
6. 其他说明详见结构设计总说明。

电梯 QL
电梯 QL 位置,在施工前仔细核对电梯厂家图纸,按照电梯厂家要求施工

电梯 GZ
下端生根于楼层梁,与上端梁铰接

1—1
7.100

比例 1:100 SCALE
设计专业 PROFESSION 结构 结构
设计阶段 DESIGN STAGE 施工图
图号 DRAWING NO. 结施-20

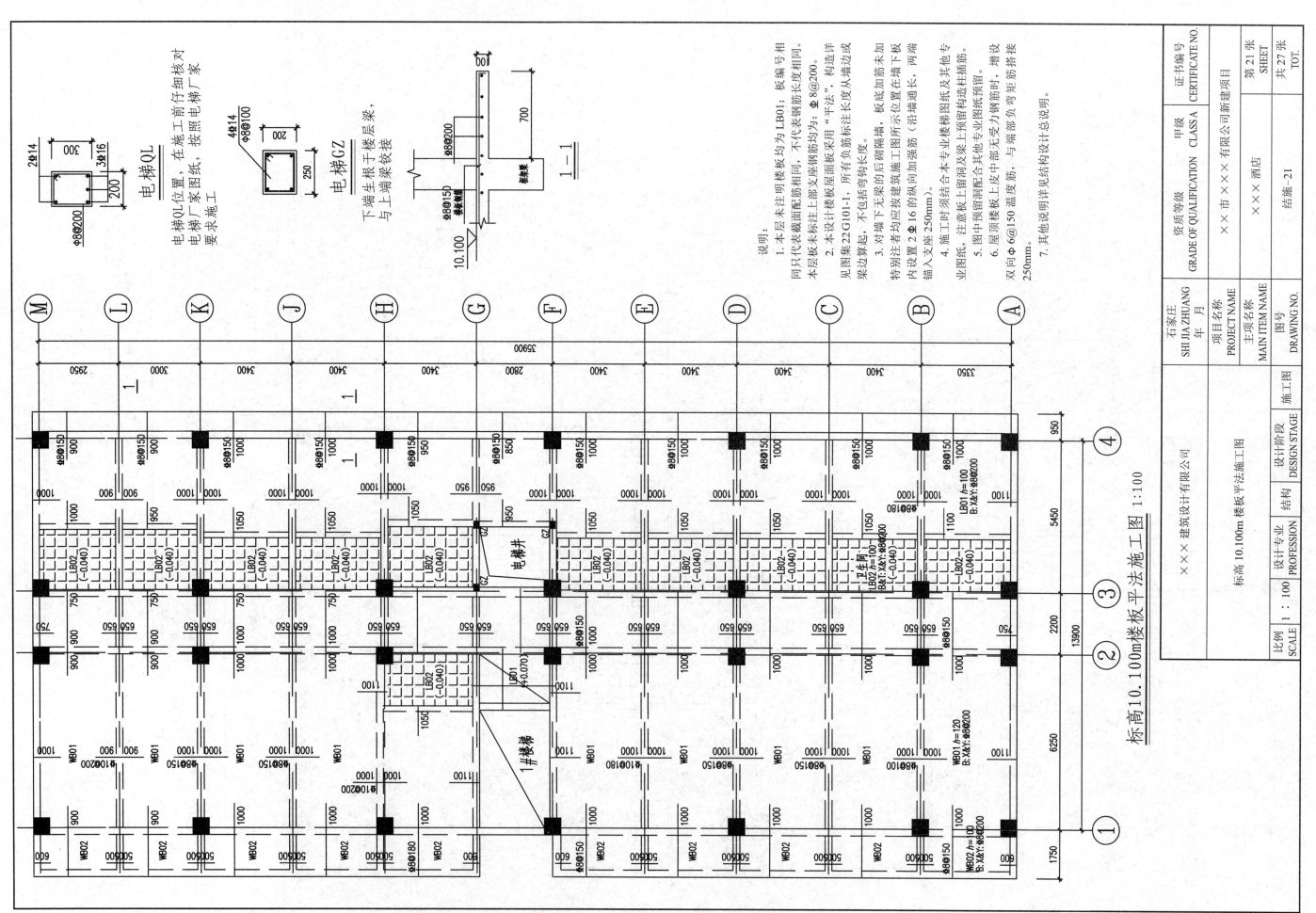

标高10.100m楼板平法施工图 1:100

电梯QL

电梯QL位置，在施工前仔细核对电梯厂家图纸，按照电梯厂家要求施工。

电梯GZ

下端生根于楼层梁，下端梁与上端梁铰接。

1—1

说明：
1. 本层未注明楼板均为LB01；板编号相同只代表截面配筋相同，不代表钢筋长度相同。本层板未标注上部支座钢筋均为 Φ8@200。
2. 本设计楼板面板采用"平法"，构造详见图集22G101-1，所有负筋标注长度从支座边或梁边算起，不包括弯钩长度。对墙下无梁的后砌隔墙，板底设置在墙下板内设置2 Φ16的纵向加强筋（沿墙通长，两端锚入支座250mm）。
特别注意者均应按建筑施工图所示位置在墙下板加。
3. 施工时须结合本专业楼梯图纸及其他专业图纸，注意板上留洞及采用其他专业图纸预留洞，图中预留洞配合其他专业图纸预留。
4. 施工时注意板上留洞及采用其他专业预留洞。
5. 图中预留洞配合其他专业图纸预留。
6. 屋顶楼板上皮中部无受力钢筋时，增设双向 Φ6@150 温度筋，与端部负弯矩搭接长度不小于搭接长度250mm。
7. 其他说明详见结构设计总说明。

证书编号 CERTIFICATE NO.		
甲级	×××市×××有限公司新建项目	第21张 SHEET
资质等级 GRADE OF QUALIFICATION CLASS A		共27张 TOT.
项目名称 PROJECT NAME	×××酒店	
主项名称 MAIN ITEM NAME		
图号 DRAWING NO.	结施-21	

石家庄 SHI JIA ZHUANG
年 月

×××建筑设计有限公司

标高10.100m楼板平法施工图

设计阶段 DESIGN STAGE	施工图
设计专业 PROFESSION	结构 结构
比例 SCALE	1：100

42

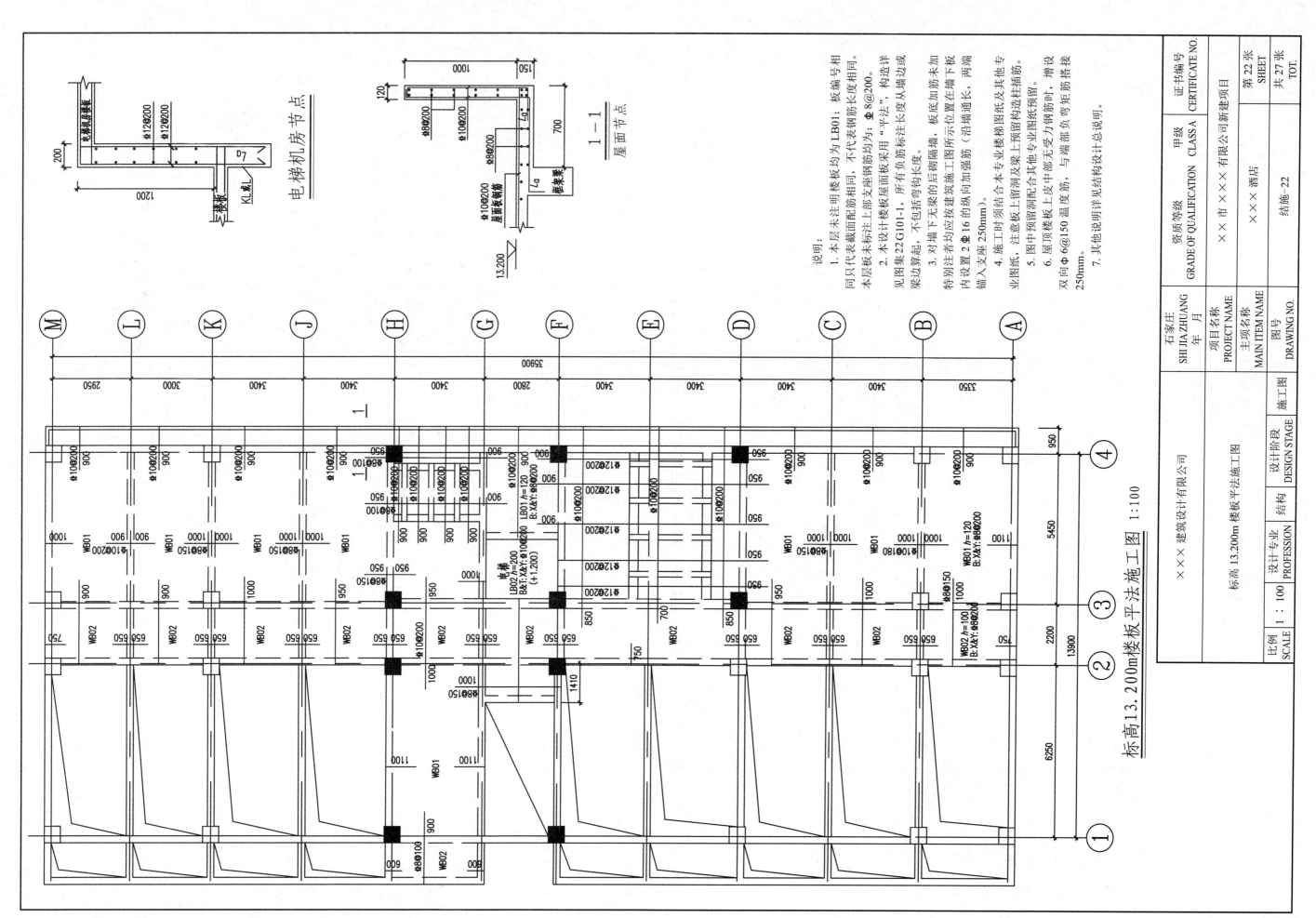

电梯机房节点

1—1 屋面节点

说明:
1. 本层未注明楼板均为LB01; 板编号相同只代表截面配筋相同, 不代表钢筋相同。本层板未标注上部支座钢筋均为: Φ8@200。
2. 本设计楼面板采用"平法", 所有负筋注长度从墙边或梁边算起, 不包括弯钩长度。
3. 对墙下无梁的后砌隔墙, 板底加筋未加见图集22G101-1, 构造详特别注者均应按建筑施工图所示位置在墙下板内设置 2 Φ 16 的纵向加强筋(沿墙通长, 两端锚入支座250mm)。
4. 施工时须结合本专业楼梯图纸及其他专业图纸, 注意板上留洞及梁上预留构造柱插筋。
5. 图中预留洞配合各专业图纸预留。
6. 屋顶楼板上皮无受力钢筋时, 增设双向 Φ 6@150 温度筋, 与端部弯矩搭接250mm。
7. 其他说明详见结构设计总说明。

标高13.200m楼板平法施工图 1:100

石家庄 SHI JIA ZHUANG
证书编号 CERTIFICATE NO.
资质等级 GRADE OF QUALIFICATION
甲级 CLASS A
××市×××有限公司新建项目
第22张 SHEET
共27张 TOT.

项目名称 PROJECT NAME
×××酒店

主项名称 MAIN ITEM NAME

图号 DRAWING NO.
结施-22

×××建筑设计有限公司
标高13.200m楼板平法施工图

设计专业 PROFESSION 结构 结构
设计阶段 DESIGN STAGE 施工图

比例 SCALE 1:100

年 月

43

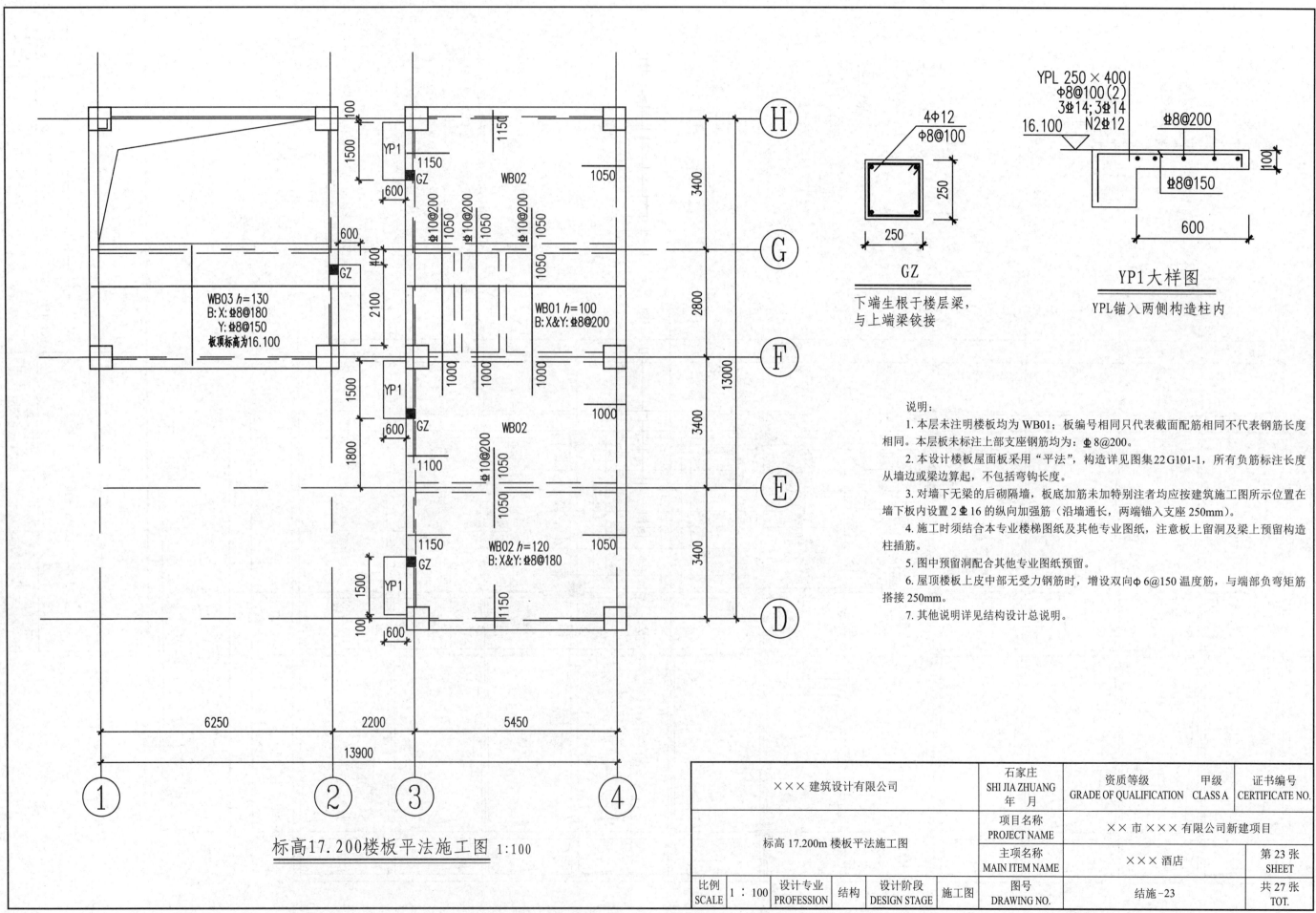

说明:
1. 本层未注明楼板均为 WB01；板编号相同只代表截面配筋相同不代表钢筋长度相同。本层板未标注上部支座钢筋均为：Φ8@200。
2. 本设计楼板屋面板采用"平法"，构造详见图集22G101-1，所有负筋标注长度从墙边或梁边算起，不包括弯钩长度。
3. 对墙下无梁的后砌隔墙，板底加筋未加特别注者均应按建筑施工图所示位置在墙下板内设置2Φ16的纵向加强筋（沿墙通长，两端锚入支座250mm）。
4. 施工时须结合本专业楼梯图纸及其他专业图纸，注意板上留洞及梁上预留构造柱插筋。
5. 图中预留洞配合其他专业图纸预留。
6. 屋顶楼板上皮中部无受力钢筋时，增设双向Φ6@150温度筋，与端部负弯矩筋搭接250mm。
7. 其他说明详见结构设计总说明。

标高17.200楼板平法施工图 1:100

×××建筑设计有限公司	石家庄 SHI JIA ZHUANG 年 月	资质等级 GRADE OF QUALIFICATION	甲级 CLASS A	证书编号 CERTIFICATE NO.
标高 17.200m 楼板平法施工图	项目名称 PROJECT NAME	××市×××有限公司新建项目		
	主项名称 MAIN ITEM NAME	×××酒店		第 23 张 SHEET
比例 SCALE 1:100	设计专业 PROFESSION 结构	设计阶段 DESIGN STAGE 施工图	图号 DRAWING NO. 结施-23	共 27 张 TOT.

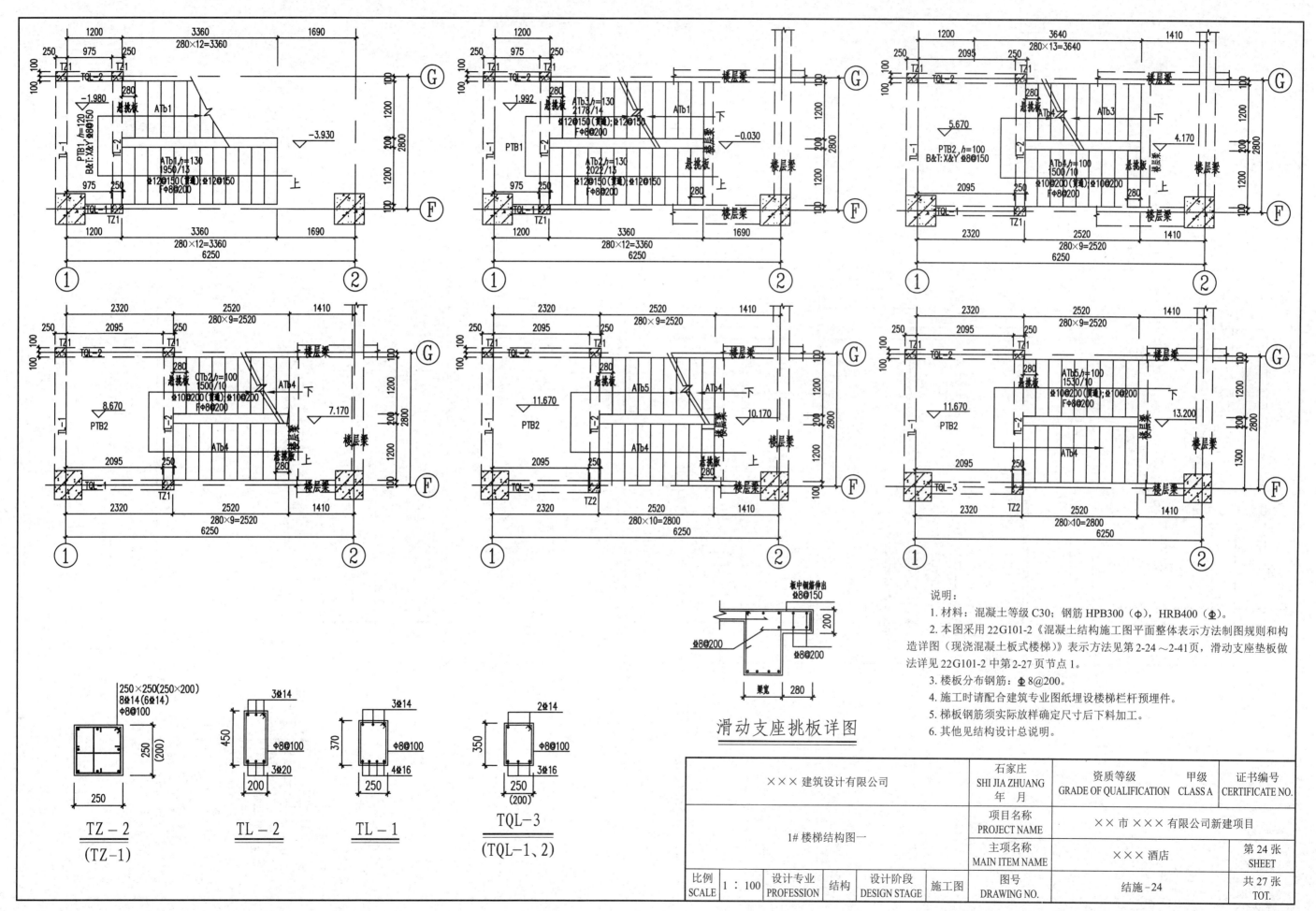

滑动支座挑板详图

说明：
1. 材料：混凝土等级 C30；钢筋 HPB300（φ），HRB400（Φ）。
2. 本图采用 22G101-2《混凝土结构施工图平面整体表示方法制图规则和构造详图（现浇混凝土板式楼梯）》表示方法见第 2-24～2-41 页，滑动支座垫板做法详见 22G101-2 中第 2-27 页节点 1。
3. 楼板分布钢筋：Φ8@200。
4. 施工时请配合建筑专业图纸埋设楼梯栏杆预埋件。
5. 梯板钢筋须实际放样确定尺寸后下料加工。
6. 其他见结构设计总说明。

TZ－2
（TZ－1）

TL－2

TL－1

TQL－3
（TQL－1、2）

×××建筑设计有限公司		石家庄 SHI JIA ZHUANG 年 月	资质等级 GRADE OF QUALIFICATION	甲级 CLASS A	证书编号 CERTIFICATE NO.
1# 楼梯结构图一		项目名称 PROJECT NAME	××市×××有限公司新建项目		
		主项名称 MAIN ITEM NAME	×××酒店		第 24 张 SHEET
比例 SCALE	1：100	设计专业 PROFESSION 结构	设计阶段 DESIGN STAGE 施工图	图号 DRAWING NO. 结施-24	共 27 张 TOT.

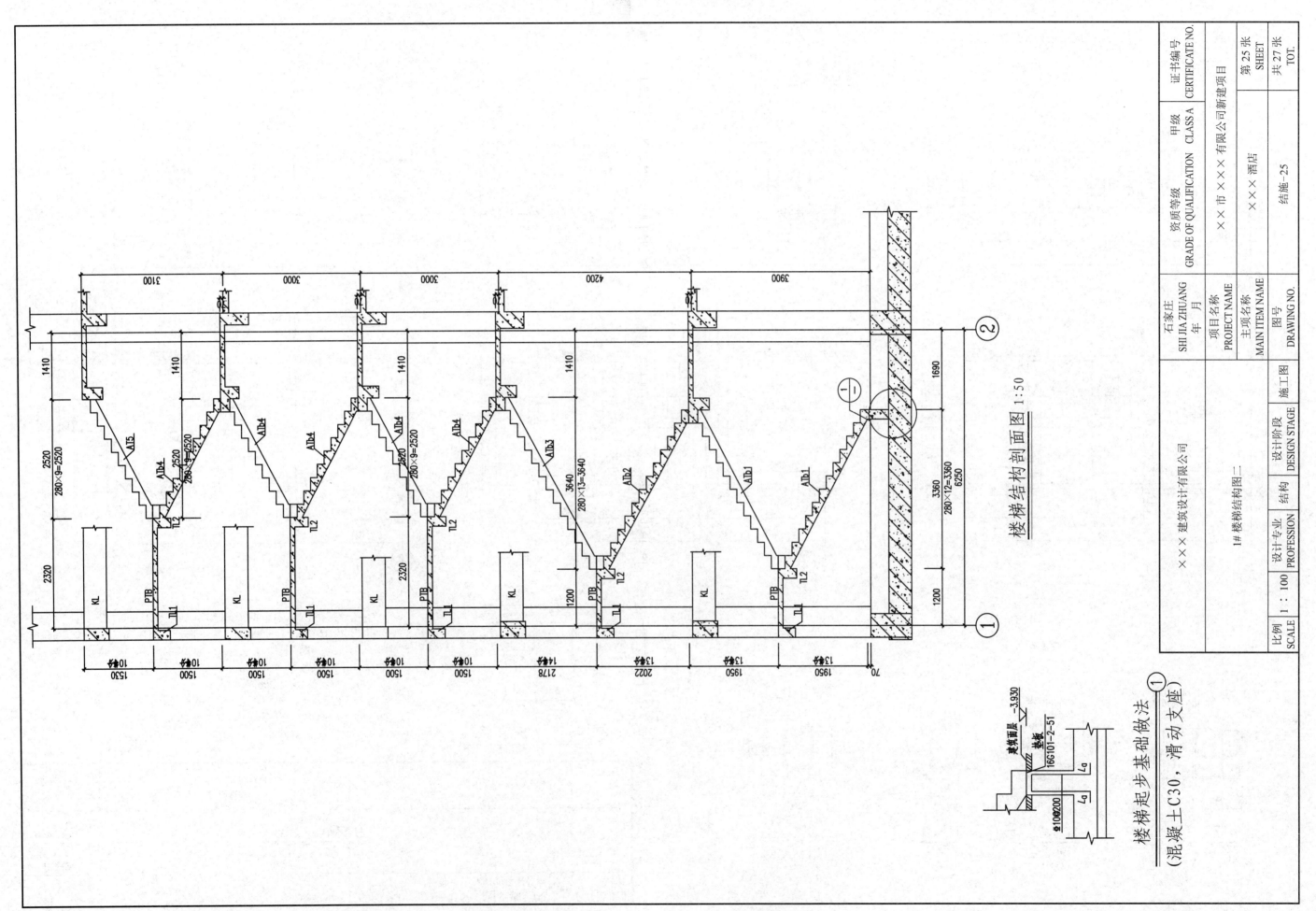

楼梯结构剖面图 1:50

楼梯起步基础做法 ①
(混凝土 C30，滑动支座)

46